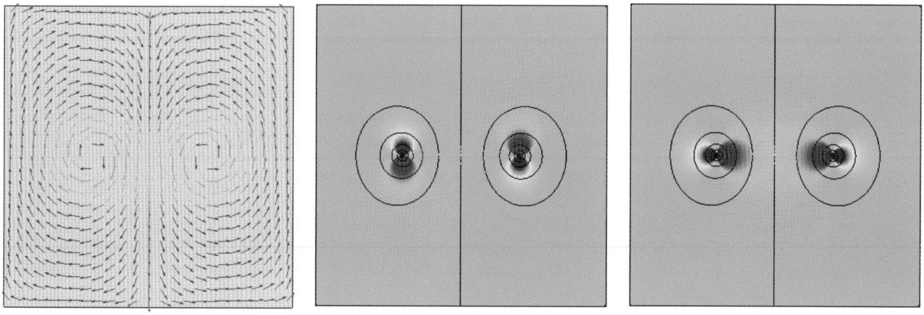

（ａ） ベクトル表示　　（ｂ） x 方向の磁界　　（ｃ） y 方向の磁界

口絵 1　2 本の無限長導体による磁界分布（r = 0.1m，I = 1A）（本文 10 ページ，図 2.3）

上から見たところ　　集中巻　　分布巻

口絵 2　実際の巻線（本文 24 ページ，図 2.11）

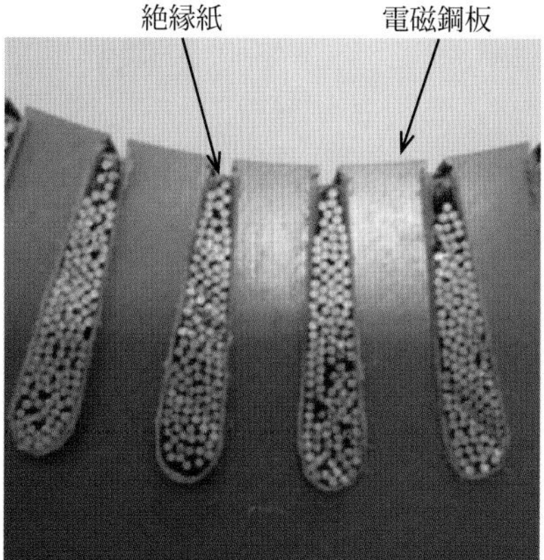

口絵 3　スロット内の巻線（断面）
（本文 27 ページ，図 1（ｂ））
〔提供：日産自動車株式会社〕

（a） 回転子側から見た巻線

（b） コイルエンドの溶接部

口絵 4　SC 巻線（本文 28 ページ，図 3）

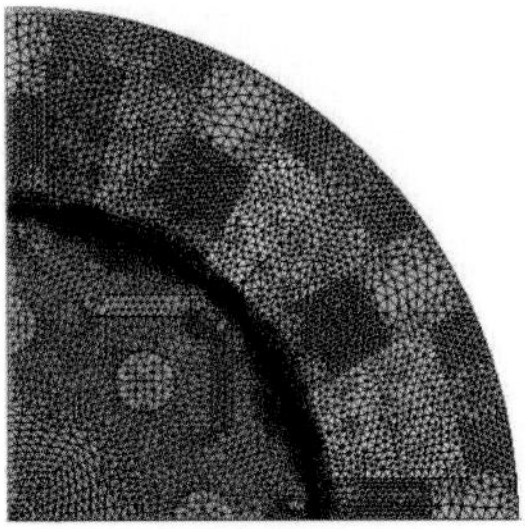

（a） 二次元モータモデル

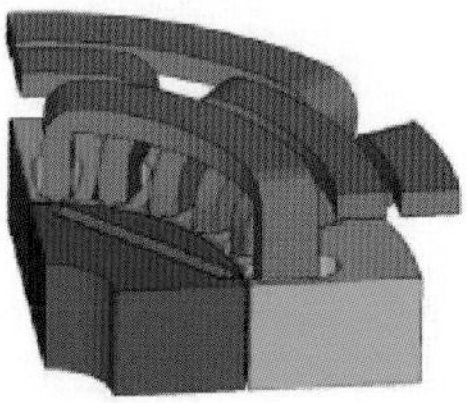

（b） 三次元モータモデル

口絵 5　有限要素解析に用いるモデル（1/4 モデル）（本文 85 ページ，図 4）

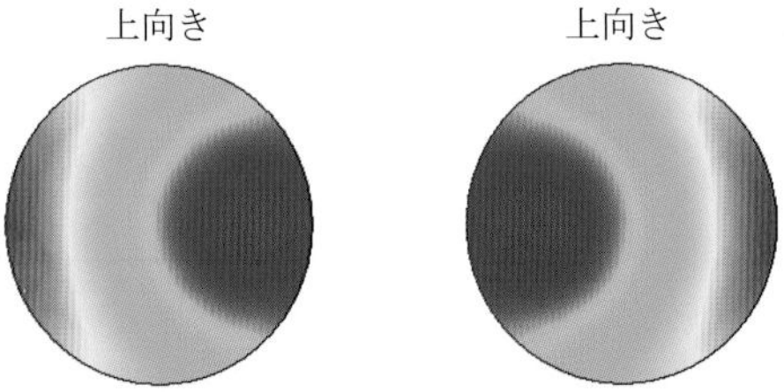

口絵 6　近接効果（電流が同方向に流れている場合）
（本文 27 ページ，図 2.15）

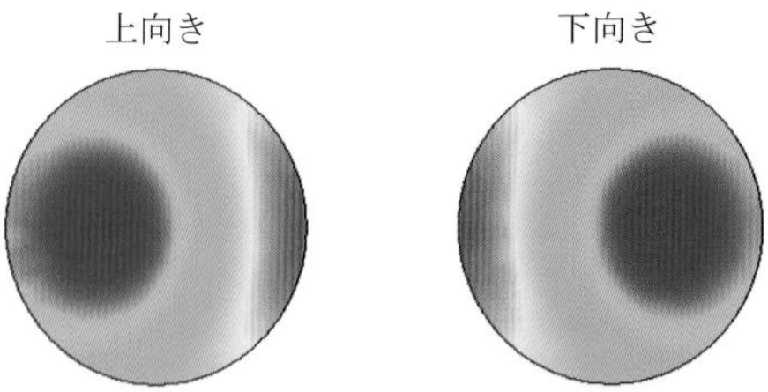

口絵 7　近接効果（電流が逆向きに流れている場合）
（本文 219 ページ，解図 2.2）

電気機器学の基礎理論

博士（工学）　藤本　康孝
博士（工学）　赤津　　観
【共著】

コロナ社

まえがき

電動機（モータ）や発電機は，いわゆる「電気機器学」として電気系のカリキュラムの中で教授されている。近年，電気系のカリキュラムは圧縮され，従来2コマあった電気機器学は1コマに削減されている学科が多い。また，電気機器学の教科書は，現代的な側面から体系立てて書かれたものが少ないのが現状である。

そこで本書では，できるだけ贅肉をそぎ落とし，学習者が最小限のステップで電気機器学全般を理解し俯瞰できるように内容を構成するとともに，基礎となる理論的モデルから開始し，これを積み上げて各種モータや発電機の原理を説明する構成とした。初学者が途中で躓くことがないように，論理の展開においては，なるべく飛躍がないように丁寧に記述した。

まず2章では基礎となる電磁気学について詳しく述べる。アンペールの法則やファラデーの法則，磁界に関するガウスの法則のほか，クーロン力に基づくローレンツ力の導出について説明する。また，磁性体について詳しく述べる。3章では磁気回路について，その基本的な考え方を説明する。アンペールの法則に基づいて起磁力や磁気抵抗，磁束の概念を定義し，磁気回路における相互の関係やインダクタンスや磁気エネルギー，磁気随伴エネルギー，発生力，パワーフローについて述べる。

後半の4章では，磁気回路の応用機器の一つである変圧器について説明する。複数巻線のある磁気回路のモデルから等価回路を導出し，その特性について述べる。5章では，回転型のモータや発電機，すなわち，回転機の基本モデルを磁気回路に基づいて導出し，巻線電流と磁束密度分布の関係や，回転磁界について説明する。基本モデルの巻線の自己インダクタンスや相互インダクタンス，電圧方程式やトルク方程式を導出する。また回転子構造の違いにより回転機を直流機，同期機，誘導機に分類できることを示す。

6章では，直流機の基本構造を説明し，その基本モデルから電圧方程式やトルク方程式を導出する。また，その特性について述べる。7章では，同期機の基本構造および基本モデルから電圧方程式やトルク方程式を導出する。導出される交流モデルを直流モデルに変換するd-q変換とよばれる座標変換について述べる。また，等価回路を用いて定常特性を説明する。8章では，誘導機について基本構造および基本モデルから電圧方程式やトルク方程式を導出し，ほぼ線形なシステムに変換する座標変換について述べる。導出されたモデルから等価回路と定常特性について説明する。9章では，同期機の一種であるが回転子に巻線も永久磁石も用いないリラクタンス機について，基本構造や特性を説明する。

現代の多くの電気機器はパワーエレクトロニクスの技術を用いて電圧や電流を制御することで駆動されるため，本書ではその制御に用いられるモデルの導出を行うことを目標の一つとした。一方で，機器の特性を理解するうえで有用な等価回路による説明も行っている。

また，本書に書ききれなかった例題や演習などをコロナ社Webサイト†に掲載したので活用してほしい。

なお，2～4章は赤津が執筆を担当し，1章，5章～9章は藤本が担当した。

本書が電気機器学を学ぶ一助になれば幸いである。

最後に，原稿をチェックいただき貴重なコメントをいただいた東京理科大学星伸一教授，電動機の貴重な写真をご提供いただいた富士電機株式会社松本康博士に謝意を表す。

2020年6月

著　者

† https://www.coronasha.co.jp/np/isbn/9784339009361/
本書に記載しているURLは2020年6月現在のものです。

目　　　次

1.　電気機器の歴史

2.　電磁気学の基礎

3. 磁　気　回　路

4.　変　　圧　　器

5. 回　転　機

6. 直　流　機

7. 同　期　機

8. 誘　導　機

9. リラクタンス機

本書で用いる変数一覧

記　号	単　位	説　明	章
A	Wb/m	ベクトルポテンシャル	2
a		巻数比	4, 8
B	T	磁束密度	2, 3
b_0	$1/\Omega$	サセプタンス	3, 8
$B_{\max}$	T	磁束密度分布の最大値	5
B_r	T	残留磁束密度	2
c	m/s	光　速	2
$\boldsymbol{C}$		座標変換行列	5
$\cos\varphi$		力　率	7
D	$\mathrm{C/m^2}$	電束密度	2
D	$\mathrm{N \cdot s/m}$	摩擦係数（並進）	3, 5
D_r	$\mathrm{N \cdot m \cdot s/rad}$	摩擦係数（回転）	3
dV	$\mathrm{m^3}$	微小体積	2
E	V/m	電界の大きさ	2
e	C	電気素量（2 章限定）	2
e	V	起電力	2
e		オイラー数，ネイピア数	2, 4
$\dot{E}_0$	V	無負荷誘導起電力	7
E_1, E_2	V	一次，二次端子電圧	3
e_1, e_2	V	誘導起電力	5
E_z	V/m	静電界	2
F	N	力	2, 3
$\mathcal{F}$	A または AT	起磁力	3, 4
f	Hz	周波数	3
g	m	ギャップ長	2
$\boldsymbol{G}$	Ω/rad	速度起電力を決める変換行列	3
g_0	$1/\Omega$	励磁コンダクタンス	3, 8
H	A/m	磁界の強さ	2
H_{cB}	A/m	B が 0 となる保磁力	2
H_{cj}	A/m	保磁力	2
i	A	瞬時電流	2, 5
I	A	電流大きさ	2
I	A	一定電流	5
$\boldsymbol{i}$	A	電流ベクトル	5
$\dot{I}$	A	複素電流	3, 4, 7
I_0	A	励磁電流	3
i_1, i_2	A	一次，二次電流	3
I_{1N}, I_{2N}	A	定格一次，二次電流	4
i_a	A	電機子電流	5
I_m	A	分布電流	2
I_u	A	励磁電流	4

記　号	単　位	説　明	章
I_w	A	コンダクタンス電流	4
j	A/m^2	電流密度	2
j		虚数単位	2, 3
J	kg · m^2	慣性モーメント（イナーシャ）	3, 5
φ	rad	位　相	4
K_h	N/m	ばね定数（並進）	3
k		結合係数	3
k		任意の整数	5
K_E	V · s/rad	誘起電圧定数，逆起電力定数	5
K_h		ヒステリシス損係数	2, 3
k_r	N · m/rad	ばね定数（回転）	3
K_T	N · m/A	トルク定数	5
l	m	距離（微小長さ）	2
l	m	長　さ	3
L	H	インダクタンス	3, 5〜9
$\boldsymbol{L}$	H	インダクタンス行列	5〜9
L_1	H	一次側インダクタンス	3
ℓ_1, ℓ_2	H	漏れインダクタンス	5
L_{11}	H	一次側自己インダクタンス	3, 5
L_{12}	H	二次鎖交一次側インダクタンス	3
L_2	H	二次側インダクタンス	3
L_{21}	H	一次鎖交二次側インダクタンス	3
L_{22}	H	二次側自己インダクタンス	3, 5
L_a	H	電機子インダクタンス	5
l_g	m	ギャップ長	3
$l_{g\theta}$	m	ギャップ長変化分	3
L_{ii}	H	i 次自己インダクタンス	3
L_{ij}	H	i 次 j 次相互インダクタンス	3
l_m	m	磁石厚さ	2
ℓ_{s1}, ℓ_{s2}	H	一次側，二次側漏れインダクタンス	3
M	A/m	磁　化	2
m	A · m^2	磁気モーメント	2
M	kg	質　量	3
M	H	相互インダクタンス	3
M_0	H	相互インダクタンスの最大値	5〜8
M_0'	H	励磁インダクタンス	8
$\boldsymbol{n}$		単位法線ベクトル	2
N	回	巻　数	2, 5〜8
P	C/m^2	分　極	2, 3
p		d/dt	3
p		極対数	5, 7, 8
P_c	W	一相あたりの銅損	8
P_d	W	機械損	3
P_d	Wb/A	d 軸パーミアンス	7
P_e	W	電　力	3
$P_{e\mathrm{AVE}}$	W	平均入力電力	3

記　号	単　位	説　明	章
P_{in}	W	入力電力	5
P_m	W	一相あたりの機械出力（仕事率）	8
P_{mech}	W	機械入力（仕事率）	3
P_{out}	W	機械出力（仕事率）	5
P_q	Wb/A	q 軸パーミアンス	7
P_r	W	銅　損	3
P_s	W	一相あたりの消費電力	8
q, Q	C	電　荷	2
q_r	%	パーセントインピーダンス（抵抗分）	4
q_x	%	パーセントインピーダンス（リアクタンス分）	4
q_z	%	パーセントインピーダンス	4
r	m	距離（半径）	2
R	Ω	電気抵抗	2, 5～9
$\mathcal{R}$	A/Wb	磁気抵抗	3, 4
r	m	極座標系における半径方向距離	5
$\boldsymbol{R}$	Ω	抵抗行列	5～9
r_0	Ω	励磁抵抗	8
R_1, R_2	Ω	一次，二次抵抗	3, 5～9
R_a	Ω	電機子抵抗	5
$\mathcal{R}_g$	A/Wb	ギャップ磁気抵抗	3, 5
$\mathcal{R}_i$	A/Wb	鉄心磁気抵抗	3
$\mathcal{R}_\ell$	A/Wb	漏れ磁路の磁気抵抗	5
$\mathcal{R}_m$	A/Wb	磁気抵抗	3, 5
r_M	Ω	鉄損抵抗	3
S	m^2	断面積	2, 3, 5
s		すべり	8
t	s	時　刻	5～9
V	V	電　位	2
v	m/s	速　度	2
v	m^3	微小体積	2
$\dot{V}$	V	複素電圧	7, 8
$\boldsymbol{v}$	V	電圧ベクトル	5～9
v_1, v_2	V	一次，二次電圧	3
V_{1N}, V_{2N}	V	定格一次，二次電圧	4
v_a	V	電機子電圧	5
V_s	V	インピーダンス電圧	4
V_{uv}	V	線間電圧	4
W_1	W	入力電力	4
W_2	W	出力電力	4
W_e	W	渦電流損	2
W_E	J	電気エネルギー	3
W_h	W	ヒステリシス損	2, 3
W_k	J	運動エネルギー	3
W_m	J	磁気エネルギー	3
W_M	J	機械エネルギー	3
W'_m	J	磁気随伴エネルギー	3

記　号	単　位	説　明	章
W_{m1}	J	磁気エネルギー（最初）	3
W_{m2}	J	磁気エネルギー（移動）	3
W_s	W	短絡時損失	4
W_s	W	インピーダンスワット	4
x	m	ギャップ長	3
x_0	Ω	励磁リアクタンス	8
x_1, x_2	m	変　位	3
X_s	Ω	同期リアクタンス	7
Y_0	1/Ω	励磁アドミタンス	3, 8
$\boldsymbol{Z}$	Ω	インピーダンス行列	3
$\dot{Z}_0$		励磁インピーダンス	8
Z_l	Ω	負荷インピーダンス	4
Z_N	Ω	基準インピーダンス	4
$\dot{Z}_s$	Ω	同期インピーダンス	7
γ		ローレンツ因子	2
γ	rad	位相差	6
δ	rad	内部相差角，負荷角	7
ε	%	電圧変動率	4
ε_0	F/m	真空の誘電率	2
η		効　率	4
θ	rad	角　度	2
θ	rad	回転子の回転角度	2, 5〜9
μ	H/m	透磁率（太字の場合はテンソル）	2, 3
μ_0	H/m	真空の透磁率	2
μ_i	H/m	鉄心透磁率	3
μ_{rec}	H/m	リコイル透磁率	2
ξ	rad	極座標系における角度（空間位置）	5
ρ	個/m^3	粒子密度	2, 3
ρ	C/m^3	電荷密度	2, 4
σ	$1/\Omega\cdot\mathrm{m}$	電気伝導率	2, 3
τ	$\mathrm{N}\cdot\mathrm{m}$	トルク	3, 5〜9
τ_{AVE}	$\mathrm{N}\cdot\mathrm{m}$	平均トルク	3
τ_l	$\mathrm{N}\cdot\mathrm{m}$	負荷トルク	6
τ_{mech}	$\mathrm{N}\cdot\mathrm{m}$	負荷トルク	3
ϕ	Wb	磁　束	2, 3, 5
Φ	Wb	鎖交磁束数，鎖交磁束	2, 3, 5〜9
$\boldsymbol{\Phi}$	Wb	鎖交磁束ベクトル	5〜9
Φ_1, Φ_2	Wb	一次，二次鎖交磁束	3
ϕ_{ij}	Wb	巻線 i により作られる巻線 j に鎖交する磁束	3
$\phi_{i\ell}$	Wb	巻線 i により作られる漏れ磁束	3
ϕ_ℓ	Wb	漏れ磁路の磁束	5
χ		磁化率	2
ω	rad/s	角速度，角周波数	2, 3, 5〜9
ω_m	rad/s	回転子角速度	8
ω_{sy}	rad/s	機械的同期角速度	5

1 電気機器の歴史

電気機器学は，電動機（モータ）や発電機など，磁気エネルギーを介して電気エネルギーと力学的エネルギーを相互に変換する機器を扱う学問である。本書執筆時の日本の一次エネルギーは年間約 5.5 兆 kWh である。そのうち約半分の 2.5 兆 kWh が発電に利用され，1 兆 kWh の電気エネルギーが作られている。そのうち太陽光発電を除いた 9 割強は発電機を介して発電されたものである。また，その電気エネルギーのうち 5〜6 割は電動機で動力に変換されて利用されている。このように電気機器は電気の発生と利用に必要不可欠となっている。

一方，電気機器の歴史は古く，電磁気学の発展の歴史と密接に関連している。ボルタ（Alessandro Volta）による電堆の発明（1794 年），および，その改良版であるボルタの電池の発明（1799 年）により，これまで静電気のみを扱っていた電気物理学が動電気（電流）に伴う電気磁気現象を扱うように拡張されていった。おもにヨーロッパで電流を用いた実験が盛んに行われ，1820 年にエルステッド（Hans Christian Oersted）による電流の磁気作用の発見，ビオ（Jean-Baptiste Biot）とサバール（Félix Savart）によるビオ・サバールの法則の発見，アンペール（André-Marie Ampère）によるアンペールの力の法則の発見，1821 年にファラデー（Michael Faraday）による電磁回転現象の発見が相次いだ。ファラデーの電磁回転現象は単極モータの一種で，**図 1.1**（a）のファラデーによる装置のほか，翌年 1822 年に同じ原理によるバロー（Peter Barlow）とクリスティ（Samuel Hunter Christie）による図（b）の装置によっても回転運動が実現されている。これらは最初期の電動機であるといえるが，効率が悪いため実用には至らなかった。1824 年には，アラゴ（François Arago）により

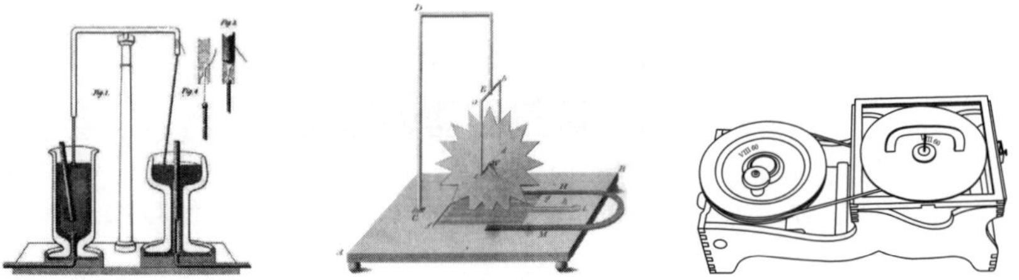

（a）ファラデーの電磁回転現象[1)†](1821)　（b）バローの車輪[2)](1822)　（c）アラゴの円盤(1824)

図 **1.1**

回転現象（アラゴの円板，図(c)）が発見される。回転する銅の円板の上に磁針を置くと磁針も回転するという現象で，誘導機の原理モデルであるといえる。

同じく 1824 年にはスタージャン（William Sturgeon）により最初の電磁石（図 **1.2**(a)）が発明され，1827 年にはヘンリー（Joseph Henry）により銅線を絹で覆うことで絶縁性を持たせて巻線密度を向上させた強力な電磁石（図(b)）が作られた。馴染み深いオームの法則がオーム（Georg Simon Ohm）によって発見されたのも 1827 年のことである。

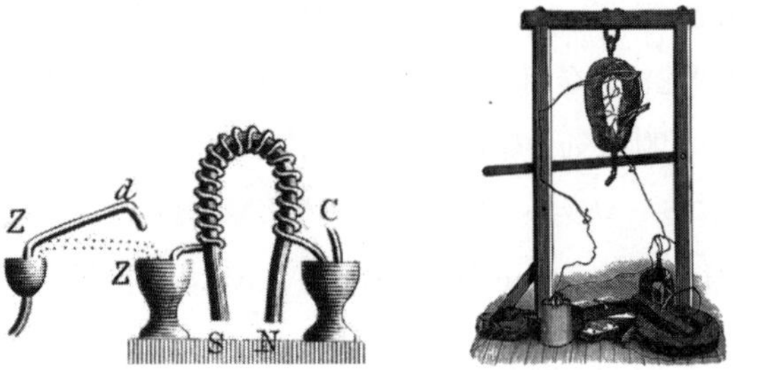

（a）スタージャンの電磁石[3)](1824)　（b）ヘンリーの電磁石[4)](1827)

図 **1.2**

その後，イェドリク（Ányos István Jedlik）によって整流子を備えた直流電動機（図 **1.3**(a)）が発明された。これは現在の直流機の基本要素をほぼすべて備えている。本人の主張によると発明は 1828 年とのことだが，それを裏付

† 肩付き番号は巻末の引用・参考文献番号を示す。

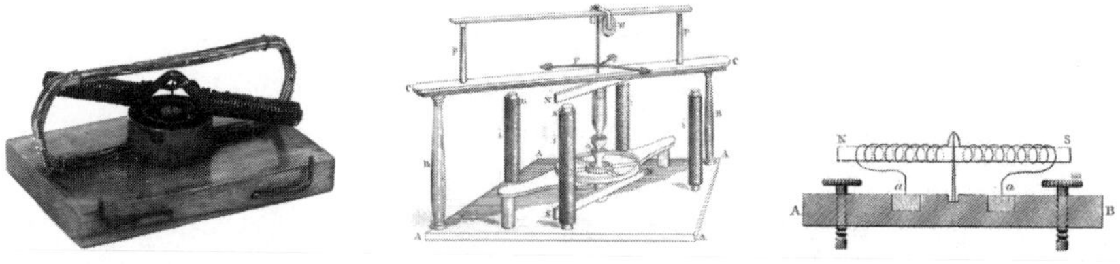

（a） イェドリクの直流電動機[5]（1828）　（b） スタージャンの直流電動機[6]（1832）　（c） リッチーの直流電動機[7]（1833）

図 **1.3**

ける資料は見つかっていない。イェドリクがその発明を公表したのは何十年もあとのことで，電気機器学の黎明期にその成果がほかの研究者と共有されることはなかった。また，スタージャンによりほぼ同様の直流電動機（図(b)）が発明されている。アデレード実用科学ギャラリーにて1833年に実演したとの記述が1836年のスタージャンの発表論文に記載されている。記録として確認できる最初の直流電動機は1833年のリッチー（William Ritchie）によるものである（図(c)）。

その後，1834年にヤコビ（Moritz von Jacobi），1837年にダベンポート（Tomas Davenport）により，直流電動機（図 **1.4**）が発明されている。

並行して1831年にはヘンリーにより電磁力を利用して振動運動を生成する装置（図 **1.5**(a)）が発明され，1838年にはページ（Charles Page）によりソ

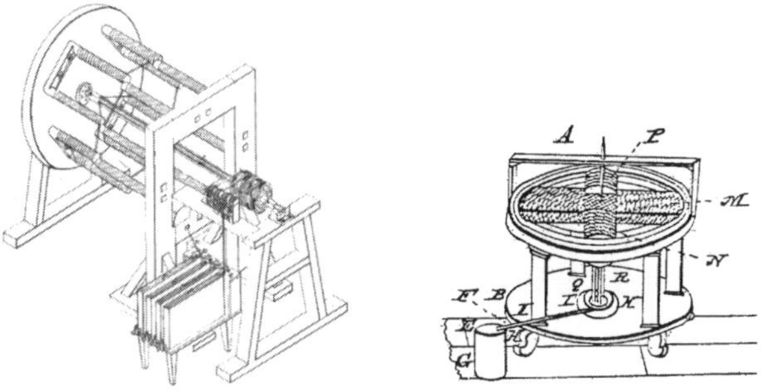

（a） ヤコビの直流電動機[8]（1834）　（b） ダベンポートの直流電動機[9]（1837）

図 **1.4**

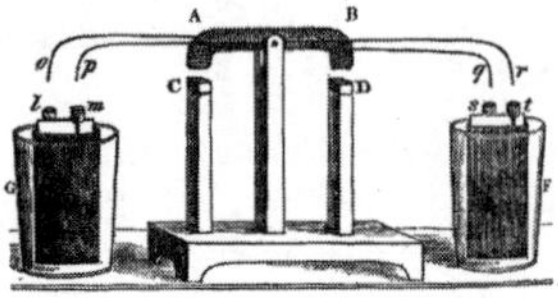

（a） ヘンリーの振動電動機[10]（1831）

（b） ページの電磁エンジン[11]（1838）

図 1.5

レノイド形の往復運動により滑車を回転させる装置（図(b)）が発明された。

また，同じく 1838 年にページによりリラクタンスモータの原型となる装置が発明されている（**図 1.6**（a））。1845 年にはフロマン（Paul-Gustav Froment）も同様の電動機を発明している（図(b)）。

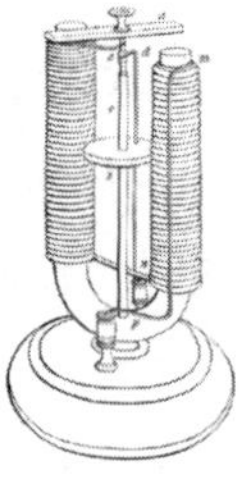

（a） ページのリラクタンス電動機[11]（1838）

（b） フロマンのリラクタンス電動機[12]（1844）

図 1.6

以上のように 1840 年頃までにさまざまな電動機が作られ，特にヤコビやダベンポートの直流電動機は蒸気機関に代わる夢の動力として期待された。しかし，コストの観点から電池とモータは石炭と蒸気機関に対してまったく及ばないことが 1846 年にスコアズビー（William Scoresby）とジュール（James Prescott Joule）によって明らかにされ，電動機の実用化は強力な発電機の登場まで待つこととなった。その後，1880 年代に多くの実用的な直流電動機が登場している。図 **1.7**（a）は，1884 年にスプレイグ（Frank Julian Sprague）により開発された直流電動機である。また，今日の誘導電動機とほぼ同じ基本構造の二相誘導電動機が，1885 年にフェラーリス（Galileo Ferraris），1887 年にテスラ（Nikola Tesla）（図（b））によって発明されている。

（a）スプレイグの直流電動機[13)]（1884）

（b）テスラの誘導電動機[14)]（1887）

図 **1.7**

電気の生成すなわち発電に関わるものとしては，1831 年にその基礎となる電磁誘導現象がファラデーにより発見されている。独立して 1832 年にヘンリーによっても同様の現象が発見された。このファラデーの法則は，のちにマクスウェル（James Clerk Maxwell）によって 1861 年に定式化された。電磁誘導現象の発見は発電機や変圧器の基盤となるもので，のちの電気工業の始まりといわれる。また，ファラデーにより 1831 年に最初の発電機となる単極発電機（図 **1.8**（a））が発明されている。ただし，この原理に基づく発電機は効率が悪

（a）ファラデーの円板[15)]（1831）

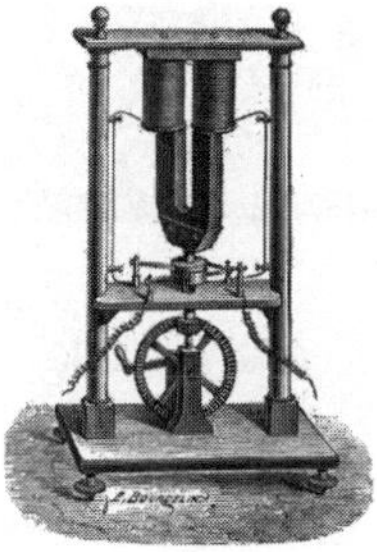

（b）ピクシーの直流発電機[16)]（1832）

図 **1.8**

く実用には至らなかった。一方で，1832年にピクシー（Hippolyte Pixii）により今日の同期発電機の原型となる交流発電機が発明された。直後にアンペールにより整流子が追加され直流発電機（図(b)）の原型にもなった。

直流発電機は，1861年にイェドリク（**図1.9**(a)），1865年にパチノッティ（Antonio Pacinotti）（図(b)），1867年にジーメンス（Werner von Siemens）（図(c)は改良が加えられた1873年のもの），1869年にグラム（Zénobe Gramme）（図(d)）らによっても発明されている。特にパチノッティの環状電機子の発明によって変動の少ない安定した直流が得られるようになった。また，当時の直流発電機の多くは他励式で，励磁のために別電源を用意する必要があり不便であった。その点，ジーメンスの直流発電機は鉄心の残留磁束密度を利用した自励式で，単独で起動することができる画期的なものであった。

(a)　イェドリクの直流発電機[17]（1861）

(b)　グラムの直流発電機[18]（1869）

(c)　パチノッティの直流発電機[18]（1865）

(d)　ジーメンスの直流発電機[18]（1867）

図 **1.9**

1880年代には，ホプキンソン（John Hopkinson）によって磁気回路の概念が導入され，その後，カップ（Gisbert Kapp）らによって電気機器学の理論が整備されていった。

2 電磁気学の基礎

電気機器の基本はもちろん電磁気学である。ここでは電気機器設計の観点から捉えた電磁気学の基本的な法則を示し，モータに働く力や磁束密度を導出する。本書では電流が作る磁界 H を基本とし，そこから透磁率に従って磁束密度が決定されるというスタンス（E-H 対応）で理論を進めていき，特にクーロン力やファラデーの法則について詳細に述べる。また実際に使われる磁性材料や巻線についても述べていく。本章では理解してほしい重要な法則を最初に示し，その後説明を行う。

2.1 アンペールの法則

$$I = \oint_C \boldsymbol{H} \cdot d\boldsymbol{l}, \qquad \boldsymbol{j} = \mathrm{rot}\,\boldsymbol{H}$$

2.1.1 直線導体の作る磁界

図 2.1 のような 1 本の無限長導体に電流 I〔A〕を通電したときに導体から距離 r〔m〕にある**磁界**（magnetic field）H〔A/m〕を計算しよう。電流と磁界の関係性については重要な二つの法則がある。

- **アンペールの法則**（Ampere's law）：任意の閉曲線 C に沿って磁界 H〔A/m〕を線積分すると，その値は電流 I〔A〕に等しい。
- **アンペールの右ねじの法則**：電流を右ねじが進む方向に直進させると，磁界が右ねじの回転方向に生じる。

つまり

$$\oint_C H \cdot dl = I \tag{2.1}$$

である。式 (2.1) において C が円の場合 H は C 上で一定となるので

$$\oint_C H \cdot dl = H \oint_C dl$$
$$= Hl = I \tag{2.2}$$

が成立する。ただし l〔m〕は積分路を 1 周した長さである。

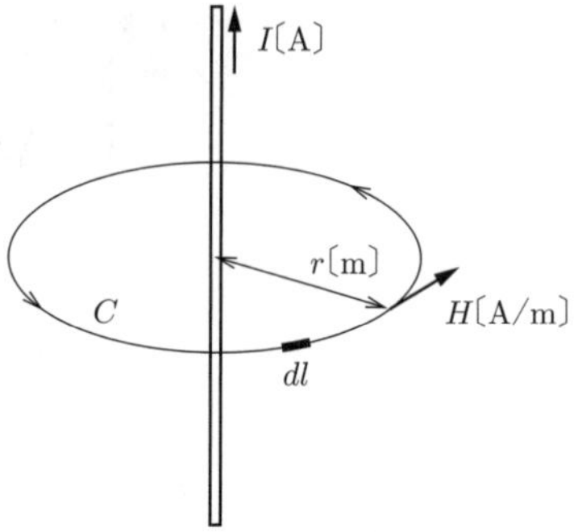

図 **2.1**　直線電流の作る磁界

図 2.1 のように距離 r における微小部分 dl を周回積分すると $l = 2\pi r$ であるから式 (2.2) は

$$2\pi r H = I \tag{2.3}$$

となり

$$H = \frac{I}{2\pi r} \tag{2.4}$$

が得られる。

また**ストークスの定理**（Stokes' theorem）

$$\oint_C \boldsymbol{A} \cdot dl = \int_S (\mathrm{rot}\, \boldsymbol{A}) \cdot \boldsymbol{n} dS \tag{2.5}$$

より

$$I = \int_S \boldsymbol{j} \cdot \boldsymbol{n} dS = \oint_C \boldsymbol{H} \cdot dl = \int_S (\mathrm{rot}\, \boldsymbol{H}) \cdot \boldsymbol{n} dS \tag{2.6}$$

であるから積分を外して

$$\boldsymbol{j} = \mathrm{rot}\, \boldsymbol{H} \tag{2.7}$$

が得られる。ここで $\boldsymbol{j}$ は導体に流れる電流の電流密度〔$\mathrm{A/m^2}$〕である。

2.1.2 2本の直線導体の作る磁界

つぎに図 **2.2** のような2本の無限長導体を交互に配した場合を考えよう。ここでは電流の向きはたがいに逆向きで大きさを I〔A〕とする。このときの磁界の強さを導体Aを原点にとり，図の x 軸に沿って考える。この場合距離 x における磁界（y 方向）はそれぞれの導体が作る磁界の重ね合わせで表現できる。

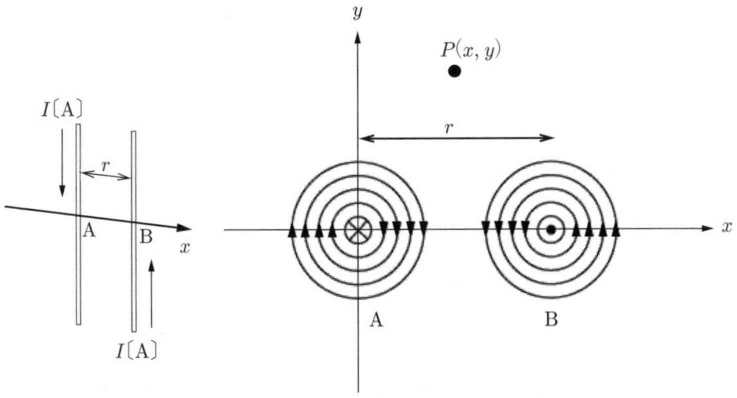

（a） 2本の直線導体　　（b） 2本の直線導体が作る磁界

図 **2.2** 2本の無限長導体による磁界

まず，導体Aが $\mathrm{P}(x,y)$ に作る磁界 $\boldsymbol{H}_A(x,y)$ は距離 $r_A=\sqrt{x^2+y^2}$ より，大きさが

$$|\boldsymbol{H}_A|=\frac{1}{2\pi r_A}I \tag{2.8}$$

であることがわかる。磁界はAの導体中心を中心とする円の接線方向に向いているので成分に分けると

$$\begin{aligned} H_{Ax}&=|\boldsymbol{H}_A|\sin\theta \\ H_{Ay}&=-|\boldsymbol{H}_A|\cos\theta \\ \tan\theta&=\frac{y}{x} \end{aligned} \tag{2.9}$$

となる。つぎに導体Bが作る磁界を計算すると距離 $r_B=\sqrt{(r-x)^2+y^2}$ より

$$|\boldsymbol{H}_B| = \frac{1}{2\pi r_B} I \tag{2.10}$$

$$\begin{aligned} H_{Bx} &= -|\boldsymbol{H}_B| \sin\theta' \\ H_{By} &= -|\boldsymbol{H}_B| \cos\theta' \\ \tan\theta' &= \frac{y}{r-x} \end{aligned} \tag{2.11}$$

である。ただし $r > x$ としており，それぞれ電流の向きが異なることを考慮している。

したがって点 P の合成磁界 $\boldsymbol{H}_P$ は

$$\boldsymbol{H}_P = \boldsymbol{H}_A + \boldsymbol{H}_B \tag{2.12}$$

であるので計算すると**図 2.3** のような分布となる。x 方向の磁界は導体間中央で 0 となり，また y 方向の磁界は導体間で強め合って導体間中央では $-y$ 方向に分布していることがわかる。

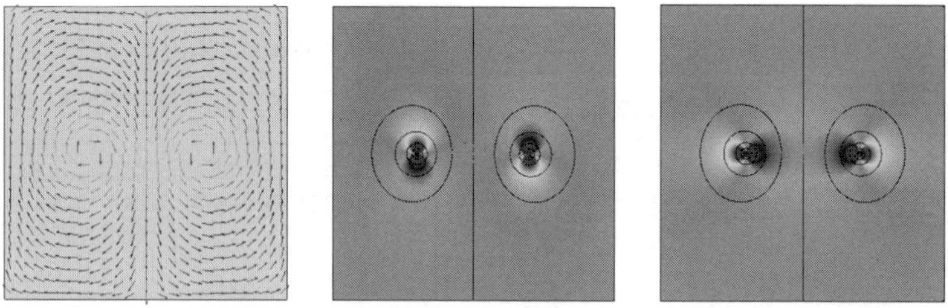

（a） ベクトル表示　（b） x 方向の磁界　（c） y 方向の磁界

図 2.3　2 本の無限長導体による磁界分布（$r = 0.1$ m，$I = 1$ A）〔口絵 1〕

2.1.3　（無限長）ソレノイドコイルの作る磁界

図 2.4 に示すようなソレノイドコイルの磁界の強さを求めよう。通電電流を I〔A〕とし，1 m あたりの巻数を N とする。また，それぞれの巻線は密に巻かれているとする。

図 2.5 に示すようにソレノイドコイルの断面を考えて，一つのコイルの作る磁界を見てみると，隣り合うコイルの間の磁界は逆方向を向いており，たがい

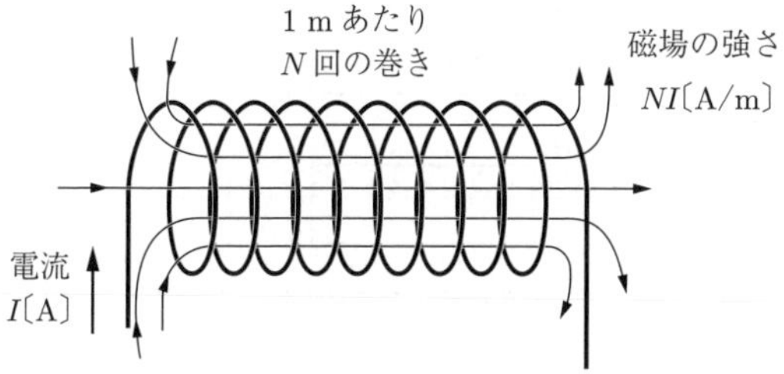

図 2.4 ソレノイドコイル

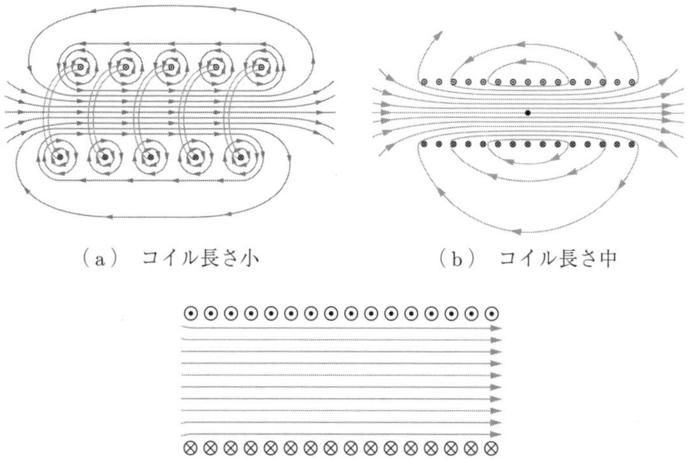

（a） コイル長さ小

（b） コイル長さ中

（c） コイル長さ無限大

図 2.5 ソレノイドコイルの磁界

に打ち消し合うことがわかる。ソレノイドコイルの長さが長くなると外側を回る磁界はしだいに少なくなり，無限長になると磁界はすべてソレノイドコイルの内側に発生する（端部がないので回る磁界がなくなる）。

図 2.6 のように長さ l〔m〕にわたって電流を取り囲む閉路 ABCD を考えて，アンペールの周回積分の法則を適用する。

まず電流を取り囲む積分路 $A_3B_3C_3D_3$ を考えよう。図 2.5 に示したように x 軸と垂直方向の磁界は 0 であるから経路 BC，AD に沿う磁界の線積分は 0 となる。また前述のようにソレノイドの外側に磁界はないので，経路 CD に沿う磁界の線積分も 0 になり，経路 AB の経路だけが積分値を持つ。積分路と鎖交

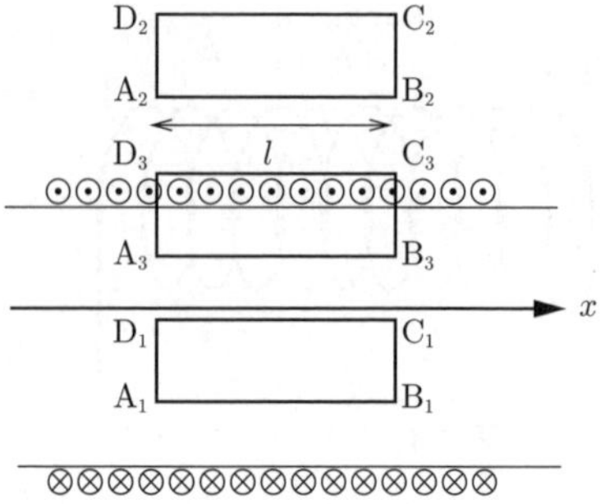

図 **2.6**　ソレノイドコイルにおける積分路

する電流が NlI〔A〕であることに注意すると

$$\oint_{\mathrm{ABCD}} H \cdot dl = H \oint_{\mathrm{AB}} dl = Hl = NlI \tag{2.13}$$

より

$$H = NI \tag{2.14}$$

となる。

つぎにソレノイド内部に積分路 $\mathrm{A_1B_1C_1D_1}$ をとってみよう。経路 BC ならびに DA については線積分が 0 となり，経路 AB と CD についてはそれぞれ $H_1 l$，$-H_2 l$ の値を持つ。経路で囲まれた電流は 0 であるから

$$H_1 l - H_2 l = 0 \tag{2.15}$$

より

$$H_1 = H_2 \tag{2.16}$$

が得られる。つまりソレノイド内部の磁界は場所によらず $H = NI$ となる。

一方ソレノイド外部についても同じ考え方（外部に積分路 $\mathrm{A_2B_2C_2D_2}$ をとる）をすれば，ソレノイドから遠く離れた地点の磁界は 0 であり，経路で囲まれた電流は 0 であるから，ソレノイド外部には磁界が発生しない。したがって

$$\text{ソレノイドコイルの外部}\quad H = 0 \tag{2.17}$$

$$\text{ソレノイドコイルの内部　場所によらず}\quad H = NI \tag{2.18}$$

が成立する。ただし，これは無限長ソレノイドの場合であり，ソレノイド長が短い場合には外部に磁界が発生し，ソレノイド端部では磁界は一定にならない。

2.2 磁界と磁束密度の関係

$$\boxed{\boldsymbol{B} = \mu \boldsymbol{H}, \qquad \boldsymbol{B} = \mu_0 \boldsymbol{H}}$$

磁界の強さ $\boldsymbol{H}$ と**磁束密度**（flux density）$\boldsymbol{B}$ を結びつけるものが**透磁率**（permeability）μ である。空気の透磁率は真空の透磁率とほぼ同じで

$$\mu = \mu_0 = 4\pi \times 10^{-7} \tag{2.19}$$

である。したがって空気中の磁界と磁束密度は

$$\boldsymbol{B} = \mu_0 \boldsymbol{H} \tag{2.20}$$

と表すことができる。一般的に $\boldsymbol{B}$，$\boldsymbol{H}$ ともにベクトルであるが，空気中では各方向での透磁率は違いがないために μ_0 をスカラーとして表すことができる†。

なお，真空の透磁率と真空の誘電率 ε_0 の関係は光の速度 c を用いて以下のように決まっている。

$$\mu_0 \varepsilon_0 = \frac{1}{c^2} \tag{2.21}$$

2.3 磁束密度の定義とクーロン力

$$\boxed{\boldsymbol{F} = q\boldsymbol{E} + q\boldsymbol{v} \times \boldsymbol{B}, \qquad \boldsymbol{F} = \boldsymbol{J} \times \boldsymbol{B}}$$

本書では電流が磁界 $\boldsymbol{H}$ を作り，透磁率 μ によって磁束密度が定まると記載している。これは電位 V が電界 $\boldsymbol{E}$ の積分で発生することと，電流 I が磁界 $\boldsymbol{H}$

† 磁性体中ではできない（2.9.2 項参照）。

の積分で発生することを対応させており，いわゆる E-H 対応という記述方法である[†1]。

$$V = \int_a^b \boldsymbol{E} \cdot dl \qquad (\boldsymbol{D} = \varepsilon_0 \boldsymbol{E} + \boldsymbol{P}) \tag{2.22}$$

$$I = \oint_C \boldsymbol{H} \cdot dl \qquad (\boldsymbol{B} = \mu_0 \boldsymbol{H} + \mu_0 \boldsymbol{M}) \tag{2.23}$$

E-H 対応においては式 (2.22), (2.23) に示すように電束密度 $\boldsymbol{D}$ と磁束密度 $\boldsymbol{B}$ が，また**分極** (polarization) $\boldsymbol{P}$ と**磁化** (magnetization/magnetic polarization) $\boldsymbol{M}$ が対応している[†2]。

しかしながら力の発生から磁界の物理量を定義する場合には磁界 $\boldsymbol{H}$ が源ではなく，磁束密度 $\boldsymbol{B}$ が磁界の強さを表現するもの，と考えることもできる。これをいわゆる E-B 対応とよぶ。ここでは磁束密度 $\boldsymbol{B}$ の定義を**クーロン力** (Coulomb force) から考えてみる。

いま，電界 $\boldsymbol{E}$，磁束密度 $\boldsymbol{B}$ の静止座標系を定義して，正電荷 q を置いたとする。このとき電界中に置いた正電荷 q は $\boldsymbol{F} = q\boldsymbol{E}$ のクーロン力を受ける。ここで電荷 q を速度 $\boldsymbol{v}$ で動かした場合にクーロン力はどうなるであろうか。止まっている電荷に対して働く力が $\boldsymbol{F} = q\boldsymbol{E}$ であるから，電荷を相対的に止まって見えるように速度 $\boldsymbol{v}$ で動く座標系を考えてみる。

静止座標系 $(\boldsymbol{E}, \boldsymbol{B}, \boldsymbol{F})$ から速度 $\boldsymbol{v}$ で動く慣性座標系 $(\boldsymbol{E}', \boldsymbol{B}', \boldsymbol{F}')$ への**ローレンツ変換** (Lorenz transformation) は

$$\begin{bmatrix} t' \\ \boldsymbol{E}' \\ \boldsymbol{B}' \\ \boldsymbol{F}' \end{bmatrix} = \begin{bmatrix} \gamma & -\gamma \dfrac{v}{c^2} & 0 & 0 \\ -\gamma v & \gamma & 0 & 0 \\ 0 & 0 & 1 & 0 \\ 0 & 0 & 0 & 1 \end{bmatrix} \begin{bmatrix} t \\ \boldsymbol{E} \\ \boldsymbol{B} \\ \boldsymbol{F} \end{bmatrix} \tag{2.24}$$

$$\gamma = \frac{1}{\sqrt{1 - v^2/c^2}} \tag{2.25}$$

---

†1　回転機の場合は透磁率の高い材料を使うことが多いため，$\boldsymbol{H}$ は共通で透磁率により $\boldsymbol{B}$ が異なるという考え方が都合がよい。

†2　磁化 $\boldsymbol{M}$ については 2.9.1 項参照。

より

$$\boldsymbol{E}' = \boldsymbol{E} + \boldsymbol{v} \times \boldsymbol{B} \tag{2.26}$$

$$\boldsymbol{B}' = \boldsymbol{B} - \frac{1}{c^2}(\boldsymbol{v} \times \boldsymbol{E}) \tag{2.27}$$

となる†。

クーロン力は $\boldsymbol{F}' = q\boldsymbol{E}'$ なので

$$\boldsymbol{F} = q\boldsymbol{E} + q\boldsymbol{v} \times \boldsymbol{B} \tag{2.28}$$

が導出できる。

つまり磁界中の電荷の運動による力は見かけの電界による力とみなすことができ，クーロン力は電界と磁界による力の和で表される。これを**ローレンツ力**(Lorenz force) とよぶ。ローレンツ力において電界による力を発生する場を $\boldsymbol{E}$，磁界による力を発生する場を $\boldsymbol{B}$ と定義している。これが磁束密度の定義であるが，先述したようにローレンツ力はクーロン力で表現できるので，相対論的クーロン力ともいう。

さて，電荷 q の運動は電流にほかならない（ただし $q = -e$）ので微小体積 dV に粒子密度 ρ ですべて同じ電荷が分布していると考えれば粒子数は ρdV である。dV に働く力 $d\boldsymbol{F}$ は電界がないと仮定すれば

$$d\boldsymbol{F} = dV\,\rho q\boldsymbol{v} \times \boldsymbol{B} = dV\boldsymbol{J} \times \boldsymbol{B} \tag{2.29}$$

となる。

ここで $\boldsymbol{J}$ は電流密度である。したがって，電流 $\boldsymbol{J}$ が流れている導体を磁界中に置いた場合に導体が受ける単位体積あたりの力 $\boldsymbol{F}$ は図 **2.7** に示すように

$$\boldsymbol{F} = \boldsymbol{J} \times \boldsymbol{B} \quad 〔\mathrm{N/m^3}〕 \tag{2.30}$$

と書ける。これをアンペールの力とよぶ。

またアンペールの力がフレミングの左手の法則と等価であることは自明であろう。

---

† 詳細は付録 A.1 に記す。

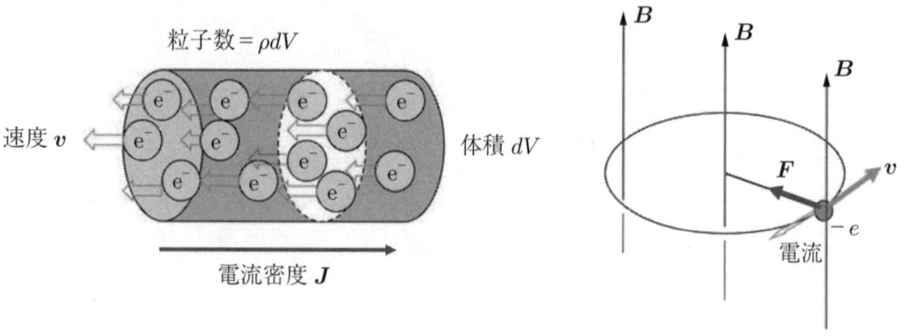

（a） 電流密度の定義　　（b） アンペールの力

図 **2.7**　電流に働く力

2.4　磁束密度に関するガウスの法則

2.4.1　ガウスの法則

$$\Phi = \int_S \boldsymbol{B} \cdot \boldsymbol{n} dS, \qquad \mathrm{div}\, \boldsymbol{B} = 0$$

電界では**ガウスの法則**（Gauss' law）

$$\int_S \boldsymbol{E} \cdot \boldsymbol{n} dS = \frac{Q}{\varepsilon_0} \tag{2.31}$$

が成立した。これを磁束密度で考えてみると

$$\Phi = \int_S \boldsymbol{B} \cdot \boldsymbol{n} dS \tag{2.32}$$

が成立する。ここで dS は任意の微小面積であり $\boldsymbol{B}$ は S 内の磁束密度が一様であると仮定した状態での磁束密度である。しかしながら空気中では先に述べたようにコイル中の磁束密度（磁界の強さ）はほぼ変わらないので $\boldsymbol{B}$ は一様であると仮定してよい。

ここで S が閉曲面の場合，閉曲面を通って正味出ていく磁束はつねに 0 である，という法則を磁束密度に関するガウスの法則という。

$$\int_S \boldsymbol{B} \cdot \boldsymbol{n} dS = 0 \quad （ただし\ S\ は閉曲面） \tag{2.33}$$

また微分形は

$$\mathrm{div}\,\boldsymbol{E} = \frac{\rho}{\varepsilon} \tag{2.34}$$

に対応し

$$\mathrm{div}\,\boldsymbol{B} = 0 \tag{2.35}$$

となる。

これは電荷 Q に相当する磁荷というものは（いまのところ）存在しないことを示している。

2.4.2　ベクトルポテンシャル

$$\boxed{\boldsymbol{B} = \mathrm{rot}\,\boldsymbol{A}, \qquad \mathrm{div}\,\boldsymbol{B} = \mathrm{div}\,\mathrm{rot}\,\boldsymbol{A} = 0}$$

静電界では $\mathrm{rot}\,\boldsymbol{E} = 0$ が成立するため $\boldsymbol{E}$ の周回積分をそのポテンシャル V として表すことができた。しかしながら真空中の磁界では

$$\mathrm{rot}\,\boldsymbol{B} = \mathrm{rot}\,\mu_0\boldsymbol{H} = \mu_0\boldsymbol{J} \tag{2.36}$$

であるため保存的な場ではない。そこで

$$\boldsymbol{B} = \mathrm{rot}\,\boldsymbol{A} \tag{2.37}$$

となるベクトル $\boldsymbol{A}$ を取り扱えば

$$\mathrm{div}\,\boldsymbol{B} = \mathrm{div}\,\mathrm{rot}\,\boldsymbol{A} = 0 \tag{2.38}$$

がつねに成立する。この $\boldsymbol{A}$ を $\boldsymbol{B}$ の**ベクトルポテンシャル**（vector potential）という。さらに式 (2.36) に式 (2.37) を代入すれば

$$\mathrm{rot}\,\mathrm{rot}\,\boldsymbol{A} = \mu_0\boldsymbol{J} \tag{2.39}$$

が得られ，展開すれば

$$\mathrm{rot}\,\mathrm{rot}\,\boldsymbol{A} = \mathrm{grad}\,\mathrm{div}\,\boldsymbol{A} - \nabla^2\boldsymbol{A} \tag{2.40}$$

となる。ここで

$$\boldsymbol{A} = \boldsymbol{A}_0 + \mathrm{grad}\,\boldsymbol{\varphi} \tag{2.41}$$

としても $\mathrm{div}\,\boldsymbol{B} = 0$ は満足されるので φ を $\mathrm{div}\,\boldsymbol{A} = 0$ となるように選択すれば

$$\mathrm{rot}\,\mathrm{rot}\,\boldsymbol{A} = -\nabla^2\boldsymbol{A} = -\mu_0\boldsymbol{J} \tag{2.42}$$

となる。これは二次元有限要素解析（3 章末コラム参照）の基礎方程式であり，電流密度 $\boldsymbol{J}$ が与えられればベクトルポテンシャル $\boldsymbol{A}$ を求めることができ，式 (2.37) より $\boldsymbol{A}$ から $\boldsymbol{B}$ を求めることができる。

例題 2.1　(閉曲線と鎖交する磁束数)　閉曲線 C に鎖交する磁束 Φ をベクトルポテンシャル $\boldsymbol{A}$ より求めよ。

【解答】　閉曲線を C とし，C を周辺とする任意の曲面を S とすれば，C と鎖交する鎖交磁束数 Φ は

$$\Phi = \int_S \boldsymbol{B}\cdot\boldsymbol{n}dS \tag{2.43}$$

$\boldsymbol{B} = \mathrm{rot}\,\boldsymbol{A}$ より

$$\Phi = \int_S \mathrm{rot}\,\boldsymbol{A}\cdot n dS \tag{2.44}$$

ストークスの定理より

$$\Phi = \oint_C \boldsymbol{A}\cdot dl \tag{2.45}$$

となる。つまり一つの閉曲線に沿って，$\boldsymbol{A}$ の接線成分を積分するとこれに鎖交する磁束数が求まる。　◇[†]

2.5　運動系でのファラデーの法則

$$\boxed{\mathrm{rot}\,\boldsymbol{E} = -\frac{\partial\boldsymbol{B}}{\partial t}, \qquad e = -\frac{d\Phi}{dt}}$$

---

† ◇は解答終わりを示す。

磁束密度と電位（電界）を結びつける法則が**ファラデーの法則**（Faraday's law）である。

いま

$$\boldsymbol{F} = q\boldsymbol{E} + q\boldsymbol{v} \times \boldsymbol{B} = q\boldsymbol{E}' \tag{2.28 再掲}$$

より静電界が 0 とすると

$$\boldsymbol{E}' = \boldsymbol{v} \times \boldsymbol{B} \tag{2.46}$$

が導出できる。

これはローレンツ変換により電界と磁界が一対のものであることを示している。したがって磁束密度により発生する電界中を電荷が動くときにする仕事 e〔V〕（のちの**起電力**（electro motive force））は

$$\begin{aligned} e &= \oint_C \boldsymbol{E}' \cdot d\boldsymbol{l} \\ &= \oint_C (\boldsymbol{v} \times \boldsymbol{B}) \cdot d\boldsymbol{l} \end{aligned} \tag{2.47}$$

ここで経路 C は速度 $\boldsymbol{v}$ で移動しており，微小時間 dt の間に $\boldsymbol{v}dt$ だけ動くので C 上の微小磁束 $d\Phi$ は

$$d^2\Phi = (\boldsymbol{v}dt \times d\boldsymbol{l}) \cdot \boldsymbol{B} = -(\boldsymbol{v} \times \boldsymbol{B}) \cdot d\boldsymbol{l}dt \tag{2.48}$$

だけ変化する。したがって C 上で積分して両辺を dt で割ると

$$\frac{d\Phi}{dt} = -\oint_C (\boldsymbol{v} \times \boldsymbol{B}) \cdot d\boldsymbol{l} \tag{2.49}$$

よって式 (2.47) に代入すれば

$$e = -\frac{d\Phi}{dt} \tag{2.50}$$

となり，これがファラデーの法則である。すなわち

$$\oint_C \boldsymbol{E} \cdot d\boldsymbol{l} = \oint_C (\boldsymbol{v} \times \boldsymbol{B}) \cdot d\boldsymbol{l} = -\frac{d}{dt}\int_S \boldsymbol{B} \cdot \boldsymbol{n}dS \tag{2.51}$$

が成立し，ストークスの定理を用いると

$$\mathrm{rot}\,\boldsymbol{E} = -\frac{\partial \boldsymbol{B}}{\partial t} \tag{2.52}$$

が導かれるが，これは上式の展開から $\boldsymbol{E}' = \boldsymbol{v} \times \boldsymbol{B}$ にほかならない。

2.6 静止系でのファラデーの法則

2.5 節では静電界がない場合について解説してきたが，静電界があるときはどうなるであろうか。いま，運動系でない静止座標系で静電界 $\boldsymbol{E}_s$ が存在しているとする。ここで，例えば電流の変化による磁界の変化が電界を発生させたとすると

$$\mathrm{rot}\,\boldsymbol{E} = -\frac{\partial \boldsymbol{B}}{\partial t} \qquad (2.52\ 再掲)$$

が存在する。ここでベクトルポテンシャル $\boldsymbol{A}$ を用いれば

$$\mathrm{rot}\,\boldsymbol{E} = -\frac{d}{dt}\,\mathrm{rot}\,\boldsymbol{A} - \mathrm{rot}\,\frac{d\boldsymbol{A}}{dt} \tag{2.53}$$

となる。したがって磁界の変化による電界は

$$\boldsymbol{E} = -\frac{d\boldsymbol{A}}{dt} - \mathrm{grad}\,\varphi \tag{2.54}$$

となる。$\mathrm{grad}\,\varphi = 0$ となる φ を選択し，静電界 $\boldsymbol{E}_s$ と合わせると

$$\boldsymbol{E} = \boldsymbol{E}_s - \frac{d\boldsymbol{A}}{dt} \tag{2.55}$$

となる。

いま，静止座標系における閉曲線 C 上での $\boldsymbol{E}$ の周回積分（仕事）を計算すると

$$\begin{aligned} e &= \oint_C \left(\boldsymbol{E}_s - \frac{d\boldsymbol{A}}{dt} \right) \cdot d\boldsymbol{l} \\ &= -\int_S \frac{d}{dt}(\mathrm{rot}\,\boldsymbol{A}) \cdot dS \\ &= -\int_S \frac{d}{dt}\boldsymbol{B} \cdot dS \\ &= -\frac{d}{dt}\Phi \end{aligned} \tag{2.56}$$

となり，ここでもファラデーの法則が成り立つ。しかしながら先の運動系でのファラデーの法則とは意味が異なる。

では，磁界中の運動する物質により発生する電界も合わせた場合を考えよう。磁界中を速度 v で運動する導体が発生する電界を考慮すれば

$$\boldsymbol{E}' = \boldsymbol{E} + \boldsymbol{v} \times \boldsymbol{B} \tag{2.57}$$

であるから，磁界の変化による電界も合わせると

$$\boldsymbol{E}' = \boldsymbol{E}_s - \frac{d\boldsymbol{A}}{dt} + \boldsymbol{v} \times \boldsymbol{B} \tag{2.58}$$

静電界 $\boldsymbol{E}_s = 0$（周回積分 0）として考えてよく，閉回路に誘導される起電力 e は

$$\begin{aligned} e &= \oint_C \left(-\frac{d\boldsymbol{A}}{dt} + \boldsymbol{v} \times \boldsymbol{B} \right) \cdot d\boldsymbol{l} \\ &= -\int_S \frac{d}{dt}(\mathrm{rot}\,\boldsymbol{A}) \cdot dS + \oint_C (\boldsymbol{v} \times \boldsymbol{B}) \cdot d\boldsymbol{l} \\ &= -\frac{d}{dt}\Phi \end{aligned} \tag{2.59}$$

と表せる。

第 1 項は運動を伴わない磁界の変化による起電力（静止系のファラデーの法則）であり，これを**変圧器起電力**（transformer electromotive force）とよぶ。第 2 項は磁界中の運動に伴う起電力（運動系でのファラデーの法則）であり，これを**速度起電力**（speed/back electromotive force；EMF）とよぶ。

歴史的にはファラデーは実験的に $e = -d\Phi/dt$ を発見し，これが偶然にも静止系の起電力と運動系の起電力の二つの異なる物理現象を一つの式で表した。しかしながら相対論的クーロン力のように運動導体に働く電磁力がクーロン力 $\boldsymbol{F} = q\boldsymbol{E}$ で表されることを考えると，座標系の違いにより発生する起電力が一つのファラデーの法則によって表されることも理解できる。

2.7　回転機における速度起電力（EMF）

ファラデーの法則を具体的に使用してみよう。図 **2.8** に示すような回転子が永久磁石で覆われた回転機を考えてみる。簡単のために回転子磁石中心に固定子の作る磁界の中心があるとする。図 2.8 には固定子に鎖交する磁束線を示した。

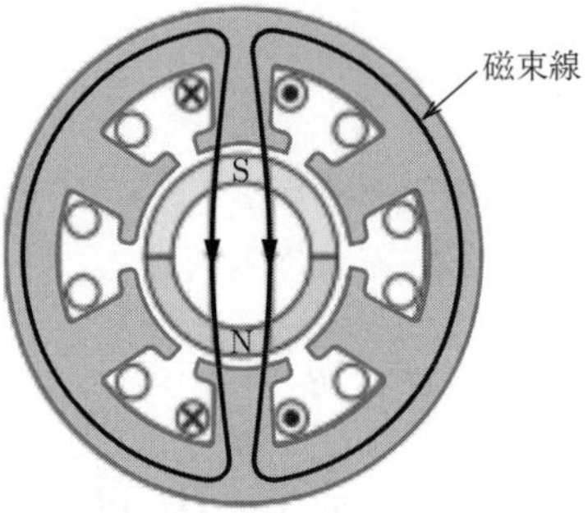

図 2.8　永久磁石同期機の磁石による磁束分布（$\theta = 0$）

いま，回転子の N 極中心と固定子コイルの作る磁界の中心の角度を θ として，回転子が半時計方向（counter clockwise；CCW）に回転するとする。

固定子に鎖交する磁束を Φ とするならば，Φ は図 **2.9** に示すように回転子の回転と連動する。すなわち

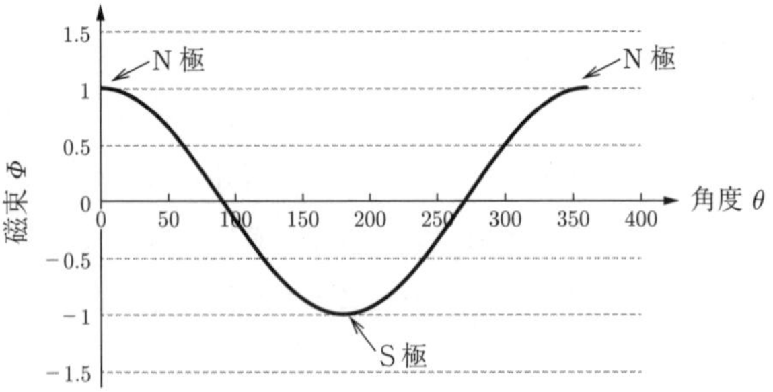

図 2.9　固定子に鎖交する磁束のグラフ

$$\Phi = \Phi \cos\theta \tag{2.60}$$

と表せる。ここで $\theta = 0$ のときに Φ は最大値をとることに注意されたい。

さて，固定子に巻かれた巻数が N 巻であったとすると，巻線に発生する誘導起電力 v は

$$v = \frac{d}{dt}\Phi = \frac{d}{dt}N\Phi\cos\theta = \frac{d\theta}{dt}\frac{d}{d\theta}N\Phi\cos\theta = -\omega N\Phi\sin\theta \tag{2.61}$$

となる。ここで ω は回転子の回転角速度〔rad/s〕である。上式から誘導起電力は回転子の回転速度に比例して大きくなることが理解できる。さらに位相は回転子の位置 θ の関数（$-\sin\theta$）となっており，回転子の位置に対して図 **2.10** のような関係となる。

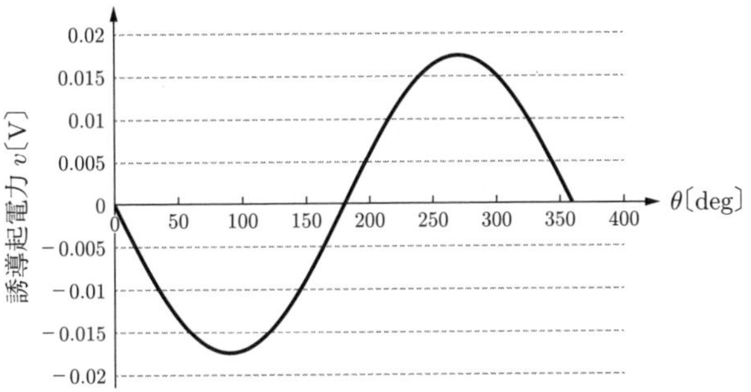

図 2.10　回転子の位置と誘導起電力のグラフ

誘導起電力が回転子速度に比例して大きくなることは，有限の電圧で回転機を駆動した場合に回転子速度の上限が電気的に決まることを意味している。また，回転子の位置は誘導起電力を見ればわかる（v を見れば θ がわかる）ことも重要である。

2.8 実 際 の 巻 線

2.8.1 コ イ ル エ ン ド

回転機に用いられる実際の巻線を見てみよう。基本的にはソレノイドコイル

の作る磁界と同様であるが，**図 2.11** に示すように実際のコイルではモータの厚み方向（z 軸）に平行に巻線が巻かれており，端部はコイルエンドが存在する。ここでは実際の巻線が発生する力を見てみよう。

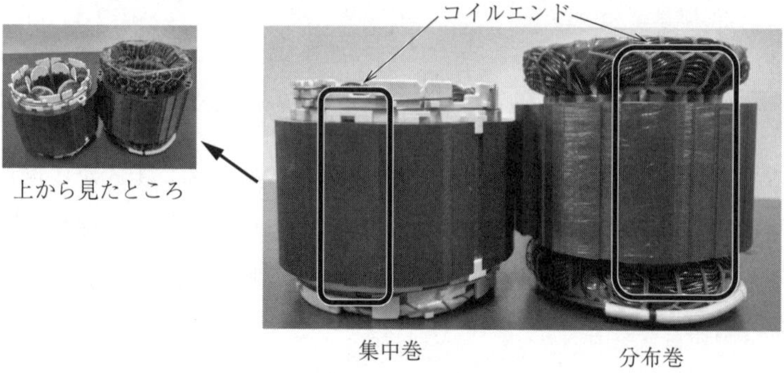

図 2.11　実際の巻線〔口絵 2〕

図 2.12 のコイルでは，辺 AB，CD に働く力 $\boldsymbol{F}$ がたがいに平行・逆向きで，偶力として作用し，コイルを回転させる。図では右回転である。辺 BC，DA には，この図では二辺と磁界の向き（図中 $\boldsymbol{B}$ の矢印）が平行なので，力は発生しない。平行でない場合は，力が発生するものの，両辺の力はともにコイルの内側向きとなるので，たがいに打ち消し合って，なんの作用もしない。実際の巻線ではコイルは鉄心内に納められるが，コイルエンド（BC，DA）は鉄心の外にあるため磁界と電流が作用せず力は発生しない。

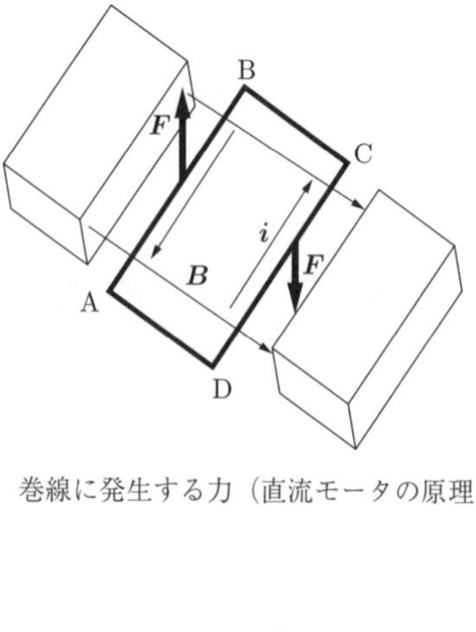

図 2.12　巻線に発生する力（直流モータの原理と同様）

図 2.12 ではコイルが回転する（回転子）場合を示したが，図 2.11 では固定子にコイルが収められている。この場合に巻線に力は発生するかという問題がある。実際には巻線は透磁率（3 章参照）が高い鉄心の間に収められており，力は鉄心にほとんど働いて（鉄心トルク）巻線にはほんの少しの力しか働かない。この結果，巻線は動かないで鉄心内に収まることができるのである。

2.8.2 表皮効果と近接効果

巻線に周波数の高い電流を通電した場合には以下の二つの現象が現れる。

〔1〕 表 皮 効 果　導体中の電流が交流である場合の電流密度が導体の表面で高く，表面から離れると低くなる現象を**表皮効果**（skin effect）とよぶ。これは導体内で電流が変化すると電流が作る磁界も変化することで電界が発生し，その電界がまた電流を発生させることによる（**図 2.13**）。この結果，発生周波数が高いほど電流が表面へ集中して流れ，内部には流れない。したがって交流抵抗は高くなる。これを数式で表してみよう。

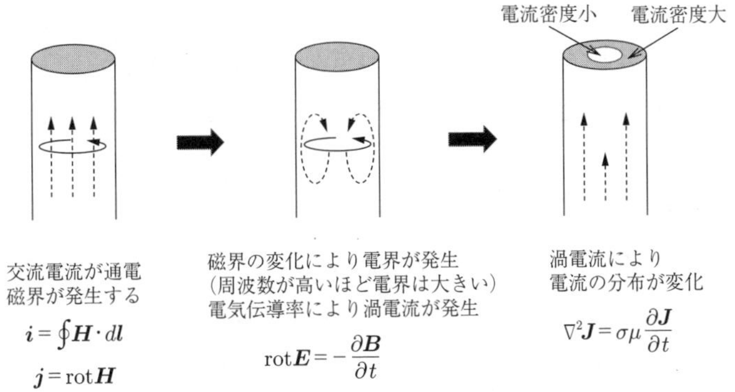

図 **2.13**　表皮効果の理解

$$\mathrm{rot}\,\boldsymbol{E} = -\frac{\partial \boldsymbol{B}}{\partial t}$$

の rot をとると

$$\mathrm{rot}(\mathrm{rot}\,\boldsymbol{E}) = -\,\mathrm{rot}\,\frac{\partial \boldsymbol{B}}{\partial t} = -\mu\,\mathrm{rot}\,\frac{\partial \boldsymbol{H}}{\partial t} = -\mu\frac{\partial}{\partial t}\,\mathrm{rot}\,\boldsymbol{H} = -\mu\frac{\partial \boldsymbol{J}}{\partial t} \tag{2.62}$$

電気伝導率を σ とおくと $\boldsymbol{B}=\mu\boldsymbol{H}$ と同様に $\boldsymbol{J}=\sigma\boldsymbol{E}$ であるから

$$\mathrm{rot}(\mathrm{rot}\,\boldsymbol{J})=\mathrm{grad}\,\mathrm{div}\,\boldsymbol{J}-\nabla^2\boldsymbol{J}=-\sigma\mu\frac{\partial\boldsymbol{J}}{\partial t} \tag{2.63}$$

となり，$\mathrm{div}\,\boldsymbol{J}=0$（導体）なので

$$\nabla^2\boldsymbol{J}=\sigma\mu\frac{\partial\boldsymbol{J}}{\partial t} \tag{2.64}$$

同様に磁束密度 $\boldsymbol{B}$ においても

$$\nabla^2\boldsymbol{B}=\sigma\mu\frac{\partial\boldsymbol{B}}{\partial t} \tag{2.65}$$

が得られる。$\boldsymbol{J}$ が周波数 ω の交流（$\boldsymbol{J}=\boldsymbol{J}_0e^{j\omega t}$）だとするとその時間微分は $j\omega$ が掛かるので

$$\begin{aligned}\nabla^2\boldsymbol{J}_0&=j\omega\sigma\mu\boldsymbol{J}_0\\ \nabla^2\boldsymbol{B}_0&=j\omega\sigma\mu\boldsymbol{B}_0\end{aligned} \tag{2.66}$$

となり，電流，磁界の分布が周波数の影響を受けることがわかる。

このとき $\sqrt{2/\omega\sigma\mu}$ を**表皮深さ**（skin depth）とよび，表皮深さが導体の厚さに比べて小さければ磁束および電流は表面に集まっているとしてよく，逆に $\sqrt{2/\omega\sigma\mu}$ が導体の厚さに比べて大きければ，磁束および電流は一様分布となる（図 2.13）。

〔**2**〕 近 接 効 果　　**近接効果**（proximity effect）とは近接した導体に電流が流れているときに電流の作る磁界によるローレンツ力で電流密度に偏りが生じる現象である。図 **2.14** に示すように 2 本の導線 A，B が近接して置いてあ

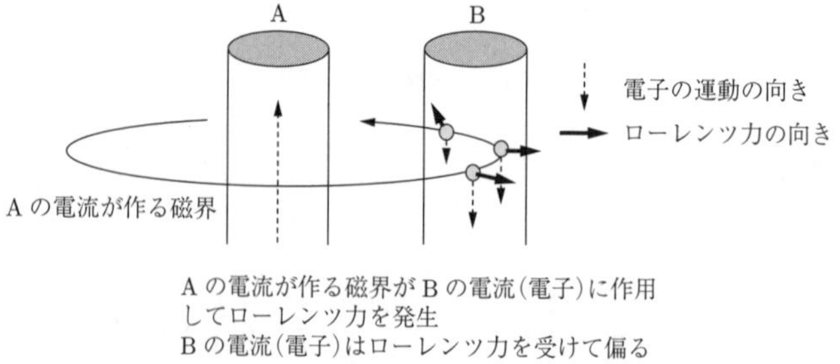

図 **2.14**　近接効果の説明

る場合，導線 A の作る磁界により導線 B の電子がローレンツ力を受ける。この場合電子の流れは電流の流れと逆であるからローレンツ力は導線の外側に向けて発生する。その結果電子が導線 A を避けるように分布して**図 2.15** のような電流分布になる。

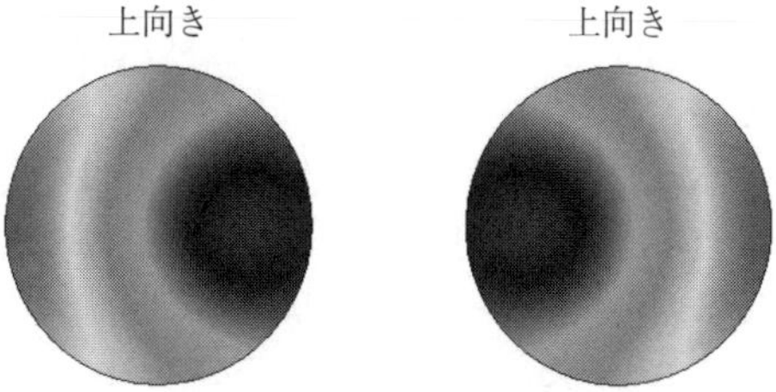

図 2.15　近接効果（電流が同方向に流れている場合）〔口絵 6〕

さまざまな巻線

回転機の巻線はとても重要であり，限られた体積にどれだけ巻線を入れられるかが肝心である。一般的に回転機の固定子断面において固定子スロットにどれだけ巻線が入っているかの指標を占積率とよぶ。

$$\text{占積率} = \frac{\text{1 本あたりの巻線断面積（銅）} \times \text{巻き回数}}{\text{スロット断面積}}$$

実際の巻線は**図 1**（a）のように金属導体線（銅）の周りに巻線どうしの絶縁保持のために絶縁被膜（ワニス）が塗られており，さらに被覆が被っている。した

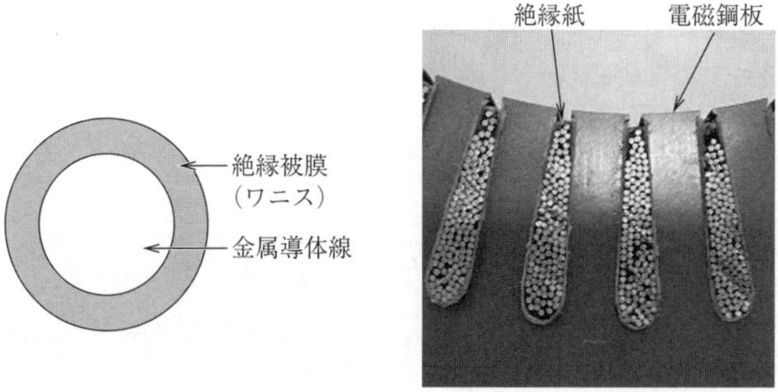

（a）　巻線 1 本の断面図　（b）　スロット内の巻線（断面）〔提供：日産自動車株式会社〕

図 1　巻線の断面図〔（b），口絵 3〕

がって占積率は銅の素線面積を使用することが通常である。またスロット内には鉄心と巻線の絶縁保持のために絶縁紙が用いられる。絶縁紙の断面積もスロット面積から引いて計算すると通常の分布巻（図 2.11 参照）では 40%程度の占積率が最大値となる。

占積率を高めるために，銅線の形を四角形にした平角線や，平角線の周りに PEEK 材（ポリエーテルエーテルケトン樹脂）を巻いて絶縁紙を不要にした巻線も実用化されている。

さらに，占積率を高めるために，固定子の歯に直接巻線を巻く集中巻（図 2.11 参照）が利用されており，この場合占積率は 60%程度まで高められる。また**図 2** のようにステータを分割して巻線を巻いて占積率を高めた例もあり，サーボモータをはじめ大量生産されている。

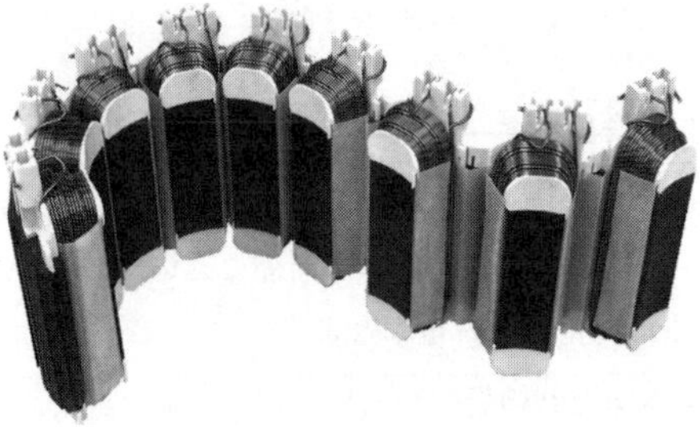

図 2　ポキポキモータ
〔提供：三菱電機株式会社〕

さらに自動車用モータではコイルエンドを短縮するために分割した多数の巻線をたがい違いに巻いた方式（SC 巻線（segment conductor））も実用化されている（**図 3**）。

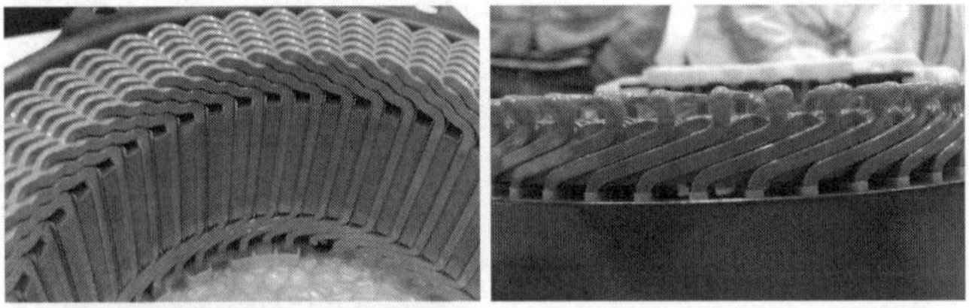

（a）　回転子側から見た巻線　　（b）　コイルエンドの溶接部

図 3　SC 巻線〔口絵 4〕

巻線に必要な特性として

- 低抵抗（太い巻線で最短な線材長さ）
- 耐絶縁性（相間，線間，巻線-鉄心間）
- 柔軟性（巻きやすさ）
- 耐熱特性

があげられる。この中で絶縁性はその耐熱特性によって表のように分類されている。

表　耐熱クラスによる絶縁性の分類

耐熱温度（クラス）	構　成
90°C（Y）	木綿，紙，絹などの材料で構成され，絶縁ワニスで含侵せず，また絶縁油に浸さない絶縁。
105°C（A）	木綿，紙，絹などの材料を使い，絶縁ワニスで含侵するかまたは絶縁油に浸して構成する絶縁。
120°C（E）	ポリエステル系，および一部のホルマール系のエナメルやフィルムを主体として構成した絶縁。
130°C（B）	マイカ，ガラス繊維などの材料を接着材料とともに用いて構成した絶縁。
155°C（F）	マイカ，ガラス繊維などの材料をシリコン樹脂などの接着材料とともに用いて構成した巻線。
180°C（H）	マイカ，ガラス繊維などをシリコン樹脂，または同等の性能を持つ接着材料とともに構成した絶縁，ゴム状または固体状のシリコン樹脂，ポリイミドエナメルおよびポリアミドペーパを単独で用いた絶縁。
200°C（N）以上	生マイカ，石綿，磁器などを単独に，または接着材料とともに用いて構成した絶縁。

これらの耐熱クラスはあくまで最大値であり上記の温度内では絶縁劣化を引き起こさない規格である。実際の使用温度はそれ以下であることが望ましく，回転機設計においては冷却設計が重要技術であることを付け加えておく。

2.9　磁性体に関する法則

いままではおもに真空中の磁界と磁束密度の関係を見てきた。ここでは電磁鋼板や永久磁石に代表される強磁性体についての特性式を見ていこう。

2.9.1 磁化と磁化電流

$$\boxed{\boldsymbol{J}_m = \mathrm{rot}\,\boldsymbol{M}}$$

磁性体に外部から磁界をかけると磁性体は磁化される。このときの磁化の大きさを $\boldsymbol{M}$ で表し，微小体積 $\varDelta v$ 中の磁気モーメントを $\varDelta \boldsymbol{m}$ とすれば

$$\boldsymbol{M} = \frac{\varDelta \boldsymbol{m}}{\varDelta v} \quad 〔\mathrm{A \cdot m^2/m^3 = A/m}〕 \tag{2.67}$$

と定義される。このとき磁気モーメント $\boldsymbol{m}$ は実際にはスピンによる電流ループで発生しており電流の大きさを I，ループの面積を $\varDelta S$ とすれば

$$|\boldsymbol{m}| = I\varDelta S \tag{2.68}$$

である。

体積あたりの磁気モーメントが $\boldsymbol{M}$ であるから，この $\boldsymbol{M}$ を直接生み出す電流（見かけの電流：分布電流）$\boldsymbol{I}_m$ で表し，その電流密度を $\boldsymbol{J}_m$ とすれば図 **2.16** に示すように

$$I_m = \oint_C \boldsymbol{M} \cdot d\boldsymbol{l} = \int_S (\mathrm{rot}\,\boldsymbol{M}) \cdot \boldsymbol{n} dS \tag{2.69}$$

$$I_m = \int_S (\boldsymbol{J}_m \cdot \boldsymbol{n}) dS \tag{2.70}$$

が成立する。式 (2.69) と式 (2.70) の右辺を比較すれば

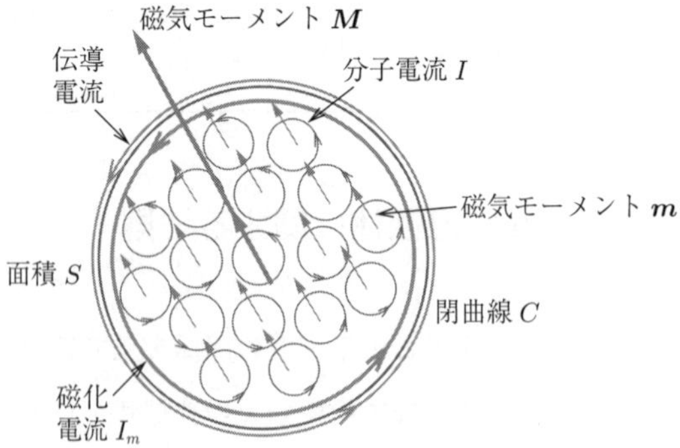

図 **2.16**　磁化電流と磁気モーメント

$$\boldsymbol{J}_m = \mathrm{rot}\,\boldsymbol{M} \quad 〔\mathrm{A/m^2}〕 \tag{2.71}$$

となり，これが磁性体中の磁化電流密度である。

2.9.2　磁性体中の磁界の強さ

$$\boldsymbol{B} = \mu_0\boldsymbol{H} + \mu_0\boldsymbol{M}, \qquad \boldsymbol{B} = \mu\boldsymbol{H}, \qquad \mathrm{rot}\,\boldsymbol{H} = \boldsymbol{J}$$

磁化の強さ $\boldsymbol{M}$ から磁性体内の磁界の強さ $\boldsymbol{H}$ および磁束密度 $\boldsymbol{B}$ の関係は誘電体中の電界における電束密度 $\boldsymbol{D}$ と分極 $\boldsymbol{P}$ の関係と同様に

$$\boldsymbol{B} = \mu_0\boldsymbol{H} + \mu_0\boldsymbol{M} \quad (\boldsymbol{D} = \varepsilon_0\boldsymbol{E} + \boldsymbol{P}) \tag{2.72}$$

で表される（$\mu_0\boldsymbol{M} = \boldsymbol{J}$ として $\boldsymbol{J}$（磁気分極）を用いて表すことも多い）。これは外部からの磁界の強さ $\boldsymbol{H}$ に磁性体内部の磁化の強さ $\boldsymbol{M}$ を加えたものが磁束密度 $\boldsymbol{B}$ を発生していると考えられる。

いま $\boldsymbol{M}$ が $\boldsymbol{H}$ の関数であると考えれば†

$$\boldsymbol{M} = \chi\boldsymbol{H} \tag{2.73}$$

と表すことができ，磁束密度は

$$\boldsymbol{B} = \mu_0\boldsymbol{H} + \mu_0\chi\boldsymbol{H} = \mu_0(1+\chi)\boldsymbol{H} \tag{2.74}$$

より

$$\boldsymbol{B} = \mu\boldsymbol{H} \tag{2.75}$$

が導出できる（$\boldsymbol{M}$ と $\boldsymbol{H}$ が同方向を向いている仮定なので $\boldsymbol{B}$ と $\boldsymbol{H}$ も同方向）。

ここで χ は**磁化率**（magnetic susceptibility）といわれる定数であり，物体の磁気的性質を表している。χ が正のものを常磁性体，負のものを反磁性体といい，数百〜と著しく大きいものを強磁性体とよぶ。強磁性体に比べ通常の物

† ここでは $\boldsymbol{M}$ と $\boldsymbol{H}$ が同方向を向いているという仮定を用いている。実際には方向は異なる。また 2.9.8 項で説明する永久磁石などの硬磁性材料の場合，保磁力 H_{cj} までは $\mu_0\boldsymbol{M} = \boldsymbol{J}$ として一定の値をとる。

質は χ がとても小さい（−3～−5 乗オーダー）ので $\chi = 0$ としてかまわない。したがって真空中では $M = 0$ とみなすことができ

$$\boldsymbol{B} = \mu_0 \boldsymbol{H} \tag{2.76}$$

が成立する。

また式 (2.76) を $\boldsymbol{H}$ について書き直すと

$$\boldsymbol{H} = \frac{\boldsymbol{B}}{\mu_0} - \boldsymbol{M} \tag{2.77}$$

となり，$\boldsymbol{H}$ の周回積分をとると

$$\oint_C \boldsymbol{H} \cdot d\boldsymbol{l} = \oint_C \frac{\boldsymbol{B}}{\mu_0} \cdot d\boldsymbol{l} - \oint_C \boldsymbol{M} \cdot d\boldsymbol{l} \tag{2.78}$$

が得られる。ここで右辺第 1 項は磁束密度 $\boldsymbol{B}$ を生む電流を表しており全電流（導体に流れる電流と磁化電流の和）である。一方，右辺第 2 項は磁化電流を表している。導体に流れる電流を磁化電流と区別して真電流と名付けると

$$\int_C H \cdot d\boldsymbol{l} = [C \text{ と鎖交する真電流}] = \sum N_i I_i \tag{2.79}$$

となり，“磁化された物体があっても $\boldsymbol{H}$ を考える場合アンペールの周回積分の法則がそのまま成立している” ことにほかならない。つまり $\boldsymbol{H}$ の周回積分は真電流との鎖交が与えられることを示している（**磁性体中でも真空中でも $\boldsymbol{H}$ は変わらない**）。このことを数式で表すと

$$\mathrm{rot}\,\boldsymbol{H} = \boldsymbol{J} \quad (\boldsymbol{J} \text{ は真電流密度}) \tag{2.80}$$

となる。

2.9.3　強磁性体の磁化と透磁率

図 2.17 に実際の電磁鋼板の B-H 特性を示す。先に透磁率 μ や磁化率 χ を用いて $\boldsymbol{B}$ と $\boldsymbol{H}$ の関係を記載したが，μ や χ は図 2.17 に見られるように一定ではない。磁化の過程は大きく三つの過程に分けられる。なお，RD（rolling direction）は鋼板の圧延方向，TD（transversal direction）は圧延方向に直角

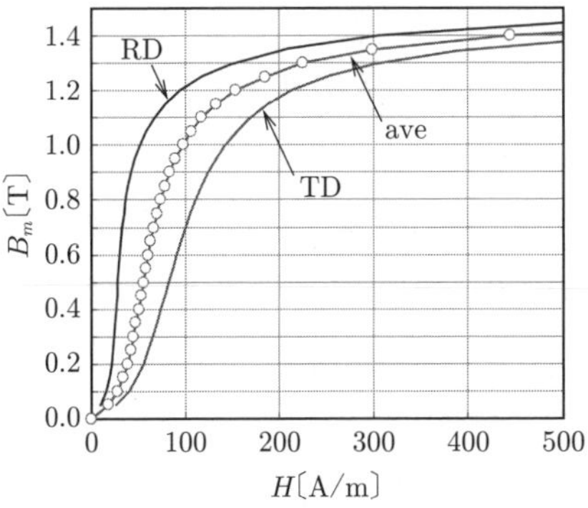

図 **2.17**　B-H 曲線（35A300）

な方向を表している。無方向性とよばれる電磁鋼板でも，圧延方向は磁化されやすい状態にある。メーカーの仕様書には RD と TD の平均値（ave）が使われる。

〔**1**〕 **初期磁化過程**（図 2.18 ①）　図 2.17 に示した $H < 10$〔kA/m〕程度の領域。**図 2.18 ①** に示すように強磁性体は微小な磁化領域（**磁区**（magnetic

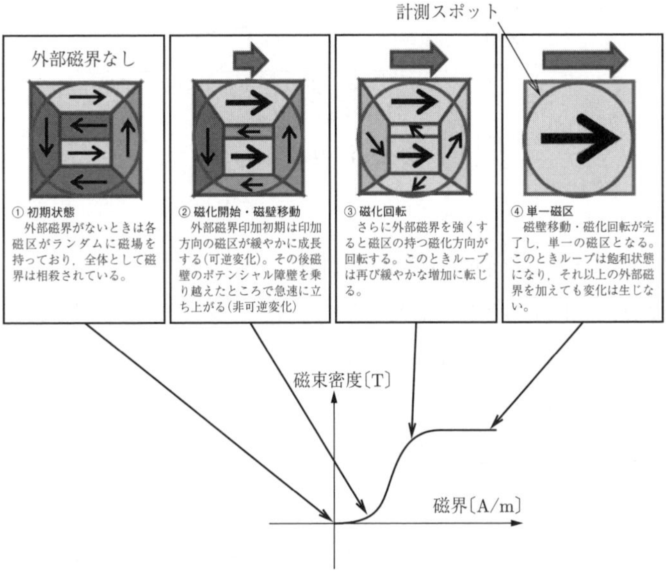

図 **2.18**　磁化過程における磁区，磁壁の状態

domain)）からできており，磁区間の相互作用により磁化の現状を維持しようとする性質を持っている。そのため最初磁化されていないと少しの磁界では磁化されずにその状態を維持しようとするため B_m が上昇しない。

〔**2**〕 **透磁率が一定の領域**（図 2.18②）　初期磁化過程を経てさらに磁界をかけていくと均衡が破れて急に磁化が進展するため急激に B_m が増加する領域。この領域では（微分）透磁率が高く，ほぼ一定とみなせる。

〔**3**〕 **飽和領域**（図 2.18④）　さらに H を大きくすると B_m が増えない（透磁率が μ_0）状態になる。これは磁区が大きくなり，内部の磁気モーメントの向きがすべてそろってしまうため，それ以上磁化されなくなる。

以上〔1〕～〔3〕のように磁化過程が変化するため透磁率は一定ではない。図 2.17 に示した B-H 特性から透磁率 μ を求めると**図 2.19** のようになる。

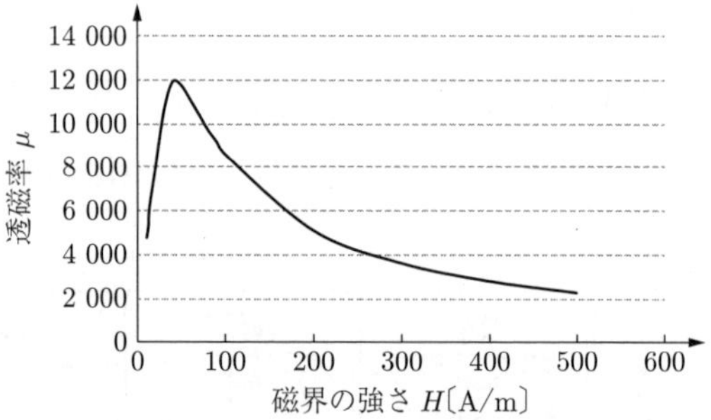

図 2.19　H-μ 曲線

2.9.4　ヒステリシス特性（交流磁化特性）

図 2.17 は直流による磁界をしだいに大きくしていった際の特性であるが，回転機では交流磁界を印加することがほとんどである。そのときの B と H の関係はどうなるのであろうか。

図 2.20 にゆっくりとした交流磁界をかけた場合の B-H カーブを示す。このときの B と H の関係を一つ一つ見ていこう。

〔**1**〕 まず，$H = B = 0$ の原点から磁界 H を増やしていくと，磁束密度は $B = \mu H$ の関係により増加していく（図中 O → P）（ただし前述のとおり μ は

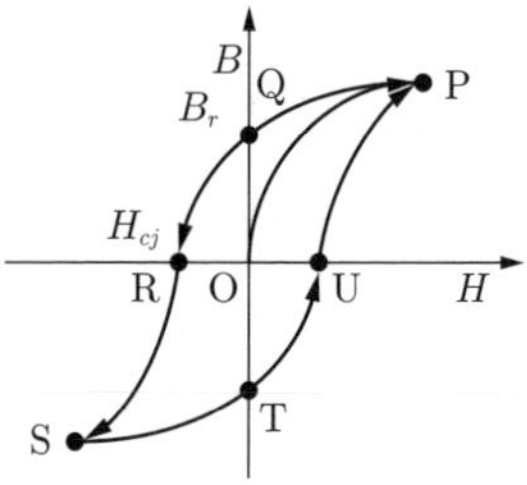

図 2.20 交流磁界印加時の B-H カーブ

一定ではない)。さらに H を増加していくと磁気飽和が発生し点 P に達する。ここまでは直流印加時と同様の振舞いである。

〔2〕 つぎに H を小さくしていくと磁束密度は H を増加したときの値とは異なる値をとって小さくなっていき（図中 P → Q）H を 0 にしても B は 0 にならず B_r の値をとり点 Q に達する。この B_r を残留磁束密度という。これは一度磁界を印加して磁気モーメントの向きをそろえたあと，磁界を減少させても磁気モーメントの向きは完全にバラバラにはならないことを示している。簡単にいうと，磁気モーメントの回転には摩擦が伴うため，入れたエネルギーを抜いても磁気モーメントは元に戻らず，それ以上のエネルギーを印加する必要があることを示している。

〔3〕 さらに今度は磁界を負の方向にかけていくと，磁束密度は点 Q から減少をはじめ，点 R において $B = 0$ となる。このときの磁界の強さ H を H_{cj} と書き，これを保磁力とよぶ。つまりこの時点で磁気モーメントはバラバラな状態になっており，バラバラにするためには H が 0 ではなく，さらに負の磁界をかける必要があることを示している。

〔4〕 H_{cj} からさらに磁界を負にかけていくと点 R から B は負の値をとり，B の正の場合と同様に負方向に飽和して点 S に到達する。一般的に点 P と点 S は原点対称の関係にある。

〔5〕 点 S から H を増加していくと B も同様に増加する。しかしながら $H = 0$ にした場合でも〔2〕と同様に B は 0 とならず $B = -B_r$ の値をとる（点 T)。

〔**6**〕 引き続き H を正にしていくと $H = H_{cj}$ の点で $B = 0$ となる（点 U）。

〔**7**〕 同様に H を増加すれば B は正の値をとり飽和磁束密度まで増加していく。このとき〔1〕の軌跡とは異なる軌跡をとることに注意されたい。このような軌跡をとる特性を**ヒステリシス特性**（hysteresis characteristics）という。

2.9.5 ヒステリシス損失

先に述べた B-H 曲線の軌跡から一度増加させた磁束密度を元に戻すには入れた以上のエネルギーをかけなければならないことを示した。そのエネルギーはどこにも保存されず，熱として消費されることになる。このエネルギー（損失）を**ヒステリシス損失**（hysteresis loss）という。つまり図 2.20 において

点 P → Q → R → S → T → U → P

と動作点が移動したときに，溜めている磁気エネルギーは増減がない（点 P から点 P までの移動の）ため 0 である。しかしながら移動に伴い BdH または HdB のエネルギーを使っているのでこのエネルギーの積分値はループの囲う面積に等しい。つまり

ヒステリシス損失 [*J*] = *B*-*H* ループの面積

※ただしゆっくりと移動した場合

である。この損失は交流 1 周期につき 1 回発生するので，数式化すると

$$W_h = K_h f B^{1.6\sim 2} \quad \text{〔W〕} \tag{2.81}$$

となる。ここで K_h はヒステリシス損失係数とよばれ，材料により異なる値をとる。磁束密度の項は 1.6 乗から 2 乗に比例する，と実験則により求められている。重要なことは交流周波数 f の 1 乗に比例するということである。

2.9.6 渦 電 流 損 失

磁性体に交流磁界を印加するとヒステリシス損失が発生することは前に述べ

た。ヒステリシス損失以外にも発生する損失に**渦電流損失**（eddy current loss）がある。

いま，**図 2.21** に示すように電気伝導率 σ を持つ磁性体に交流磁界 H をかけ，磁束 Φ が発生したとする。発生した磁束を例えば

$$\Phi(t) = \Phi \cos \omega t \tag{2.82}$$

とすると，ファラデーの法則により磁性体には起電力 e が磁界の変化を妨げる向きに発生する。

$$e(t) = -\frac{d\Phi}{dt} = \omega \Phi \sin \omega t \tag{2.83}$$

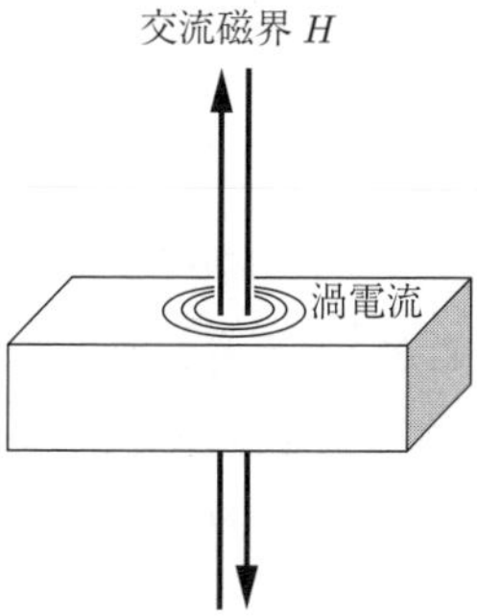

図 2.21　渦 電 流

磁性体は電気伝導率 σ を持つので起電力 e から電流 i が電気抵抗 R に反比例して流れる。

$$R = \frac{l}{\sigma S} \tag{2.84}$$

$$i = \frac{e}{R} = \sigma \frac{S}{l} e \tag{2.85}$$

で発生する。このとき i は磁界の変化を妨げる向きに流れるため，交流磁界が印加された場合には図 2.21 にあるように磁界を中心として渦を描くように流れる。この電流を**渦電流**（eddy current）とよぶ。注意してほしいのは仮に磁性体の電気伝送率が 0 の場合でも起電力 e は発生する，ということである。渦電流はいきなり電流が流れるわけではなく，起電力と電気伝導率によって定まる。

渦電流が発生するとそのエネルギーはジュール損として消費される。これを渦電流損失とよぶ。渦電流損失を計算してみると磁性体の磁界に垂直方向の電気抵抗値を R とすれば

$$W_e = \frac{|e|^2}{R} = \frac{1}{R}|\omega \Phi \cos \omega t|^2 = \frac{1}{R}\omega^2 \Phi^2 \tag{2.86}$$

$\Phi = BS$ として

$$W_e = \frac{1}{R}\omega^2 B^2 S^2 \tag{2.87}$$

単位体積あたりの損失を求めるために体積 Sl で割ると

$$w_e = \sigma\omega^2 B^2 \frac{S^2}{l^2} \tag{2.88}$$

となり断面積の 2 乗と磁束密度および角速度（周波数）の 2 乗に比例する。したがって磁界が面に垂直に鎖交するような磁性材ではその断面積を少なくする（抵抗値を増加する）ために薄板（0.1～0.5 mm）が用いられ，その薄板を積層することで鉄心（磁路）を形成する。

2.9.7　二 周 波 分 離 法

以上から磁性体に交流磁界を印加した場合，ヒステリシス損失と渦電流損失が発生することがわかった。実際に損失を測定する場合，これらの損失は合わさって計測される。このため両者を分離する手法が必要であり，一般的に二周波分離法とよばれる手法がとられる。

2.9.5 項，2.9.6 項からヒステリシス損失は周波数の 1 乗，渦電流損失は周波数の 2 乗に比例する。したがって周波数を変更して損失を測定すればその両者が分離できることとなる。**図 2.22** のように横軸に周波数をとり，縦軸に損失を周波数の 1 乗で割った値をプロットする。

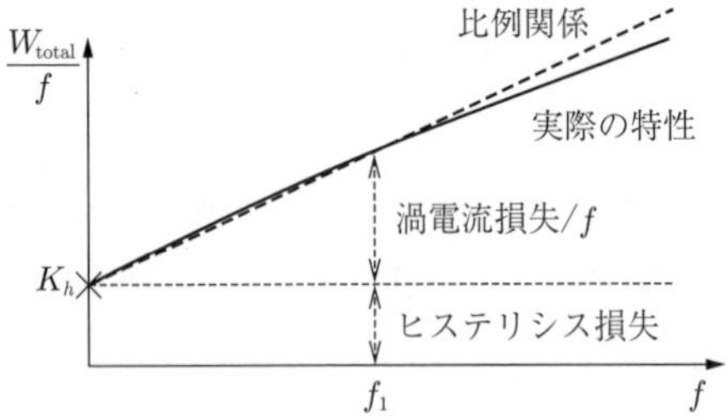

図 2.22　二周波分離法

図 2.22 に示すようにヒステリシス損失は周波数の 1 乗に比例するため，損失を周波数で除した切片の値がヒステリシス損失係数 K_h となる（ただし $B = 1$

〔T〕とする)。W_{total}/f の値は周波数増加に伴い比例的に増加する。ヒステリシス損失は同図上で周波数の増加に対して一定値をとるために，測定した W_{total}/f からヒステリシス損失を除いた残りが渦電流損失として求まる。実際には周波数が高くなると比例関係が崩れてくる。これは異常渦電流損とよばれ，磁束密度の 1.5 乗に比例した損失が表れてくるからである。

2.9.8　硬磁性，軟磁性（永久磁石と電磁鋼板）

2.9.4 項で示したように磁性体において磁界を強めたあとに磁界を 0 にすると**残留磁束密度**（residual magnetic flux density）B_r を持つ。さらに磁界を弱めると**保磁力**（coercive force）H_{cj} において磁束密度が 0 となる。この保磁力の値は材料によって異なり，大きく分けて

- **硬磁性材料**（hard magnetic material）：保磁力の値が大きく，逆磁界をかけても磁束密度を維持するため永久磁石として用いられる。つまり

$$\boldsymbol{B} = \mu_0 \boldsymbol{H} + \mu_0 \boldsymbol{M} = \mu_0 \boldsymbol{H} + \boldsymbol{J} \qquad (2.72\ 再掲)$$

  において $\boldsymbol{M}$（または $\boldsymbol{J}$）が大きいと外部磁界 $\boldsymbol{H}$ に対しても $\boldsymbol{B}$ を維持することができる。

  磁化 M が大きい場合は M が 0 になる保磁力と B が 0 になる保磁力が異なるため，M（または J）が 0 になる保磁力を固有保磁力とよび，H_{cJ} で表し，B が 0 となる保磁力 H_{cB} と区別している（一般的に $H_{cJ} > H_{cB}$）。

- **軟磁性材料**（soft magnetic material）：保磁力の値が小さく，ヒステリシス損失が小さいため交流磁界を印加する電磁鋼板として用いられる。この場合は磁化 $\boldsymbol{M}$ が印加磁界 $\boldsymbol{H}$ に応じて容易に追随することが必要であり，大きな磁化率 χ が要求される。

の二つに大別される。図 **2.23** に硬磁性材料と軟磁性材料のヒステリシス特性を示す。

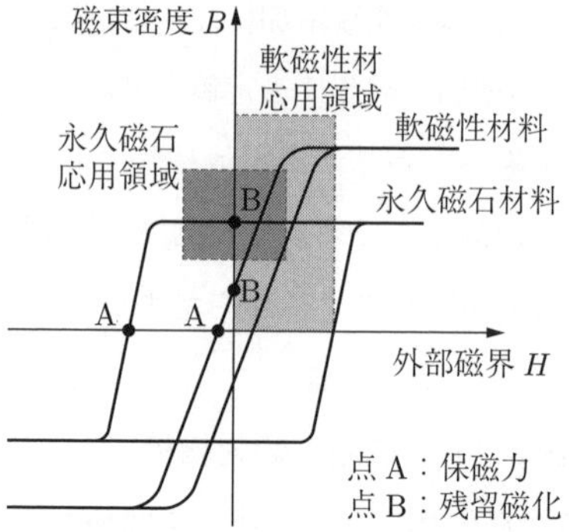

図 2.23　硬磁性材料と軟磁性材料

さまざまな磁性材料

モータのステータやロータコアを構成する軟磁性材料にはさまざまな種類がある。一番多く用いられているものは**電磁鋼板**（magnetic steel sheet）であり，鉄に Si（シリコン，ケイ素）を混ぜたものを圧延して構成され**ケイ素鋼板**（silicon steel sheet）ともよばれている。軟磁性材料に要求されるのは高磁束密度と低鉄損であるが，これらはトレードオフの関係にある。例えば Si の添加量を多くすると鋼板の電気抵抗が増加するので鉄損は少なくなる一方で，鉄の密度が少なくなるので飽和磁束密度は減少する。このため 3%程度の Si 添加量が標準とされている。一方で 6.5%の Si 添加をすると理論的に透磁率が極大および磁歪定数がほぼゼロになることが知られており，6.5%ケイ素鋼板も販売されている。しかしながら Si を多く含むケイ素鋼板は固く，もろくなってしまうので加工性が悪化するという問題もある。

電磁鋼板の渦電流を低減するためには磁束通過方向の抵抗値を上げればよいので，電磁鋼板の薄板化が有効である。**図 4** に示すように電磁鋼板の厚さを変えた場合，渦電流損はおもに板厚の 2 乗に反比例して低下し，ヒステリシス損は厚さには関係せずに一定という関係になる。一方で，電磁鋼板には 1 枚 1 枚を絶縁するための絶縁被膜が塗布してあるため，極度の薄板化は鉄の厚さに対する絶縁被膜の厚さの割合が多くなり占積率が低下するという問題もあり，製品に適用する際は損失と占積率の割合をよく考えて用いられている。

ここで図 4 に示した横軸の記号は電磁鋼板の種類を表しており，JIS C 2552 により定められている。例えば 50H310 では 50 が厚さ〔mm〕を 100 倍した値を示しており，H が無方向性電磁鋼板を表す記号，310 は 50 Hz，1.5 T の正弦波磁束密度を印加した場合の鉄損値〔W/kg〕($W_{15/50}$ という。ちなみに 400 Hz,

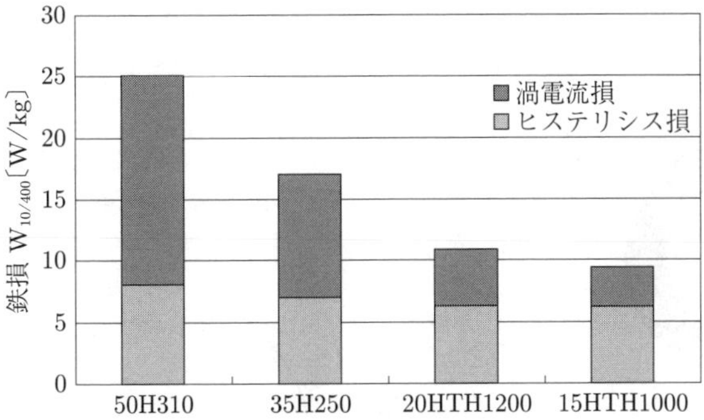

図 4　板厚と鉄損の関係

1 T の場合は $W_{10/400}$ と記載する）を 100 倍した値を示している。

このようにさまざまな種類がある電磁鋼板であるが，電磁鋼板以外にも軟磁性材料には鉄紛に絶縁被膜をコーティングして固めた圧粉磁心とよばれる材料や，アモルファス鋼板やナノ結晶鋼板とよばれる組織を微細化した材料も存在する。これらはモータの性能に直結するため，よりよい材料を求めて研究が活発に行われている。

2.9.9　硬磁性材料の特性（永久磁石の動作点計算）

図 2.24 のようにドーナツ状の磁性体でできた環状磁性体に加えて厚さ l_m〔m〕の永久磁石を挿入した場合を考える。磁性体の透磁率はギャップに比べて十分大きい（無限大）と仮定して，ギャップ部のフリンジング（ギャップ端から出た磁束がもう一端に真っすぐに達せず膨らんで達すること）は無視する。また磁束密度は磁束が連続（$\mathrm{div}\,\boldsymbol{B} = 0$）より各部ですべて等しいとみなすことができる。永久磁石での磁界の強さと磁束密度の大きさをそれぞれ H_d，B_d とおき，ギャップでの磁界の強さを H_g とおくと外部からの起磁力は 0 なのでアンペールの周回積分の法則より

$$H_d l_m + H_g g = H_d l_m + \frac{B_d}{\mu_0} g = 0 \tag{2.89}$$

が成立する。B と H の関係を求めると

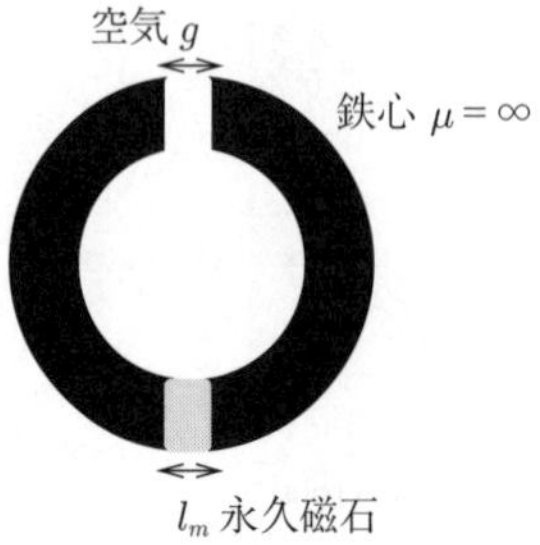

図 2.24　ギャップのある鉄心と永久磁石

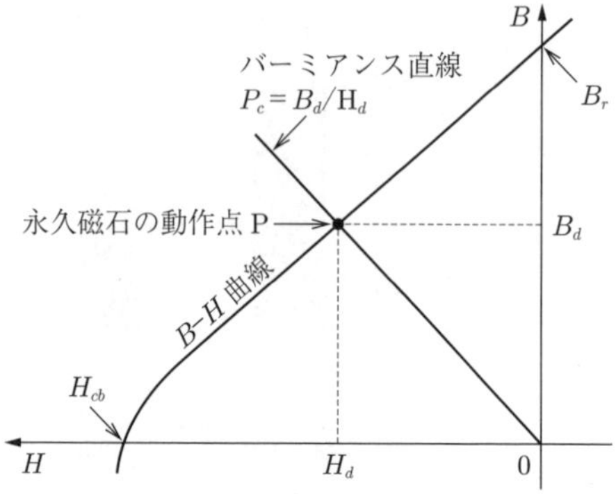

図 2.25　永久磁石の動作点とパーミアンス係数

$$\frac{B_d}{H_d} = -\frac{\mu_0 l_m}{g} \tag{2.90}$$

となり磁石中の磁束密度と磁界の強さの比が求まる。このとき**図 2.25** に示す B-H 曲線上に動作点 P をとれば

$$\tan\theta = \frac{\mu_0 l_m}{g} \tag{2.91}$$

の傾きを持つ直線となり，その直線をパーミアンス線，傾きを**パーミアンス係数**（permeance coefficient）とよぶ。また動作点の H の値を減磁力とよぶ。ここで式 (2.91) より磁石厚さ l_m が厚くなればパーミアンス係数は増加して B が高くなり，またギャップが大きくなるとパーミアンス係数は減少することがわかる。

〈マイナーループ（リコイル線）の説明〉

図 2.25 には永久磁石の B-H 減磁曲線を示したが，これは外部磁界を磁気飽和まで増加，その後減少させたときの軌跡を示している。これをメジャーループとよぶ。一方，ある動作点 P で磁石が動作しているときに，ギャップの大きさが変化したり，外部磁界が時間的に変化するような場合は減磁曲線からずれた動きをする。例えば**図 2.26** に示すように動作点がパーミアンス直線 I の P_1 にあったとしてギャップが変化することによりパーミアンスが直線 II の P_2 に

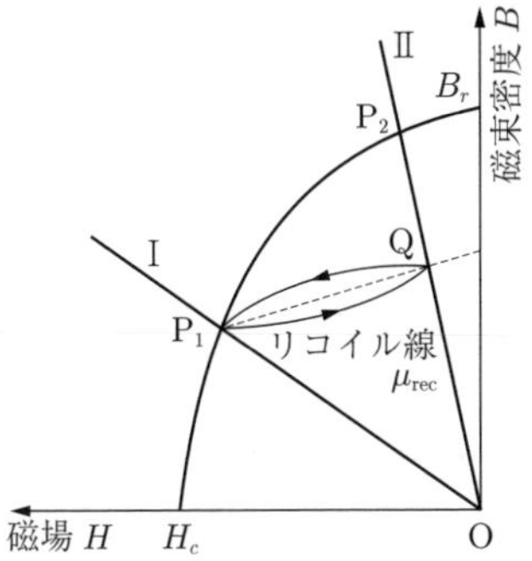

図 2.26 マイナーループとリコイル線

変化して，また P_1 に戻る場合，動作点は $P_1 \to Q \to P_1$ のようなループを描く。これを**マイナーループ**とよぶ。

通常，リコイル線は $H = 0$ における減磁曲線の傾きと同じ傾きを持ち，動作点での磁化 M は

$$M = M_0 + \chi_m H \tag{2.92}$$

と表現できる。ただし M_0 は定数であり動作点によって定まる。

よって

$$\begin{aligned} B &= \mu_0 H + \mu_0 M \\ &= \mu_0 M_0 + \mu_{rec} H \end{aligned} \tag{2.93}$$

ただし $\mu_{rec} = \mu_0(1+\chi_m)$ であり μ_{rec} を**リコイル透磁率**とよぶ。

以上から永久磁石の動作点は

i) 減磁曲線とパーミアンス線の交点で初期動作点が定まる。

ii) 初期動作点からマイナーループを作るように磁界が作用する，またはパーミアンス係数が変化すると動作点はリコイル線に沿って移動し，リコイル線とパーミアンス線の交点に定まる。

というように決まる。

永久磁石の種類と歴史

図 2.25 に示したように永久磁石の特性は B-H 減磁曲線（B-H ループの第 2 象限）で表され，磁石内の B と H の関係（動作点）はパーミアンス係数で決まる。B-H 曲線上の動作点において B と H の積が最大になる点を計算し，そのときの積を $(BH)_{\max}$〔J/m^3〕として最大磁気エネルギー積（磁束密度 B の物質が持つ体積あたりのエネルギーは $w_m = \displaystyle\int_0^B \frac{B}{\mu} dB$ である。式 (3.38) 参照）とよび，磁石の強さを表す指標としている。

図 5 に永久磁石の歴史とエネルギー積を示す。1960 年ごろまでは，エネルギー積が 10〜32 kJ/m^3 のフェライト磁石と，40〜80 kJ/m^3 を有するアルニコ磁石がおもに使用されており，1960 年代後半にアルニコ磁石の約 2 倍のエネルギー積を持つ Sm-Co（サマリウム-コバルト）磁石が開発され，1980 年ごろには工業的に使用されるようになった。1983 年には 290 kJ/m^3 以上を有する焼結 Nd-Fe-B（ネオジウム-鉄-ボロン）磁石が開発され[19)]，現在では 450 kJ/m^3 以上のものが得られている。Co や Nd は希土類元素（レアアース）であるためにこれらの磁石を希土類磁石ともよぶ。

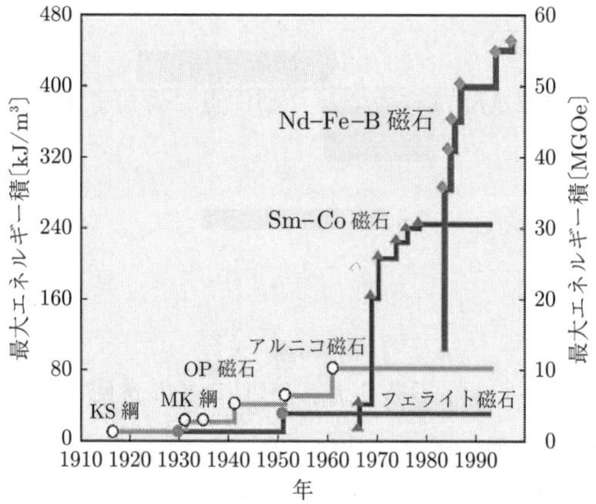

図 5　永久磁石の歴史とエネルギー積[19)]

磁石の発明は日本人が多く，KS 鋼は本多光太郎博士，MK 鋼は三島徳七博士，フェライトは加藤與五郎博士と武井武博士らにより発明されている。現在最強のエネルギー積を持つ Nd-Fe-B 磁石は文献19) にあるように佐川眞人博士らの発明である。

Sm-Co 磁石は熱に強く，腐食しにくい特徴を持っている一方で，Nd-Fe-B 磁石はエネルギー積は高いものの熱に弱く（減磁），腐食しやすい欠点を持つため表面加工して用いられ，耐熱性を高める（保磁力を高める）ために重希土類元素であるDy（ディスプロシウム）やTb（テルビウム）を添加して用いられる。しかし保磁力 H_{cb} を高めると残留磁束密度 B_r は下がる（エネルギー積は一定なので）ため，用途に応じて保磁力と残留磁束密度のバランスを考えた使用がなされている。

章　末　問　題

【1】 図2.2において $r=0.1\,\mathrm{m}$，$I=1\,\mathrm{A}$ のときの
（1） $x=0.05\,\mathrm{m}$ のときの y 方向の磁界分布
（2） $y=0\,\mathrm{m}$ のときの y 方向の磁界分布
をそれぞれ計算で求めよ。

【2】 **図2.27**のような N 巻の環状ソレノイドコイルにおいて，コイルの中心の磁界の強さ H を求めよ。

【3】 **図2.28**のような永久磁石で挟まれたコイルに電流 $\boldsymbol{i}$ を流した場合にコイルに発生する力 $\boldsymbol{F}$ を求めよ。ただしコイルの長辺の長さを l とし，コイルと磁束密度ベクトルのなす角度を θ とする。

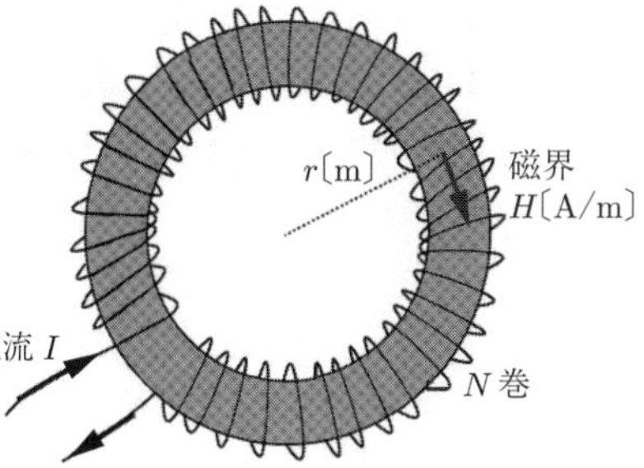

図 **2.27**　環状ソレノイド

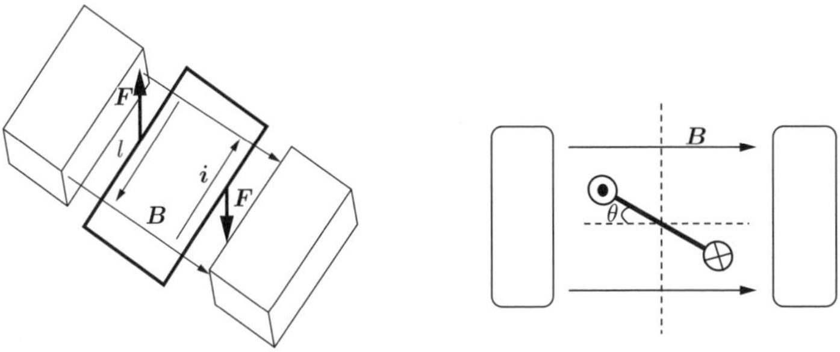

（a） 永久磁石に挟まれたコイル　　（b） （a）の断面図

図 **2.28**　永久磁石に挟まれたコイル

【4】 図 2.8 の回転機において回転速度が 1 000 rpm (min^{-1}) のときの誘起電圧ピークが 100 V であった。このとき

（1） 回転速度を 2 000 rpm にしたときの誘起電圧ピーク

（2） 固定子の巻数を 2 倍にしたときの誘起電圧ピーク（1 000 rpm）

（3） 固定子巻線の鎖交磁束数ピーク（巻数 N）

をそれぞれ求めよ。

【5】 図 **2.29** のような真空中に透磁率 μ の環状磁性体があり，その軸に無限長の直線状電流 I〔A〕が流れている。磁性体中の磁界と真空中の磁界およびそれぞれの磁束密度を求めよ。

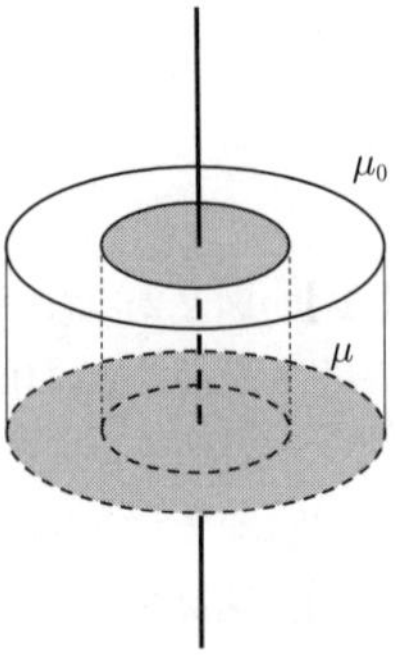

図 2.29　環状磁性体

【6】 銅線およびアルミ線に周波数 f（100 Hz〜1 MHz）の交流電流を流したときの表皮深さを表にせよ。ただし銅およびアルミの導電率をそれぞれ 5.82×10^7 S/m，および 3.55×10^7 S/m とし，両者の透磁率は真空の透磁率 μ_0（$4\pi \times 10^{-7}$）とする。

【7】 図 2.14 において導線 A と導線 B の電流が逆方向の場合，近接効果による電流分布はどうなるか。

3 磁　気　回　路

電流と同じく磁束（磁界）は目に見えないためなんらかの方法で見える化する必要がある。幸いなことに電気回路でおなじみのオームの法則が磁気回路でも成立する。ここでは電気機器の基礎となる磁気回路の表し方をまず説明し，電流から発生する起電力と磁気抵抗からなる磁気回路を解くことにより鎖交磁束数が求まり，磁束密度が求まることを示す。また，電流と磁束の比例係数であるインダクタンスについても説明する。磁束密度が求まればギャップに蓄えられるエネルギーが求まり，ギャップに働く力が求まる。これが回転機の発生するトルクになる。

3.1　磁気回路のオームの法則

電気回路のオームの法則と同様に，磁気回路にもオームの法則が存在する。**図 3.1** に示すような鉄心に巻線を巻いた機器から**磁気回路**（magnetic circuit）を考えてみよう。

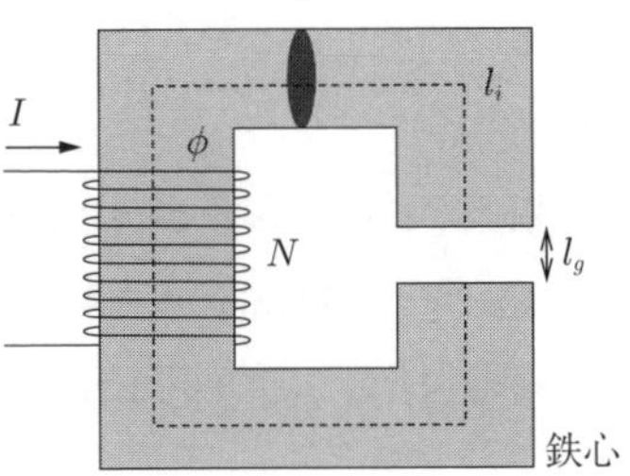

図 **3.1**　ギャップつき磁気回路

電気回路におけるオームの法則は $V = RI$ であった。これを磁気回路でそれぞれ置き換えると

$$\mathcal{F} = \mathcal{R}\phi \tag{3.1}$$

となる。ここで $\mathcal{F}$ を**起磁力**（magnetomotive force），$\mathcal{R}$ を**磁気抵抗**（magnetic resistance），ϕ を**鎖交磁束数**（magnetic flux）とする。

それぞれ説明していこう。

3.1.1　起磁力（アンペールの法則から）

電気回路における電圧（起電力）に相当するものが起磁力である。これは起電力 V が

$$V = \int_a^b E \cdot dl \tag{3.2}$$

で表される（電界に逆らってする仕事）のに対し起磁力はアンペールの法則

$$I = \oint_C H \cdot dl \tag{3.3}$$

で表されることに由来する。つまり起磁力は電流にほかならない。図 3.1 のような N 巻のコイルでは 2 章で求めたように

$$\sum I = \oint_C H \cdot dl = NI \tag{3.4}$$

となり，これを起磁力 $\mathcal{F}$ として表す。ここで単位は〔A〕であるが巻数 N がかかるために〔AT（アンペア・ターン）〕と記載することも多い。

3.1.2　磁　気　抵　抗

電気の流れにくさを表す指標が抵抗であるように，磁気回路においても磁界（磁束）の流れにくさを表す磁気抵抗がある。ある体積を持った物体の電気抵抗 R は電気伝導率を σ，断面積を S，長さを l とすれば

$$R = \frac{1}{\sigma}\frac{l}{S} \tag{3.5}$$

で表されるので，磁気回路の場合も同様に

$$\mathcal{R} = \frac{1}{\mu}\frac{l}{S} \tag{3.6}$$

と表すことができる。ここで μ を透磁率とよび，磁性体における磁界（磁束）の通りやすさを表す。いま，磁性体の特性が線形である（2 章参照）と仮定するならば磁性体における磁束密度と磁界の関係は

$$B = \mu H \tag{3.7}$$

で表すことができる。

3.1.3　鎖 交 磁 束 数

起磁力（起電力）と磁気抵抗（電気抵抗）が算出できたので電気回路でいう電流に相当する変数を求めよう。

$I = V/R$ なので磁気回路についても同様に $\mathcal{F}/\mathcal{R}$ を計算してみると

$$\frac{NI}{\mathcal{R}} = \frac{Hl}{l/\mu S} = S\mu H = BS \triangleq \phi \tag{3.8}$$

となり磁束密度に回路の断面積を掛けた値になる。これを磁束 ϕ で表し，よく 1 ターンの磁束とよぶ。N 巻のコイルに鎖交する鎖交磁束数は ϕ が N 回鎖交するので

$$\Phi = N\phi \tag{3.9}$$

となる。

以上から起磁力 $\mathcal{F}$，磁気抵抗 $\mathcal{R}$，磁束 ϕ において磁気回路のオームの法則

$$\mathcal{F} = \mathcal{R}\phi \qquad (3.1\ 再掲)$$

が成立することがわかった。

3.2　インダクタンスと鎖交磁束数

ここでは電気回路でコイルの性能を表す**インダクタンス**（inductance）と鎖

交磁束数の関係について述べる。

3.2.1　インダクタンスの定義

図 3.1 において，電流を I から $I+\Delta I$ に増加した場合を考える。起磁力は

$$\mathcal{F} = N(I+\Delta I) \tag{3.10}$$

であり，磁気抵抗が変わらないと仮定すると†，鎖交磁束は

$$\frac{N(I+\Delta I)}{\mathcal{R}} = \frac{(H+\Delta H)l}{l/\mu S} = S\mu H + S\mu\Delta H \triangleq \phi + \Delta\phi \tag{3.11}$$

となる。同様にコイルの鎖交磁束数も $\Phi + N\Delta\phi$ と増加する。

つまり，電流が増加すると鎖交磁束も線形的に増加する。このときの鎖交磁束数と電流との関係をインダクタンスという係数として次式で定義する。

$$L \equiv \frac{d\Phi}{dI} \tag{3.12}$$

上式より

$$L = \frac{d\Phi}{dI} = \frac{N\Delta\phi}{\Delta I} = N\frac{N\Delta I}{\mathcal{R}\Delta I} = \frac{N^2}{\mathcal{R}} \tag{3.13}$$

となりインダクタンスは巻数の 2 乗に比例して磁気抵抗に反比例する。透磁率が一定の場合は磁気抵抗も一定となるのでインダクタンスは一定の値をとる。

インダクタンスと鎖交磁束数，誘起電圧との関係を見ていこう。

巻線に鎖交する磁束 Φ は

$$\Phi = N\phi = N\frac{\mathcal{F}}{\mathcal{R}} = N\frac{NI}{\mathcal{R}} \tag{3.14}$$

であるから

$$\Phi = LI \tag{3.15}$$

と書けることがわかる。つまりインダクタンスは鎖交磁束数と電流との比例係数である。

† 磁気抵抗が電流で変わる場合は 3.2.3 項に示す。

また端子電圧（誘起電圧）はファラデーの法則より

$$v = \frac{d\Phi}{dt} = L\frac{dI}{dt} \tag{3.16}$$

となることも自明である。

3.2.2 インダクタンスの空間変化

図 3.2 のような回転する磁気回路を持つ回路のインダクタンスを求めてみよう。ギャップ長が回転角 θ に依存して

$$l = l_g + l_{g\theta} = l_g - l_{g\theta}\cos 2\theta \tag{3.17}$$

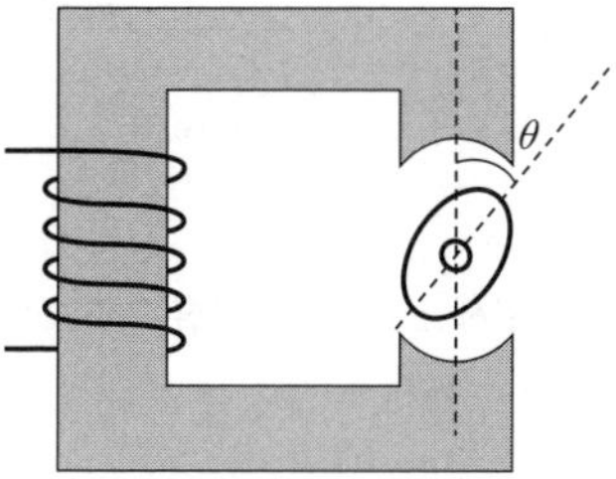

図 3.2 回転する磁気回路

と変化するとする。ここで l_g は回転に依存しないギャップ長で $l_{g\theta}$ は回転子の回転により変化するギャップ長であり回転数の 2 倍の周期で変化する。鉄心の磁気抵抗を無視（空隙の磁気抵抗に比べて十分小さい）すると

$$\mathcal{R} = \frac{1}{\mu_0}\frac{l_g}{S} + \frac{1}{\mu_0}\frac{l_{g\theta}}{S} = \frac{1}{\mu S}l_g\left(1 - \frac{l_{g\theta}}{l_g}\cos 2\theta\right) \tag{3.18}$$

より

$$L = \frac{N^2}{\mathcal{R}} = \frac{\mu_0 S}{l_g}N^2\left(\frac{1}{1 - \dfrac{l_{g\theta}}{l_g}\cos 2\theta}\right) \tag{3.19}$$

となり，磁気抵抗の変化に反比例してインダクタンスが変化することがわかる。$\theta = 0$ のときは磁気抵抗が最小になるのでインダクタンスが最大値をとり，

$\theta=\pi/2$ のときは磁気抵抗が最大になるのでインダクタンスが最小値をとることがわかる。これを図示すると**図 3.3** のようになり，インダクタンスの変化が回転周期の 2 倍の周期で変化することがわかる。

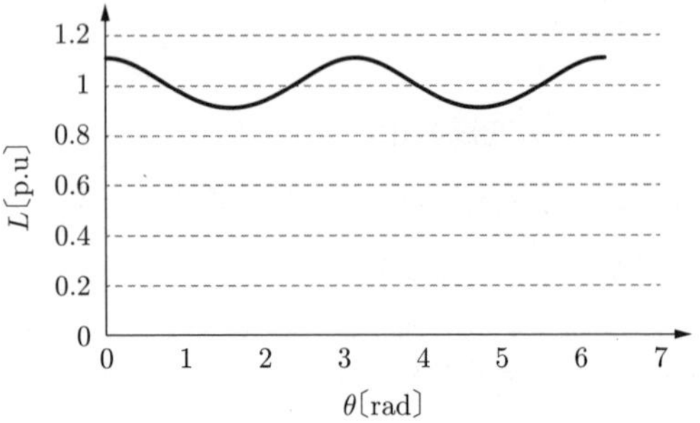

図 3.3　インダクタンスの回転依存性
$\left(L=\dfrac{1}{1-0.1\cos 2\theta}\text{とした}\right)$

3.2.3　インダクタンスの飽和と微分インダクタンス

図 3.4 のような H-B（I-Φ）特性を持つ場合のインダクタンスを考えてみよう。H-B 曲線から H-μ 曲線を描いてみると図 3.4 のようになる。

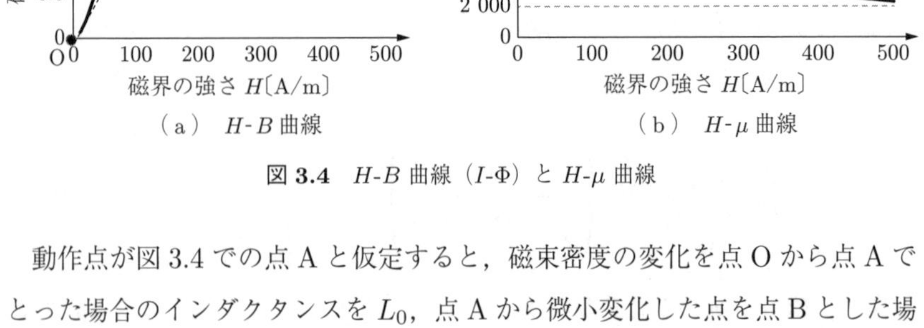

（a）　H-B 曲線　　（b）　H-μ 曲線

図 3.4　H-B 曲線（I-Φ）と H-μ 曲線

動作点が図 3.4 での点 A と仮定すると，磁束密度の変化を点 O から点 A でとった場合のインダクタンスを L_0，点 A から微小変化した点を点 B とした場合のインダクタンスを L_1 とするとインダクタンスは H-B 曲線の 2 点間の傾き

と等価であるから

$$L_0 = \frac{B_{\mathrm{OA}}}{H_{\mathrm{OA}}} \tag{3.20}$$

$$L_1 = \frac{B_{\mathrm{AB}}}{H_{\mathrm{AB}}} \tag{3.21}$$

となり大きく値が異なることがわかる。L_0 は磁気特性を線形と捉えた場合のインダクタンスで，L_1 は磁気特性が非線形と捉えた場合のインダクタンスであり，これを**微分インダクタンス**（differential inductance）とよぶ。

L_0 も磁気抵抗が電流（磁界）により変化するのでインダクタンスも電流依存性を持つ。

$$L_0 = \frac{\Phi}{I} \propto \frac{B}{H} = \mu$$

であるのでインダクタンスの電流依存性は図 3.4 の透磁率特性と等しくなる。つまり電流が大きくなるにつれてインダクタンスが小さくなる。これをインダクタンスの**飽和**（saturation）（飽和磁気特性）とよぶ。

3.3 磁気エネルギーと磁気随伴エネルギー

磁気回路のコイルに電流 I を流すと，注入した電力が磁気エネルギーとして鉄心部と空気ギャップ部に蓄えられる。そのエネルギーを W_m とし，端子電圧を V とすると

$$W_m = \int_0^t IV\,dt \tag{3.22}$$

と表される。式 (3.16) を用いると上式は

$$W_m = \int_0^t I\frac{d\Phi}{dt}dt = \int_0^\Phi I d\Phi \tag{3.23}$$

と表される。実際の磁気回路では，磁束 Φ と電流 I は磁気回路が非線形（飽和する）な場合には完全な比例関係にはなく，磁束 Φ と電流 I の関係は

$$\Phi = \Phi(I) \tag{3.24}$$

または

$$I = I(\Phi) \tag{3.25}$$

のように表される。このとき，式 (3.23) の W_m は

$$W_m = \int_0^{\Phi} I(\Phi) d\Phi \tag{3.26}$$

と表され，**図 3.5** のように I-Φ 曲線の上側の面積で表される。この W_m を**磁気エネルギー**（magnetic energy）とよぶ。また，磁束を電流で積分した量 W'_m

$$W'_m = \int_0^{I} \Phi(I) dI \tag{3.27}$$

を**磁気随伴エネルギー**（magnetic co-energy）とよび，図のように I-Φ 曲線の下側の面積で表される。磁気エネルギーと磁気随伴エネルギーには

$$W_m + W'_m = I\Phi \tag{3.28}$$

という関係がある。

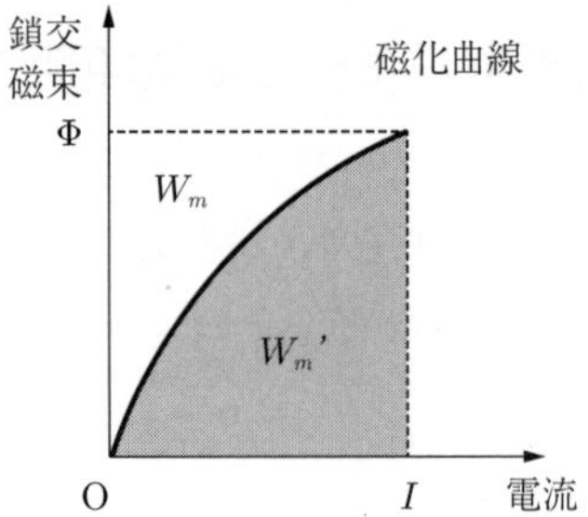

図 3.5　磁気エネルギーと磁気随伴エネルギー

磁気回路が線形の場合には

$$\Phi = LI \tag{3.29}$$

が成立するため磁化曲線は直線となる。したがって

$$W_m = W'_m = \frac{1}{2}I\Phi = \frac{1}{2}\frac{\Phi^2}{L} = \frac{1}{2}LI^2 \tag{3.30}$$

が成立する。

それでは図 3.1 に示したギャップつき磁気回路の磁気エネルギーを求めてみよう。

鉄心部の磁気抵抗を $\mathcal{R}_i$，ギャップ部の磁気抵抗を $\mathcal{R}_g$ とすれば μ_i を鉄心の透磁率として

$$\mathcal{R}_i = \frac{l_i}{\mu_i S}, \quad \mathcal{R}_g = \frac{l_0}{\mu_0 S} \tag{3.31}$$

である。全体の磁気抵抗 $\mathcal{R}$ は

$$\mathcal{R} = \mathcal{R}_i + \mathcal{R}_g \tag{3.32}$$

であるから回路の磁束 ϕ は

$$\phi = \frac{\mathcal{F}}{\mathcal{R}} = \frac{NI}{\mathcal{R}_i + \mathcal{R}_g} \tag{3.33}$$

よって，平均磁束密度を B とすれば電流 I は

$$I = \frac{\phi}{N}(\mathcal{R}_i + \mathcal{R}_g) = \frac{BS}{N}\left(\frac{l_i}{\mu_i S} + \frac{l_g}{\mu_0 S}\right) \tag{3.34}$$

さらにコイルの鎖交磁束数 Φ は

$$\Phi = N\phi = NBS \tag{3.35}$$

より

$$d\Phi = NSdB \tag{3.36}$$

を得る。以上から磁気エネルギー W_m は

$$\begin{aligned} W_m &= \int_0^\Phi Id\Phi = \int_0^B \frac{BS}{N}\left(\frac{l_i}{\mu_i S} + \frac{l_g}{\mu_0 S}\right) NSdB \\ &= Sl_i \int_0^B \frac{B}{\mu_i} dB + Sl_g \int_0^B \frac{B}{\mu_0} dB \end{aligned} \tag{3.37}$$

となる。ここで

$$w_m = \int_0^B \frac{B}{\mu} dB \tag{3.38}$$

を磁界のエネルギー密度とよび，単位体積あたりのエネルギーを表している。式 (3.37) 右辺第 2 項はギャップ中（線形）の磁気エネルギーが

単位体積あたりの磁気エネルギー密度 × 体積

となっていることがよくわかる。一方磁性体の磁気特性が線形であると仮定すると

$$W_m = W_i + W_g = Sl_i \frac{B^2}{2\mu_i} + Sl_g \frac{B^2}{2\mu_0} \tag{3.39}$$

と書ける。第 1 項が鉄心（磁性体）に蓄えられる磁気エネルギー，第 2 項がギャップに蓄えられる磁気エネルギーである（図 **3.6**）。

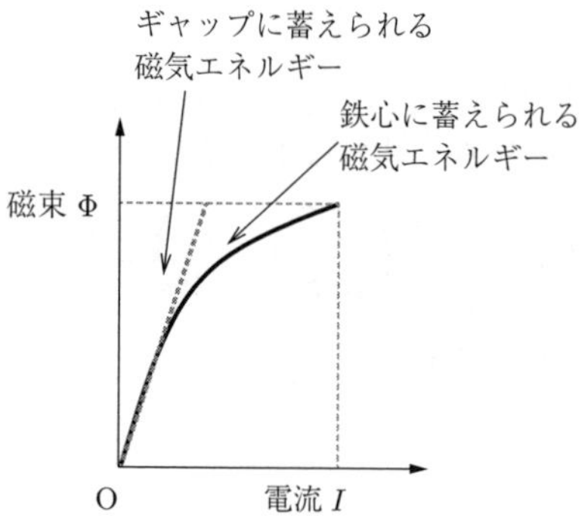

図 3.6　ギャップに蓄えられる磁気エネルギーと
鉄心に蓄えられる磁気エネルギー

ここで両者の比 W_g/W_i を求めてみる。$l_i = 100\,\text{mm}$，$l_g = 1\,\text{mm}$，$\mu_i = 1\,000\mu_0$ とすると

$$\frac{W_g}{W_i} = \frac{Sl_g B^2/2\mu_0}{Sl_i B^2/2\mu_i} = \frac{l_g}{l_i}\frac{\mu_i}{\mu_0} = \frac{1}{100}\frac{1\,000}{1} = 10 \tag{3.40}$$

となり，ほとんどのエネルギーがギャップに蓄えられていることがわかる。したがってこの比が大きければ磁気回路は線形とみなすことができる。このこと

は大変重要で，ギャップのある磁気回路は計算が容易であるが，ギャップのない磁気回路は（ヒステリシスを含む）磁気特性を考慮しないといけないことを示している。

3.4　磁気回路に働く力

3.4.1　誘 導 起 電 力

図 3.7 の可動（可動子）のある磁気回路を考える。

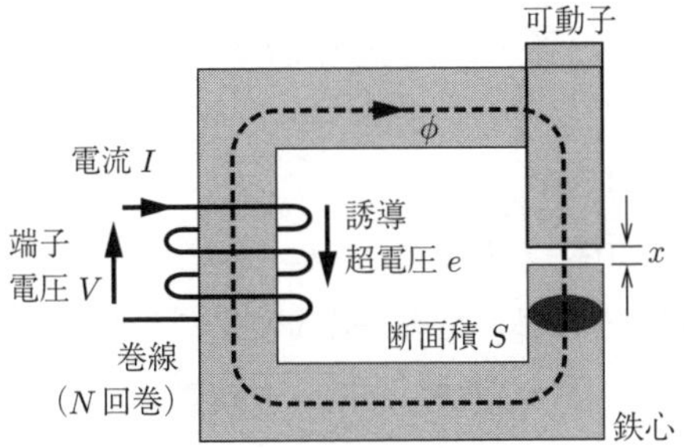

図 3.7　可動子のある磁気回路

この磁気回路の磁気抵抗は，式 (3.31) において全体の平均磁路長を l，磁性体部の平均磁路長を l_i，ギャップ長を x とすれば

$$\begin{aligned} \mathcal{R}_i &= \frac{l_i}{\mu_i S} = \frac{l-x}{\mu_i S} \\ \mathcal{R}_g &= \frac{x}{\mu_0 S} \end{aligned} \tag{3.41}$$

より全体の磁気抵抗 $\mathcal{R}$ は

$$\mathcal{R} = \mathcal{R}_i + \mathcal{R}_g \tag{3.42}$$

と表され，磁気抵抗は変位 x の関数となる。

式 (3.13) よりインダクタンス L も $L(x) = N^2/\mathcal{R}_m(x)$ というように変位 x の関数となる。したがって，磁束 Φ は電流 I と変位 x の関数となり

$$\Phi = \Phi(I, x) \tag{3.43}$$

また，電流 I は磁束 Φ と変位 x の関数となり

$$I = I(\Phi, x) \tag{3.44}$$

と表される。

巻線に発生する誘導起電力 e は

$$e = -\frac{d\Phi(I, x)}{dt} = -\frac{\partial\Phi(I, x)}{\partial I}\frac{dI}{dt} - \frac{\partial\Phi(I, x)}{\partial x}\frac{dx}{dt} \tag{3.45}$$

となる。$\Phi(I, x) = L(x)I$ と書ける場合（インダクタンスの飽和を無視し，空間変化によるインダクタンスのみ考慮）は

$$e = -L\frac{dI}{dt} - \frac{\partial L(x)}{\partial x}I\frac{dx}{dt} \tag{3.46}$$

と計算できる。右辺第 1 項は，電流の時間変化によって生じる電圧であり，**変圧器起電力**とよばれる。第 2 項は，変位 x の時間変化，すなわち，速度に比例して生じる電圧であり，**速度起電力**とよばれ，可動部のある磁気回路に特有の項である（2 章ファラデーの法則参照）。

3.4.2　磁気回路に働く力

式 (3.43)，(3.44) の関係を用いると，磁気エネルギー W_m は電流 I と変位 x の関数として表すこともできるし，磁束 Φ と変位 x の関数として表すこともできる。すなわち

$$W_m = W_m(I, x) \tag{3.47}$$

または

$$W_m = W_m(\Phi, x) \tag{3.48}$$

と表すことができる。

さて，図 **3.8** の磁化曲線に示すように，$t = t_1$ にて磁気回路が磁束 Φ_1，電流

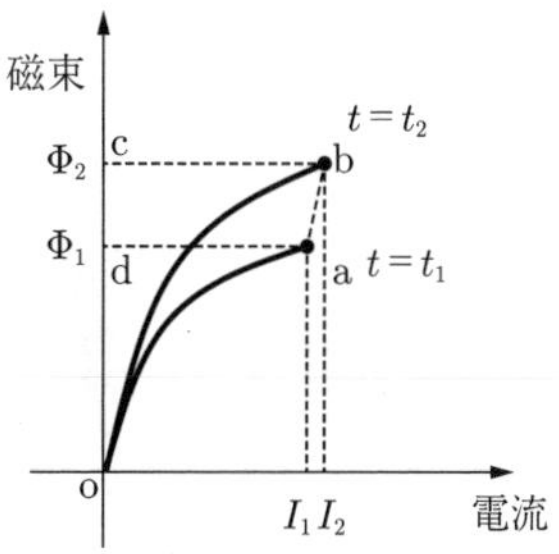

図 **3.8**　磁化曲線

I_1，変位 x_1，磁気エネルギー W_{m1} の状態（面積 oado）にあるとして，電源からエネルギー ΔW_E を注入して，$t=t_2$ にて磁束 Φ_2，電流 I_2，変位 x_2，磁気エネルギー W_{m2} の状態（面積 obco）に変化したとする。この過程で可動部が一定の力 F を受けるとすると，可動部がする力学的仕事 ΔW_M は

$$\Delta W_M = (x_2 - x_1)F \tag{3.49}$$

と表される。

電源から供給される電気エネルギー ΔW_E は

$$\Delta W_E = \int_{t_1}^{t_2} IV dt = \int_{t_1}^{t_2} I\frac{d\Phi}{dt}dt = \int_{\Phi_1}^{\Phi_2} Id\Phi \quad (\textbf{面積 dabc}) \tag{3.50}$$

となる。

変化前の状態と変化後の状態のエネルギー収支を考えると，エネルギー保存の法則より

$$W_{m1} + \Delta W_E = W_{m2} + \Delta W_M \tag{3.51}$$

が成り立つ。$\Delta W_m = W_{m2} - W_{m1}$（磁気エネルギーの変化分）とおくと

$$\Delta W_M = \Delta W_E - \Delta W_m \tag{3.52}$$

と表される。これは機械エネルギーの変化分は電気エネルギーの変化分（入力）から磁気エネルギーの変化分を引いたものに等しいことを表している。図 **3.9** から考えてみると

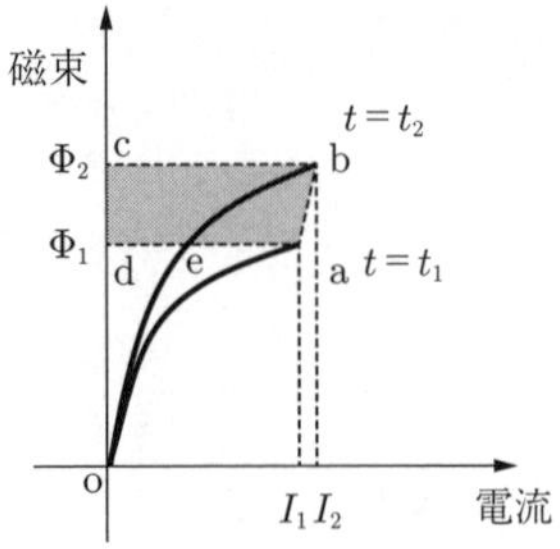

（a） 電源からのエネルギー
(dabc)

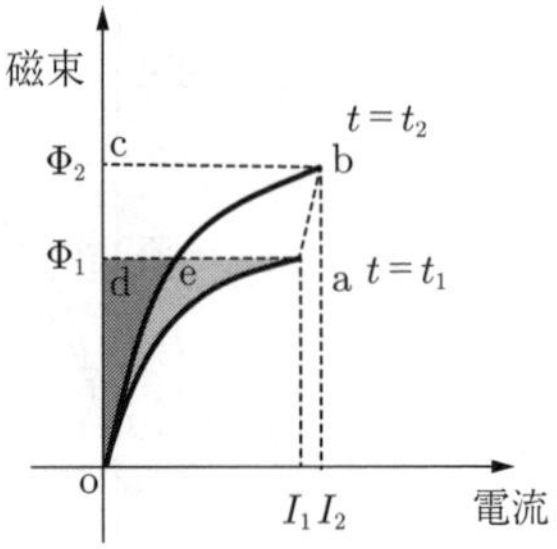

（b） $t=t_1$ の磁気エネルギー
(oaeo＋oedo)

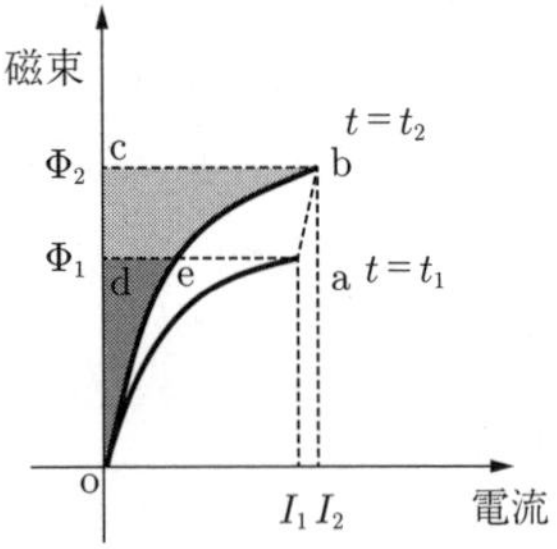

（c） $t=t_2$ の磁気エネルギー
(oedo＋debc)

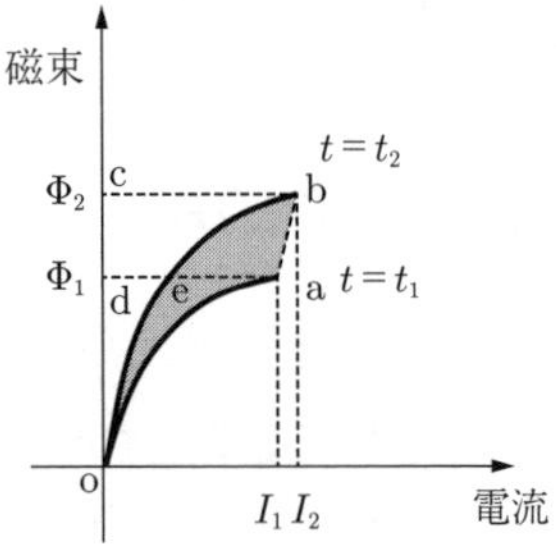

（d） 増加した磁気エネルギー
(oabo)

図 3.9　エネルギーの移り変わり

$$
\begin{aligned}
\Delta W_M &= (\text{面積 dabc}) - ((\text{面積 obco}) - (\text{面積 oado}))\\
&= (\text{面積 debc} + \text{面積 eaba}) - (\text{面積 oedo} + \text{面積 ebcd})\\
&\qquad + (\text{面積 oedo} + \text{面積 oaeo})\\
&= (\text{面積 debc}) + (\text{面積 eaba}) + ((\text{面積 oaeo}) - (\text{面積 ebcd}))\\
&= (\text{面積 oaeo}) + (\text{面積 abea})\\
&= (\text{面積 oabo})
\end{aligned}
$$

となり磁気エネルギーの変化分となっていることがわかる。

力 F は $\Delta x = x_2 - x_1$ が微小であるとして式 (3.49)，(3.52) から

$$F = \lim_{\Delta x \to 0} \frac{\Delta W_E - \Delta W_m}{\Delta x} = \frac{\partial}{\partial x}\Delta W_M \quad \text{（面積 oabo）} \tag{3.53}$$

と求めることができ，力は磁気エネルギーの位置変化分であることがわかる。

以上を位置の微小変化 dx，電気エネルギーの微小変化 dW_E，なされた機械的仕事 dW_M，蓄えられた磁気エネルギー dW_m とすると式 (3.52)，(3.50)，(3.53) より

$$dW_M = dW_E - dW_m \tag{3.54}$$

$$dW_E = IVdt = Id\Phi \tag{3.55}$$

$$dW_M = Fdx \tag{3.56}$$

と書ける。これらをまとめると

$$Fdx = Id\Phi - dW_m \tag{3.57}$$

が得られる。式 (3.57) は 3 変数（x，I，Φ）関数であり I と Φ は独立でない。したがって，磁気エネルギー W_m を磁束 Φ と変位 x の関数として表す場合と，電流 I と変位 x の関数として表す場合について考える。

〔1〕 $\boldsymbol{\Phi}$ と $\boldsymbol{x}$ で表す場合　　$W_m = W_m(\Phi, x)$ として，式 (3.57) を Φ と x で表す場合について考える。$W_m = W_m(\Phi, x)$ の全微分を計算すると

$$dW_m = \frac{\partial W_m}{\partial x}dx + \frac{\partial W_m}{\partial \Phi}d\Phi \tag{3.58}$$

とできる。これを式 (3.57) に代入してまとめると

$$Fdx = -\frac{\partial W_m}{\partial x}dx + \left(I - \frac{\partial W_m}{\partial \Phi}\right)d\Phi \tag{3.59}$$

と表される。ここで，磁気エネルギーは $W_m = \int Id\Phi$ より $\partial W_m/\partial \Phi = I$ であるから，式 (3.59) の右辺第 2 項は 0 となる。したがって

$$F = -\frac{\partial}{\partial x}W_m(\Phi, x) \tag{3.60}$$

として力 F が得られる。これは，力は位置変化による磁気エネルギーの減少分に等しいことを表している。

図 3.7 の場合に，x が変化してインダクタンス $L(x)$ が変化，磁束 Φ は一定と仮定して発生する力を求めてみよう。磁気抵抗は式 (3.41)，(3.42) で表されるので，インダクタンスは

$$L(x) = \frac{N^2}{\mathcal{R}} = \frac{SN^2}{\dfrac{l-x}{\mu} + \dfrac{x}{\mu_0}} \tag{3.61}$$

となる。これより，Φ と x で表した磁気エネルギーはインダクタンスが線形であると仮定して式 (3.30) より

$$W_m(\Phi, x) = \frac{\Phi^2}{2L(x)} = \left(\frac{l-x}{\mu} + \frac{x}{\mu_0}\right)\frac{\Phi^2}{2SN^2} \tag{3.62}$$

となる。よって可動部に働く力 F は

$$F = -\frac{\partial W_m(\Phi, x)}{\partial x} = -\frac{\Phi^2}{2L(x)}\frac{\partial L(x)}{\partial x} = \left(\frac{1}{\mu} - \frac{1}{\mu_0}\right)\frac{\Phi^2}{2SN^2} \tag{3.63}$$

と求まる。$\mu \gg \mu_0$ であるので，働く力は負の力，すなわち，x が減少する方向（空気ギャップが縮まる方向）の力であることがわかる（電磁石が磁性体である可動部を引き付ける力となっている)。

なお，$\Phi = BSN$ とするならば

$$F \simeq -\frac{B^2}{2\mu_0}S \tag{3.64}$$

と近似することができ

$$\frac{F}{S} \simeq -\frac{B^2}{2\mu_0} \tag{3.65}$$

から単位面積あたりの力は単位体積あたりの磁気エネルギーに等しいことを示している。

〔**2**〕 ***I* と *x* で表す場合**　　つぎに，$W_m = W_m(I, x)$ として，式 (3.57) を I と x で表す場合について考える。このとき，磁気随伴エネルギーも $W'_m = W'_m(I, x)$ と表される。磁気エネルギーと磁気随伴エネルギーの関係 $W_m + W'_m = I\Phi$ の全微分を計算すると

$$dW_m + dW'_m = Id\Phi + \Phi dI \tag{3.66}$$

という関係が得られる。これを式 (3.57) に代入すると

$$Id\Phi = dW_m + dW'_m - \Phi dI \tag{3.67}$$

より

$$Fdx = Id\Phi - dW_m = dW'_m - \Phi dI \tag{3.68}$$

となる。ここで，$W'_m = W'_m(I, x)$ の全微分

$$dW'_m = \frac{\partial W'_m}{\partial x}dx + \frac{\partial W'_m}{\partial I}dI \tag{3.69}$$

を式 (3.60) に代入してまとめると

$$dW'_m = \frac{\partial W'_m}{\partial x}dx + \left(\frac{\partial W'_m}{\partial I} - \Phi\right)dI \tag{3.70}$$

と表される。ここで，磁気随伴エネルギーは $W'_m = \int \Phi dI$ より $\partial W'_m/\partial I = \Phi$ であるから式 (3.70) の右辺第 2 項は 0 となる。したがって

$$F = \frac{\partial}{\partial x}W'_m(I, x) \tag{3.71}$$

として力 F が求められる。これは力は位置変化による磁気随伴エネルギーの増加分に等しいことを表している。

図 3.7 の例の場合，電流を $0 \to I$〔A〕まで増加した際に得られる I と x で表した磁気随伴エネルギーは式 (3.30) と式 (3.61) より

$$W'_m(I, x) = \frac{1}{2}L(x)I^2 = \frac{1}{2}\frac{SN^2}{\left(\dfrac{l-x}{\mu} + \dfrac{x}{\mu_0}\right)}I^2 \tag{3.72}$$

可動部に働く力 F は式 (3.71) より

$$F = \frac{\partial W'_m(i, x)}{\partial x} = \frac{1}{2}\frac{\partial L(x)}{\partial x}I^2 = \frac{SN^2I^2}{2\left(\dfrac{l-x}{\mu} + \dfrac{x}{\mu_0}\right)^2}\left(\frac{1}{\mu} - \frac{1}{\mu_0}\right) \tag{3.73}$$

と求まる。

$$\Phi = L(x)I = \frac{SN^2}{2\left(\dfrac{l-x}{\mu} + \dfrac{x}{\mu_0}\right)} I \tag{3.74}$$

であるから式 (3.73) に代入すれば

$$F = \frac{\Phi^2}{2}\frac{1}{SN^2}\left(\frac{1}{\mu} - \frac{1}{\mu_0}\right) \tag{3.75}$$

となり式 (3.63) と等しくなることがわかる。

以上から系に働く力 F を求めるには

磁気エネルギーの位置変化による減少分，式 (3.60)

磁気随伴エネルギーの位置変化による増加分，式 (3.71)

を用いればよいことがわかった。

3.4.3　回転機のトルク

磁気エネルギーおよび磁気随伴エネルギーの変化による力の発生は図 3.7 に示した並進系の運動のみならず回転系の運動にも適用できる。この場合式 (3.60) と式 (3.71) の変位 x〔m〕を回転角 θ〔rad〕に置き換え，力 F〔N〕をトルク τ〔N·m〕とすればよい。

ここで並進系の運動方程式と回転系の運動方程式を示しておこう。

$$\text{並進系}\qquad F = M\frac{d^2x}{dt^2} + D\frac{dx}{dt} + kx \tag{3.76}$$

$$\text{回転系}\qquad \tau = J\frac{d^2\theta}{dt^2} + D_r\frac{d\theta}{dt} + k_r\theta \tag{3.77}$$

ここで M〔kg〕は質量，D〔N·s/m〕は摩擦係数，k〔N/m〕はばね定数であり，J は並進系の質量と同じ役割をするので等価質量または**慣性モーメント**（**イナーシャ**，inertia）〔kg·m^2〕，D_r は**回転制動係数**（**ダンピング**，damping coefficient）〔N·m·s/rad〕，k_r は回転ばね定数〔N·m/rad〕である。

以上からトルク τ は

$$\tau = -\frac{\partial}{\partial\theta}W_m(\Phi, \theta) = \frac{\partial}{\partial\theta}W'_m(I, \theta) \tag{3.78}$$

と表すことができる。

磁気回路の性質が線形の場合には

$$W_m^{'} = I\Phi - W_m = \frac{1}{2}I\Phi = W_m \tag{3.79}$$

であるから $\Phi = L(\theta)I$ を用いれば

$$W_m = \frac{1}{2}\frac{\Phi^2}{L(\theta)} = \frac{1}{2}L(\theta)I^2 = W_m' \tag{3.80}$$

となりトルク τ は

$$\tau = \frac{1}{2}\left(\frac{\Phi}{L}\right)^2 \frac{\partial L}{\partial \theta} = \frac{1}{2}I^2\frac{\partial L}{\partial \theta} \tag{3.81}$$

と求まる。

図 3.2 に示した磁気回路で回転体に発生するトルクを求めてみよう。

インダクタンスは

$$L = \frac{N^2}{\mathcal{R}} = \frac{\mu_0 S}{l_g}N^2\left(\frac{1}{1 - \dfrac{l_{g\theta}}{l_g}\cos 2\theta}\right) \tag{3.19 再掲}$$

のように回転体の回転に合わせて変化する。蓄えられる磁気随伴エネルギーは

$$\begin{aligned} W_m' &= \frac{1}{2}L(\theta)I^2 \\ &= \frac{1}{2}\frac{\mu_0 S}{l_g}N^2\left(\frac{1}{1 - \dfrac{l_{g\theta}}{l_g}\cos 2\theta}\right)I^2 \end{aligned} \tag{3.82}$$

したがって回転体に発生するトルクは

$$\begin{aligned} \tau &= \frac{1}{2}I^2\frac{\partial L(\theta)}{\partial \theta} \\ &= \frac{1}{2}\frac{\mu_0 S}{l_g}N^2 I^2 \frac{\partial}{\partial \theta}\left(\frac{1}{1 - \dfrac{l_{g\theta}}{l_g}\cos 2\theta}\right) \end{aligned} \tag{3.83}$$

$$= -\frac{\mu_0 S}{l_g} N^2 I^2 \left(\frac{\dfrac{l_{g\theta}}{l_g} \sin 2\theta}{1 - \dfrac{l_{g\theta}}{l_g} \cos 2\theta} \right)$$

となる。これを図示してみると**図 3.10** のようになり，角度 $\pi/4$ おきにピークが出現するトルク波形となることがわかる。これは角度 $\pi/4$ のときに磁束線が一番傾く状態（磁気エネルギーの変化が一番大きい）であるために発生する力が最大となることを示している。また角度 0，π のときは磁束線が傾かないためにトルクが 0 となっていることがわかる（**図 3.11**）。

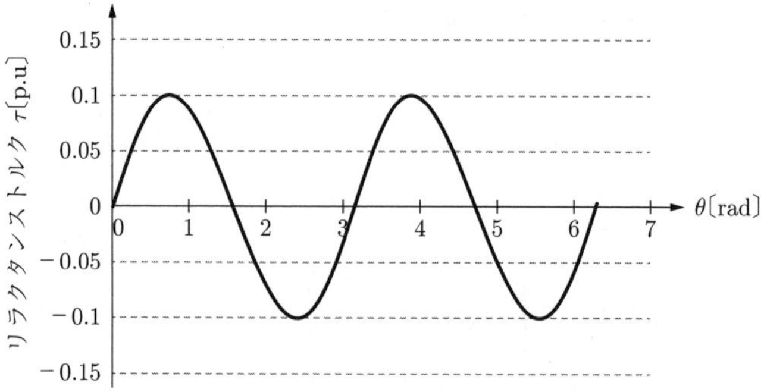

図 3.10　リラクタンストルクの回転依存性
$\left(L = \dfrac{1}{1 - 0.1 \cos 2\theta} \text{とした} \right)$

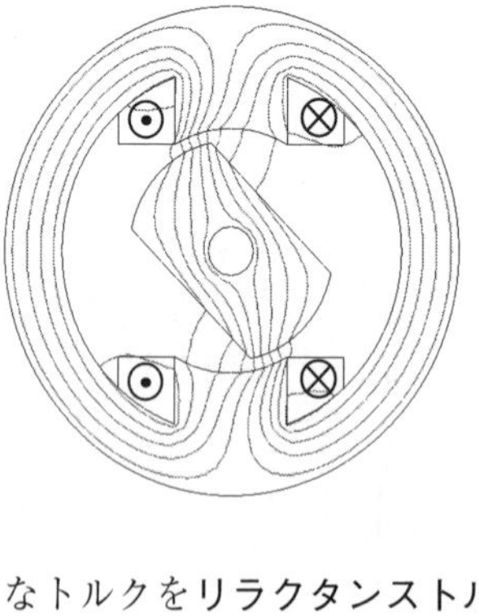

図 3.11　リラクタンストルク発生の磁束線

このようなトルクを**リラクタンストルク**（reluctance torque）とよび，磁気抵抗の変化（インダクタンスの変化）により発生するトルクである。

コギングトルクとトルクリップル

小さい永久磁石モータの軸を手で回してみると回転ムラを感じることができる。この回転ムラはモータの発生トルクが回転子の回転に伴って脈動することで生じる。これを**トルクリップル**（torque ripple）という。トルクリップルのうち，モータに電流を流さずに外部から回転させた場合に発生するトルクリップルを**コギングトルク**（cogging torque）（**図1**）といい，これは永久磁石と固定子の歯が引き合うことによって発生する（**図2**）。例えばパワーステアリング用のモータのコギングトルクが大きいと，ステアリングを戻したときに違和感を感じたりする（人間の感覚は鋭いのである）ので，極力少なくなるように設計を工夫する。

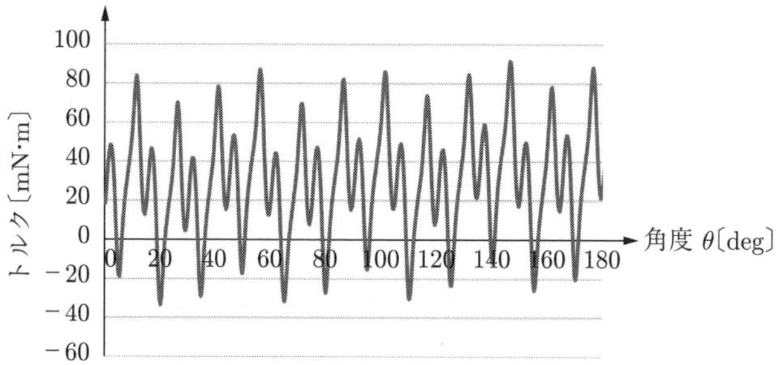

図1　コギングトルク波形

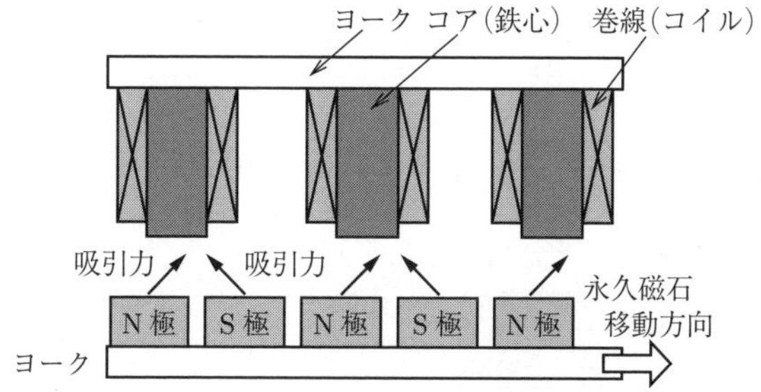

図2　コギングトルクの発生原理

一方，電流を流したときのトルクは磁束の空間高調波や電流の時間高調波のために一定ではなく脈動してしまう。これをトルクリップルとよぶ（**図3**）。トルクリップルが大きいと，例えば電気自動車の駆動用モータの場合にガクガクした走りになってしまうことは容易に想像できるであろう。モータの設計者はトルク

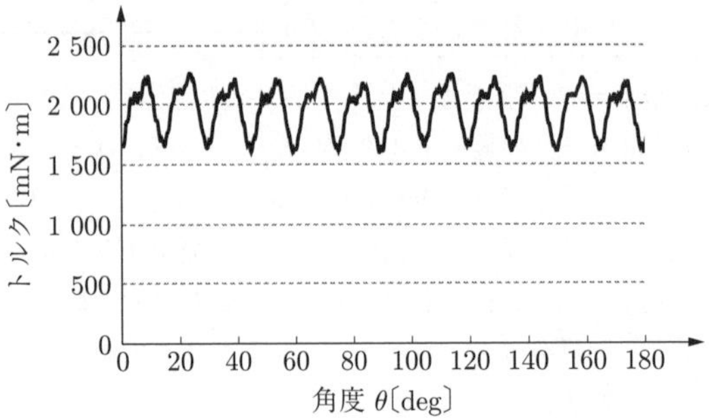

図 3　トルクリップル波形の例

リップルを少なくするために，発生する磁束をなるべく正弦波に近づけたり，モータに高調波電流を通電してトルクリップルを低減したり，多大な努力をしているのである。

3.5　複数巻線の磁気回路

3.5.1　インダクタンス（自己，相互，漏れ）

巻線が複数ある磁気回路について考える。**図 3.12** の二つの巻線を持つ磁気回路において，巻線 1 の起磁力を $N_1 I_1$，巻線 2 の起磁力を $N_2 I_2$，鉄心の磁気抵抗を $\mathcal{R}_m$ とする。

巻線 1 に鎖交する磁束を ϕ_{11}，巻線 1 により作られる磁束のうち巻線 2 に鎖

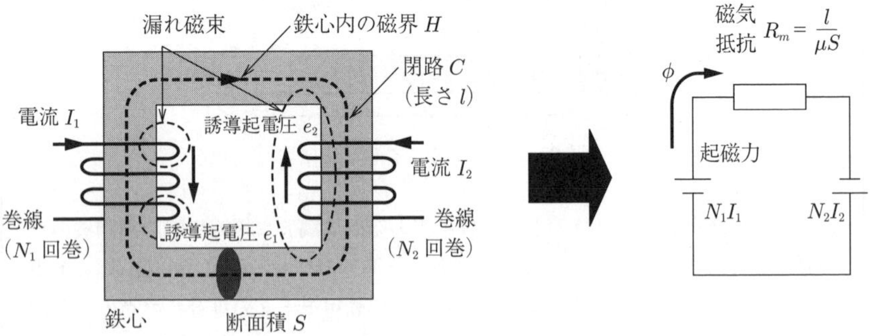

図 3.12　二つの巻線を持つ磁気回路

交する磁束を ϕ_{12}，巻線 1 により作られるが巻線 2 には鎖交しない磁束（これを**漏れ磁束**（leakage flux）とよぶ）を ϕ_{1l} とする。巻線 2 により作られる磁束も巻線 1 に鎖交するのでこれを ϕ_{21} とすれば

$$\phi_{11} = \phi_{1l} + \phi_{12} + \phi_{21} \tag{3.84}$$

となる。

同様に巻線 2 に鎖交する磁束を ϕ_{22} とすれば

$$\phi_{22} = \phi_{2l} + \phi_{21} + \phi_{12} \tag{3.85}$$

となる。ここで ϕ_{2l} は漏れ磁束，ϕ_{12} は巻線 1 によって作られて巻線 2 に鎖交する磁束である。

回路の磁気抵抗が $\mathcal{R}_m$ であるからそれぞれの磁束は

$$\phi_{12} = \frac{N_1 I_1}{\mathcal{R}_m} \tag{3.86}$$

$$\phi_{21} = \frac{N_2 I_2}{\mathcal{R}_m} \tag{3.87}$$

であり巻線 1 の鎖交磁束 Φ_1 は

$$\begin{aligned}\Phi_1 &= N_1\phi_{11} = N_1\phi_{1l} + N_1\phi_{12} + N_1\phi_{21} \\ &= N_1\phi_{1l} + \frac{N_1^2}{\mathcal{R}_m} I_1 + \frac{N_1 N_2}{\mathcal{R}_m} I_2 \end{aligned} \tag{3.88}$$

同様にして，鉄心を貫く磁束 ϕ は巻線 2 に対して N_2 回鎖交する。したがって，巻線 2 に対する鎖交磁束 Φ_2 は

$$\begin{aligned}\Phi_2 &= N_2\phi_{22} = N_2\phi_{2l} + N_2\phi_{21} + N_2\phi_{12} \\ &= N_2\phi_{2l} + \frac{N_2^2}{\mathcal{R}_m} I_2 + \frac{N_2 N_1}{\mathcal{R}_m} I_1 \end{aligned} \tag{3.89}$$

これらをまとめると

$$\begin{bmatrix}\Phi_1 \\ \Phi_2\end{bmatrix} = \begin{bmatrix}\dfrac{N_1^2}{\mathcal{R}_m} & \dfrac{N_1 N_2}{\mathcal{R}_m} \\ \dfrac{N_1 N_2}{\mathcal{R}_m} & \dfrac{N_2^2}{\mathcal{R}_m}\end{bmatrix} \begin{bmatrix}I_1 \\ I_2\end{bmatrix} + \begin{bmatrix}N_1\phi_{1l} \\ N_2\phi_{2l}\end{bmatrix} \tag{3.90}$$

と書ける。

ここでそれぞれのインダクタンスを

$$l_{s1} = \frac{N_1\phi_{1l}}{I_1} \tag{3.91}$$

$$l_{s2} = \frac{N_2\phi_{2l}}{I_2} \tag{3.92}$$

$$L_1 = \frac{N_1\phi_{12}}{I_1} = \frac{N_1^2}{\mathcal{R}_m} \tag{3.93}$$

$$L_2 = \frac{N_2\phi_{21}}{I_2} = \frac{N_2^2}{\mathcal{R}_m} \tag{3.94}$$

$$L_{12} = \frac{N_1\phi_{21}}{I_2} = \frac{N_1N_2}{\mathcal{R}_m} \tag{3.95}$$

$$L_{21} = \frac{N_2\phi_{12}}{I_1} = \frac{N_1N_2}{\mathcal{R}_m} \tag{3.96}$$

のように定義して

$$L_{11} = l_{s1} + L_1 \tag{3.97}$$

$$L_{22} = l_{s2} + L_2 \tag{3.98}$$

とすれば

$$\begin{bmatrix} \Phi_1 \\ \Phi_2 \end{bmatrix} = \begin{bmatrix} L_{11} & L_{12} \\ L_{21} & L_{22} \end{bmatrix} \begin{bmatrix} I_1 \\ I_2 \end{bmatrix} \tag{3.99}$$

と表すことができる。右辺の係数行列はインダクタンス行列とよばれ，また，その非対角成分は磁気回路が対称であれば等しく

$$L_{12} = L_{21} = M \tag{3.100}$$

として M を**相互インダクタンス**（mutual inductance）とよぶ。対して L_{11}，L_{22} を**自己インダクタンス**（self inductance）とよぶ。また l_{s1}，l_{s2} は**漏れインダクタンス**（leakage inductance）とよぶ。

各端子電圧を求めてみると

$$v_1 = \frac{d\Phi_1}{dt} = \frac{d}{dt}(L_{11}I_1 + L_{12}I_2) = \frac{d}{dt}(l_{s1}I_1 + L_1I_1 + L_{12}I_2)$$

$$v_2 = \frac{d\Phi_2}{dt} = \frac{d}{dt}(L_{22}I_2 + L_{21}I_1) = \frac{d}{dt}\left(l_{s2}I_2 + L_2I_2 + L_{21}I_1\right)$$

となり，漏れ磁束も電圧を発生することに注意されたい。

漏れインダクタンスを無視して，相互インダクタンス M を用いると式 (3.90) は

$$\begin{bmatrix}\Phi_1 \\ \Phi_2\end{bmatrix} = \begin{bmatrix}L_1 & M \\ M & L_2\end{bmatrix}\begin{bmatrix}I_1 \\ I_2\end{bmatrix} \tag{3.101}$$

となる。

また，次式で定義される k は結合係数とよばれ，巻線 1 と巻線 2 の磁気的な結合の大きさを表す指標として用いられる。

$$k = \frac{M}{\sqrt{L_{11}L_{22}}} \quad (-1 \leqq k \leqq 1) \tag{3.102}$$

$k = 1$ の磁気回路は，巻線 1 で発生させた磁束のすべてが巻線 2 に鎖交し，また，巻線 2 で発生させた磁束のすべてが巻線 1 に鎖交することを意味する。

$k = 0$ の磁気回路は，巻線 1 で発生させた磁束がまったく巻線 2 に鎖交せず，また，巻線 2 で発生させた磁束もまったく巻線 1 に鎖交しないことを意味する。

$k = -1$ の磁気回路は，巻線 1 で発生させた磁束のすべてが巻線 2 に逆向きに鎖交し，また，巻線 2 で発生させた磁束のすべてが巻線 1 に逆向きに鎖交することを意味する。

3.5.2 磁気エネルギーと磁気随伴エネルギー

複数の巻線のある磁気回路の磁気エネルギーは，1 巻線の場合と同様にして求めることができる。誘導起電圧に逆らって電流を流すと，投入した電気エネルギーすべてが磁気エネルギーとなるので，磁気エネルギーは次式のように表される。

$$\begin{aligned} W_m &= \int_0^{W_E} dW_E = \int_0^{t_f} (V_1I_1 + V_2I_2)dt = -\int_0^{t_f} (e_1I_1 + e_2I_2)dt \\ &= \int_0^{t_f} \left(\frac{d\Phi_1}{dt}I_1 + \frac{d\Phi_2}{dt}I_2\right)dt \end{aligned} \tag{3.103}$$

ここで，I_1，I_2 はいずれも Φ_1 と Φ_2 の関数であるので，積分変数の変換に注意が必要である。まず，**図 3.13**（a）のように時刻 t_m まで Φ_2 をゼロに保ったまま Φ_1 を増加させ，その後，時刻 t_f まで Φ_1 を一定に保ったまま Φ_2 を増加させることを考える。$0 \leqq t \leqq t_m$ においては，$d\Phi_2/dt = 0$，$t_m \leqq t \leqq t_f$ においては，$d\Phi_1/dt = 0$ であるので

$$
\begin{aligned}
W_m &= \int_0^{t_m} \left(\frac{d\Phi_1}{dt} I_1 + \frac{d\Phi_2}{dt} I_2 \right) dt + \int_{t_m}^{t_f} \left(\frac{d\Phi_1}{dt} I_1 + \frac{d\Phi_2}{dt} I_2 \right) dt \\
&= \int_0^{t_m} \frac{d\Phi_1}{dt} I_1 dt + \int_{t_m}^{t_f} \frac{d\Phi_2}{dt} I_2 dt \\
&= \int_0^{\Phi_1} I_{1_{\Phi 2=0}} d\Phi_1 + \int_0^{\Phi_2} I_2 d\Phi_2 \qquad (3.104)
\end{aligned}
$$

と表される。線形な磁気回路で $|k| \neq 1$ の場合

$$
\begin{aligned}
\begin{bmatrix} I_1 \\ I_2 \end{bmatrix} &= \begin{bmatrix} L_1 & M \\ M & L_2 \end{bmatrix}^{-1} \begin{bmatrix} \Phi_1 \\ \Phi_2 \end{bmatrix} \\
&= \frac{1}{L_1 L_2 - M^2} \begin{bmatrix} L_2 & -M \\ -M & L_1 \end{bmatrix} \begin{bmatrix} \Phi_1 \\ \Phi_2 \end{bmatrix} \qquad (3.105)
\end{aligned}
$$

を用いると

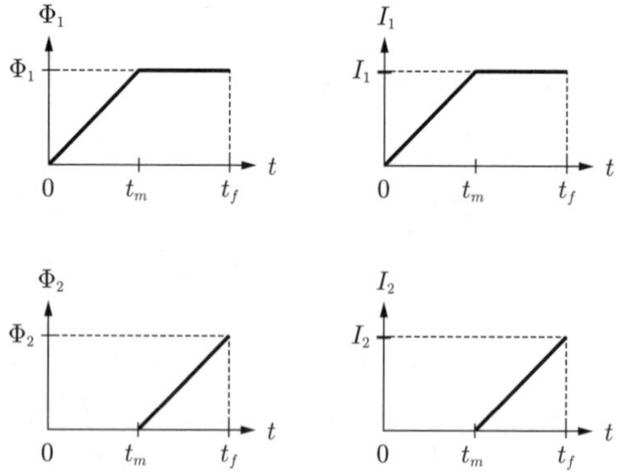

（a） 磁束の変化　　（b） 電流の変化

図 3.13　積分区間の図

$$W_m = \int_0^{\Phi_1} I_{1_{\Phi_2=0}} d\Phi_1 + \int_0^{\Phi_2} I_2 d\Phi_2$$
$$= \int_0^{\Phi_1} \frac{L_2\Phi_1}{L_1L_2 - M^2} d\Phi_1 + \int_0^{\Phi_2} \frac{-M\Phi_1 + L_1\Phi_2}{L_1L_2 - M^2} d\Phi_2$$
$$= \frac{1}{L_1L_2 - M^2}\left(\frac{L_2\Phi_1^2}{2} - M\Phi_1\Phi_2 + \frac{L_1\Phi_2^2}{2}\right)$$
$$= \frac{1}{2}\begin{bmatrix}\Phi_1 & \Phi_2\end{bmatrix}\begin{bmatrix}L_1 & M \\ M & L_2\end{bmatrix}^{-1}\begin{bmatrix}\Phi_1 \\ \Phi_2\end{bmatrix} \tag{3.106}$$

が得られる。ベクトル表記では，つぎにように書くことができる。

$$W_m = \frac{1}{2}\boldsymbol{\Phi}^{\mathrm{T}}\boldsymbol{L}^{-1}\boldsymbol{\Phi} \tag{3.107}$$
$$W_m = \frac{1}{2}\boldsymbol{\Phi}^{\mathrm{T}}\boldsymbol{R}_m\boldsymbol{\Phi} \tag{3.108}$$

ただし，添字 T はベクトルや行列の転置を表す。

二巻線を有する磁気回路の磁気随伴エネルギーは次式で定義される。

$$W'_m = \Phi_1 I_1 + \Phi_2 I_2 - W_m$$
$$= \Phi_1 I_1 + \Phi_2 I_2 - \int_0^{t_f} (V_1 I_1 + V_2 I_2) dt$$
$$= \Phi_1 I_1 + \Phi_2 I_2 + \int_0^{t_f} (e_1 I_1 + e_2 I_2) dt$$
$$= \Phi_1 I_1 + \Phi_2 I_2 - \int_0^{t_f} \left(\frac{d\Phi_1}{dt} I_1 + \frac{d\Phi_2}{dt} I_2\right) dt \tag{3.109}$$

ここで，右辺第 3 項に部分積分を適用すると

$$\int_0^{t_f} \left(\frac{d\Phi_1}{dt} I_1 + \frac{d\Phi_2}{dt} I_2\right) dt$$
$$= [\Phi_1 I_1 + \Phi_2 I_2]_0^{t_f} - \int_0^{t_f} \left(\Phi_1 \frac{dI_1}{dt} + \Phi_2 \frac{dI_2}{dt}\right) dt \tag{3.110}$$

と書けるので，これを式 (3.97) に代入すると

$$W'_m = \int_0^{t_f} \left(\Phi_1 \frac{dI_1}{dt} + \Phi_2 \frac{dI_2}{dt}\right) dt \tag{3.111}$$

ここで，Φ_1，Φ_2 はいずれも I_1 と I_2 の関数であるので，磁気エネルギーの場と同様に，図 3.13（b）のように時刻 t_m まで I_2 をゼロに保ったまま I_1 を増加させ，その後，時刻 t_f まで I_1 を一定に保ったまま I_2 を増加させる。

$0 \leqq t \leqq t_m$ においては $dI_2/dt = 0$，$t_m \leqq t \leqq t_f$ においては $dI_1/dt = 0$ であるので

$$\begin{aligned} W'_m &= \int_0^{t_m} \left(\Phi_1 \frac{dI_1}{dt} + \Phi_2 \frac{dI_2}{dt} \right) dt + \int_{t_m}^{t_f} \left(\Phi_1 \frac{dI_1}{dt} + \Phi_2 \frac{dI_2}{dt} \right) dt \\ &= \int_0^{t_m} \Phi_1 \frac{dI_1}{dt} dt + \int_{t_m}^{t_f} \Phi_2 \frac{dI_2}{dt} dt \\ &= \int_0^{I_1} \Phi_{1_{I_2=0}} dI_1 + \int_0^{I_2} \Phi_2 dI_2 \end{aligned} \tag{3.112}$$

と表される。線形な磁気回路の場合

$$\begin{bmatrix} \Phi_1 \\ \Phi_2 \end{bmatrix} = \begin{bmatrix} L_1 & M \\ M & L_2 \end{bmatrix} \begin{bmatrix} I_1 \\ I_2 \end{bmatrix} \tag{3.113}$$

を用いると

$$\begin{aligned} W_m &= \int_0^{I_1} \Phi_{1_{I_2=0}} dI_1 + \int_0^{I_2} \Phi_2 dI_2 \\ &= \int_0^{I_1} L_1 I_1 dI_1 + \int_0^{I_2} (M I_1 + L_2 I_2) dI_2 \\ &= \frac{L_1 I_1^2}{2} + M I_1 I_2 + \frac{L_2 I_2^2}{2} \\ &= \frac{1}{2} \begin{bmatrix} I_1 & I_2 \end{bmatrix} \begin{bmatrix} L_1 & M \\ M & L_2 \end{bmatrix} \begin{bmatrix} I_1 \\ I_2 \end{bmatrix} \end{aligned} \tag{3.114}$$

が得られる。ベクトル表記では，つぎのように書くことができる。

$$W'_m = \frac{1}{2} \boldsymbol{I}^{\mathrm{T}} \boldsymbol{L} \boldsymbol{I} \tag{3.115}$$

巻線が n 個ある電気機器の場合は，自己インダクタンス L_{ii} と相互インダクタンス L_{ij} を用いて，磁気随伴エネルギーを

$$W'_m = \frac{1}{2}\sum_{i=1}^{n}\sum_{j=1}^{n} L_{ij} I_i I_j \tag{3.116}$$

と表すことができるので，式 (3.104) の方法を用いることが多い。なお，ベクトルと行列を用いて磁気随伴エネルギーは以下のように表すことができる。

$$\begin{aligned} W'_m &= \frac{1}{2}\sum_{i=1}^{n}\sum_{j=1}^{n} L_{ij} I_i I_j \\ &= \frac{1}{2}\begin{bmatrix} I_1 & I_2 & \cdots & I_n \end{bmatrix} \begin{bmatrix} L_{11} & L_{12} & \cdots & L_{1n} \\ L_{21} & L_{22} & \cdots & L_{2n} \\ \vdots & \vdots & \ddots & \vdots \\ L_{n1} & L_{n2} & \cdots & L_{nn} \end{bmatrix} \begin{bmatrix} I_1 \\ I_2 \\ \vdots \\ I_n \end{bmatrix} \end{aligned} \tag{3.117}$$

3.5.3　磁気回路に発生する力

3.4.2 項での議論と同様にして，複数巻線の磁気回路に働く力を求めることができる。可動部の変位を x とすると，可動部に働く力 F は磁気エネルギー $W_m(\boldsymbol{\Phi}, x)$ および磁気随伴エネルギー $W'_m(\boldsymbol{I}, x)$ を用いて以下で求められる。

$$F = -\frac{\partial}{\partial x} W_m(\boldsymbol{\Phi}, x) \tag{3.118}$$

$$F = \frac{\partial}{\partial x} W'_m(\boldsymbol{I}, x) \tag{3.119}$$

インダクタンス行列が変位 x の関数として $\boldsymbol{L}(x)$ と表すことができ，鎖交磁束 $\boldsymbol{\Phi}$ と電流 $\boldsymbol{I}$ の間に線形性 $\boldsymbol{\Phi} = \boldsymbol{L}(x)\boldsymbol{I}$ が仮定できる場合は，力 F はそれぞれ以下で求められる。

$$\begin{aligned} F &= -\frac{\partial}{\partial x} W_m(\boldsymbol{\Phi}, x) \\ &= -\frac{\partial}{\partial x}\left(\frac{1}{2}\boldsymbol{\Phi}^{\mathrm{T}}\boldsymbol{L}^{-1}(x)\boldsymbol{\Phi}\right) \\ &= -\frac{1}{2}\boldsymbol{\Phi}^{T}\frac{\partial}{\partial x}\boldsymbol{L}^{-1}(x)\boldsymbol{\Phi} \end{aligned} \tag{3.120}$$

$$
\begin{aligned}
F &= \frac{\partial}{\partial x} W'_m(\boldsymbol{I}, x) \\
&= \frac{\partial}{\partial x} \left(\frac{1}{2} \boldsymbol{I}^{\mathrm{T}} \boldsymbol{L}^{-1}(x) \boldsymbol{I} \right) \\
&= \frac{1}{2} I^T \frac{\partial}{\partial x} \boldsymbol{L}^{-1}(x) \boldsymbol{I} \qquad (3.121)
\end{aligned}
$$

任意の正則な行列に対する恒等式 $\boldsymbol{0} = (\boldsymbol{L}\boldsymbol{L}^{-1})' = \boldsymbol{L}'\boldsymbol{L}^{-1} + \boldsymbol{L}(\boldsymbol{L}^{-1})'$ とインダクタンス行列の性質 $\boldsymbol{L}^{\mathrm{T}} = \boldsymbol{L}$ を利用すると両者は一致する。

3.6　回転子に巻線のある磁気回路

3.6.1　電 圧 方 程 式

図 3.14 に示す磁気回路の振舞いを見ていこう。

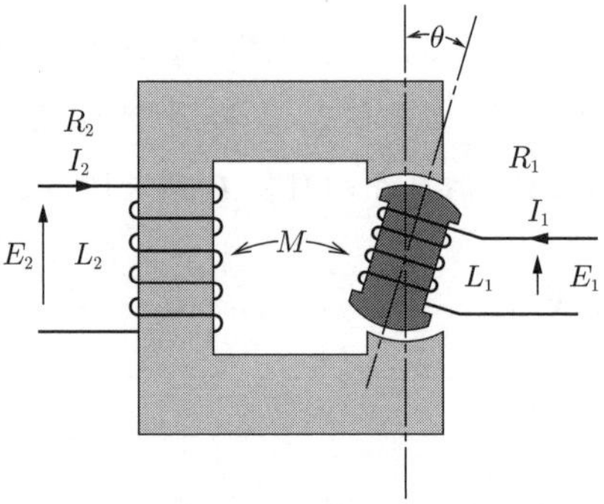

図 3.14　回転子に巻線のある磁気回路

回転子に巻かれた巻線に流す電流を I_1，端子電圧を E_1，自己インダクタンスを L_1 とし，固定子に巻かれた巻線に流す電流を I_2，端子電圧を E_2，自己インダクタンスを L_2 とし，回転子-固定子間の相互インダクタンスを M とする。

回転子の磁束を Φ_1，固定子の磁束を Φ_2 とすれば

$$
\begin{bmatrix} \Phi_1 \\ \Phi_2 \end{bmatrix} = \begin{bmatrix} L_1 & M \\ M & L_2 \end{bmatrix} \begin{bmatrix} I_1 \\ I_2 \end{bmatrix} \qquad (3.122)
$$

となる。ただし自己インダクタンス，ならびに相互インダクタンスは回転子の回転角度依存性を持ち，端子電圧は $V = d\Phi/dt$ より，回転子と固定子のそれぞれにおいて巻線の抵抗が R_1，R_2 なので回転子の端子電圧 E_1 は

$$
\begin{aligned}
E_1 &= R_1 I_1 + \frac{d}{dt}\Phi_1 \\
&= R_1 I_1 + \frac{d}{dt}(L_1 I_1 + M I_2) \\
&= R_1 I_1 + \left(\frac{d}{dt}L_1\right) I_1 + L_1 \frac{d}{dt} I_1 + \left(\frac{d}{dt}M\right) I_2 + M \frac{d}{dt} I_2 \\
&= R_1 I_1 + L_1 \frac{d}{dt} I_1 + M \frac{d}{dt} I_2 + \left(\frac{d\theta}{dt}\frac{d}{d\theta}L_1\right) I_1 + \left(\frac{d\theta}{dt}\frac{d}{d\theta}M\right) I_2 \\
&= R_1 I_1 + L_1 \frac{d}{dt} I_1 + M \frac{d}{dt} I_2 + \omega \left(\left(\frac{d}{d\theta}L_1\right) I_1 + \left(\frac{d}{d\theta}M\right) I_2 \right)
\end{aligned}
\tag{3.123}
$$

同様にして

$$
\begin{aligned}
E_2 &= R_2 I_2 + \frac{d}{dt}\Phi_2 \\
&= R_2 I_2 + \frac{d}{dt}(L_2 I_2 + M I_1) \\
&= R_2 I_2 + L_2 \frac{d}{dt} I_2 + M \frac{d}{dt} I_1 + \omega \left(\left(\frac{d}{d\theta}L_2\right) I_2 + \left(\frac{d}{d\theta}M\right) I_1 \right)
\end{aligned}
\tag{3.124}
$$

となる。簡単のために $d/dt = p$ とおいて，行列の形で表すと

$$
\begin{bmatrix} E_1 \\ E_2 \end{bmatrix} = \begin{bmatrix} R_1 + pL_1 & pM \\ pM & R_2 + pL_2 \end{bmatrix} \begin{bmatrix} I_1 \\ I_2 \end{bmatrix} + \omega \begin{bmatrix} \dfrac{d}{d\theta}L_1 & \dfrac{d}{d\theta}M \\ \dfrac{d}{d\theta}M & \dfrac{d}{d\theta}L_2 \end{bmatrix} \begin{bmatrix} I_1 \\ I_2 \end{bmatrix}
\tag{3.125}
$$

となる。これを電圧方程式とよぶ。

さらにそれぞれのベクトル，行列をつぎのようにおくと

$$
\boldsymbol{E} = \begin{bmatrix} E_1 \\ E_2 \end{bmatrix}, \quad \boldsymbol{I} = \begin{bmatrix} I_1 \\ I_2 \end{bmatrix}, \quad \boldsymbol{Z} = \begin{bmatrix} R_1 + pL_1 & pM \\ pM & R_2 + pL_2 \end{bmatrix},
$$

$$
\boldsymbol{G} = \begin{bmatrix} \dfrac{d}{d\theta} L_1 & \dfrac{d}{d\theta} M \\ \dfrac{d}{d\theta} M & \dfrac{d}{d\theta} L_2 \end{bmatrix}
$$

$$
\boldsymbol{E} = \boldsymbol{Z}\boldsymbol{I} + \omega \boldsymbol{G}\boldsymbol{I} \tag{3.126}
$$

となる。

ここで $\boldsymbol{Z}$ をインピーダンス行列とよび，回転子の運動に関係なく電気回路の性質で決まる行列である。つまり電気回路の R-L 直列回路と同じである。

$\omega \boldsymbol{G}\boldsymbol{I}$ は速度起電力を表し，$\boldsymbol{G}$ を速度起電力の大きさを決める変換行列，つまりインダクタンスが空間的に変化することによる行列である。例えば図 **3.15**（a）に示す円筒形の回転子の場合は $\boldsymbol{G} = \boldsymbol{0}$ であり，図 3.15（b）に示すような突極形の回転子の場合にはインダクタンスが空間的（回転子の回転によって）に変化するので $\boldsymbol{G}$ が存在する。

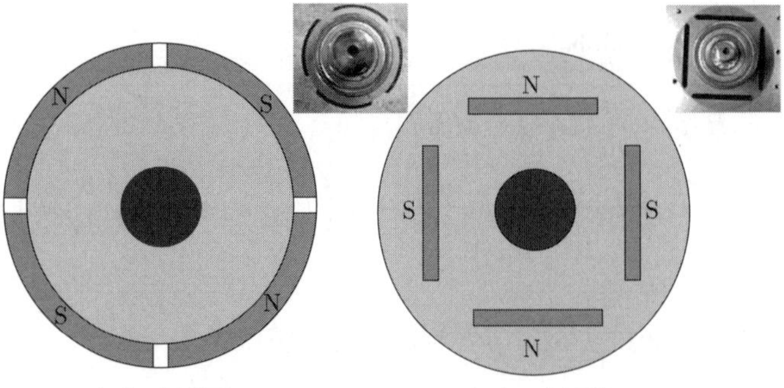

（a）　円筒形　　　　　　（b）　突極形

図 **3.15**　回転子の種類

またトルクは磁気随伴エネルギー式 (3.117) を計算すれば

$$
W'_m = \frac{1}{2} \sum_{i=1}^{n} \sum_{j=1}^{n} L_{ij} I_i I_j \tag{3.117 再掲}
$$

より

$$W'_m = \frac{1}{2}L_1 I_1 I_1 + M I_1 I_2 + \frac{1}{2}L_2 I_2 I_2 \tag{3.127}$$

であり磁気随伴エネルギーの位置微分による力をトルクの式に書き換えると

$$\tau = \frac{\partial}{\partial\theta}W'_m(\boldsymbol{I}, \theta) \tag{3.128}$$

となるから，電流 $\boldsymbol{I}$ が一定であると仮定すると

$$\begin{aligned}\tau &= \frac{\partial}{\partial\theta}W'_m(\boldsymbol{I}, \theta)\\ &= \frac{\partial}{\partial\theta}\left(\frac{1}{2}L_1 I_1 I_1 + M I_1 I_2 + \frac{1}{2}L_2 I_2 I_2\right)\\ &= \frac{1}{2}I_1\frac{\partial}{\partial\theta}L_1 I_1 + I_2\frac{1}{2}\frac{\partial}{\partial\theta}L_2 I_2 + \frac{1}{2}\frac{\partial}{\partial\theta}M I_1 I_2 + \frac{1}{2}\frac{\partial}{\partial\theta}M I_2 I_1\\ &= \frac{1}{2}\begin{bmatrix} I_1 & I_2 \end{bmatrix}\begin{bmatrix} \dfrac{\partial}{\partial\theta}L_1 & \dfrac{\partial}{\partial\theta}M \\ \dfrac{\partial}{\partial\theta}M & \dfrac{\partial}{\partial\theta}L_2 \end{bmatrix}\begin{bmatrix} I_1 \\ I_2 \end{bmatrix}\\ &= \frac{1}{2}\boldsymbol{I}^{\mathrm{T}}\boldsymbol{G}\boldsymbol{I}\end{aligned} \tag{3.129}$$

で表すことができる。つまりトルク（力）は $\boldsymbol{G}$ によって発生する。

3.6.2 電気-機械パワー変換

$$\boldsymbol{E} = \boldsymbol{Z}\boldsymbol{I} + \omega\boldsymbol{G}\boldsymbol{I} \tag{3.126 再掲}$$

に左から電流 $\boldsymbol{I}^{\mathrm{T}}$ を掛ければ左辺は供給される電力 P_e になるので

$$P_e = \boldsymbol{I}^{\mathrm{T}}\boldsymbol{E} = \boldsymbol{I}^{\mathrm{T}}\boldsymbol{Z}\boldsymbol{I} + \omega\boldsymbol{I}^{\mathrm{T}}\boldsymbol{G}\boldsymbol{I} \tag{3.130}$$

が導出される。さらに簡単のために

$$\boldsymbol{Z} = \boldsymbol{R} + p\boldsymbol{L} \tag{3.131}$$

とおくと

$$
\begin{aligned}
P_e &= \boldsymbol{I}^{\mathrm{T}}[\boldsymbol{R}+p\boldsymbol{L}]\boldsymbol{I}+\omega\boldsymbol{I}^{\mathrm{T}}\boldsymbol{G}\boldsymbol{I} \\
&= \boldsymbol{I}^{\mathrm{T}}\boldsymbol{R}\boldsymbol{I}+\boldsymbol{I}^{\mathrm{T}}p\boldsymbol{L}\boldsymbol{I}+\omega\boldsymbol{I}^{\mathrm{T}}\boldsymbol{G}\boldsymbol{I}
\end{aligned} \tag{3.132}
$$

ここでトルク τ を考慮して $\omega\boldsymbol{I}^{\mathrm{T}}\boldsymbol{G}\boldsymbol{I}$ を分離すると

$$
P_e = \boldsymbol{I}^{\mathrm{T}}\boldsymbol{R}\boldsymbol{I}+\boldsymbol{I}^{\mathrm{T}}p\boldsymbol{L}\boldsymbol{I}+\omega\tau+\frac{1}{2}\omega\boldsymbol{I}^{\mathrm{T}}\boldsymbol{G}\boldsymbol{I} \tag{3.133}
$$

となる。さらに

$$
\begin{aligned}
&\omega\boldsymbol{G} = \frac{d\theta}{dt}\frac{d}{d\theta}\boldsymbol{L} = p\boldsymbol{L} \\
&\boldsymbol{I}^{\mathrm{T}}p\boldsymbol{L}\boldsymbol{I} = \boldsymbol{I}^{\mathrm{T}}\boldsymbol{L}p\boldsymbol{I}
\end{aligned} \tag{3.134}
$$

とすれば

$$
P_e = \boldsymbol{I}^{\mathrm{T}}\boldsymbol{R}\boldsymbol{I}+\boldsymbol{I}^{\mathrm{T}}\boldsymbol{L}p\boldsymbol{I}+\frac{1}{2}\boldsymbol{I}^{\mathrm{T}}p\boldsymbol{L}\boldsymbol{I}+\omega\tau \tag{3.135}
$$

となる。ここで上式第 2 項と第 3 項の和は

$$
p\left(\frac{1}{2}\boldsymbol{L}\boldsymbol{I}^2\right) = \frac{1}{2}p\boldsymbol{L}\boldsymbol{I}^2+\frac{1}{2}2\boldsymbol{I}\boldsymbol{L}p\boldsymbol{I} = \frac{1}{2}\boldsymbol{I}^{\mathrm{T}}p\boldsymbol{L}\boldsymbol{I}+\boldsymbol{I}^{\mathrm{T}}\boldsymbol{L}p\boldsymbol{I} \tag{3.136}
$$

となるので

$$
\boldsymbol{I}^{\mathrm{T}}\boldsymbol{L}p\boldsymbol{I}+\frac{1}{2}\boldsymbol{I}^{\mathrm{T}}p\boldsymbol{L}\boldsymbol{I} = \frac{d}{dt}\left(\frac{1}{2}\boldsymbol{I}^{\mathrm{T}}\boldsymbol{L}\boldsymbol{I}\right) \tag{3.137}
$$

と表せる。以上から入力パワー P_e は

$$
P_e = \boldsymbol{I}^{\mathrm{T}}\boldsymbol{R}\boldsymbol{I}+\frac{d}{dt}\left(\frac{1}{2}\boldsymbol{I}^{\mathrm{T}}\boldsymbol{L}\boldsymbol{I}\right)+\omega\tau \tag{3.138}
$$

となる。右辺第 1 項は抵抗で消費される電力（**ジュール損**（joule loss），**銅損**（copper loss））であり，第 2 項はインダクタンスに蓄えられるエネルギーの時間変化，第 3 項が機械出力となる。第 2 項は平均的には

$$
\frac{d}{dt}\left(\frac{1}{2}\boldsymbol{I}^{\mathrm{T}}\boldsymbol{L}\boldsymbol{I}\right) = 0
$$

であり

$$P_{e\mathrm{AVE}} = \boldsymbol{I}^{\mathrm{T}}\boldsymbol{R}\boldsymbol{I} + \omega\tau_{\mathrm{AVE}} \tag{3.139}$$

が成立し，入力電力は銅損と機械出力に変換される。このパワーフローを**図 3.16** に示す。

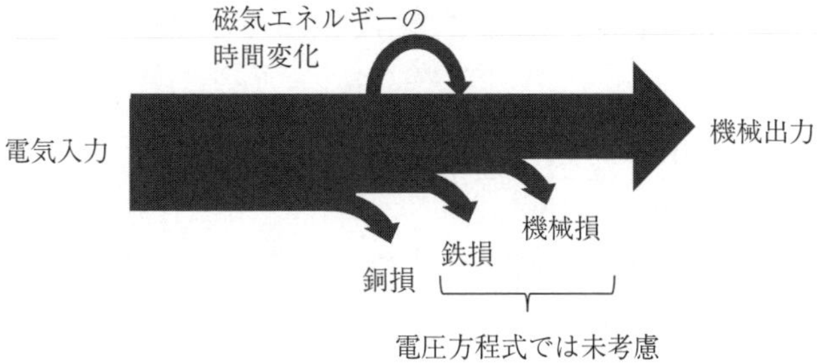

図 **3.16**　パワーフロー

また発生トルクと速度の関係は下の運動方程式で表されるので，機械出力がどのように使われるのかを負荷トルクも考慮してパワーフローを考えよう。負荷トルクを τ_{mech} とすると

$$\tau + \tau_{\mathrm{mech}} = J\frac{d^2\theta}{dt^2} + D_r\frac{d\theta}{dt} \tag{3.140}$$

が成立する。両辺に角速度 ω を乗じて $\omega = d\theta/dt$ と

$$J\frac{d\theta}{dt}\frac{d^2\theta}{dt^2} = \frac{d}{dt}\left(\frac{1}{2}J\frac{d^2\theta}{dt^2}\right) = \frac{d}{dt}\left(\frac{1}{2}J\omega^2\right) \tag{3.141}$$

に注意すれば

$$\omega\tau = \frac{d}{dt}\left(\frac{1}{2}J\omega^2\right) + D_r\omega^2 - \omega\tau_{\mathrm{mech}} \tag{3.142}$$

となる。これを電力のパワーフローの式 (3.126) に代入すると

$$P_e = \boldsymbol{I}^{\mathrm{T}}\boldsymbol{R}\boldsymbol{I} + \frac{d}{dt}\left(\frac{1}{2}\boldsymbol{I}^{\mathrm{T}}\boldsymbol{L}\boldsymbol{I}\right) + \frac{d}{dt}\left(\frac{1}{2}J\omega^2\right) + D_r\omega^2 - \omega\tau_{\mathrm{mech}} \tag{3.143}$$

となる。右辺第 2 項は磁気エネルギー（インダクタンスに蓄えられるエネルギー）の時間変化，第 3 項は運動エネルギーの時間変化，第 4 項は摩擦による損失（機

械損失）となる。それぞれ銅損を P_r，磁気エネルギーを W_m，運動動エネルギーを W_k，機械入力を P_{mech} とすると

$$P_e + P_{\mathrm{mech}} = P_r + \frac{dW_m}{dt} + \frac{dW_k}{dt} \tag{3.144}$$

が成立する。これは電動機でも発電機の場合でも成立し，電動機の場合は $P_e > 0$，$P_{\mathrm{mech}} < 0$ であるので

$$P_e = P_r + \frac{dW_m}{dt} + \frac{dW_k}{dt} + P_d - P_{\mathrm{mech}} \tag{3.145}$$

となり，電気入力が銅損と機械損 P_d と磁気・運動エネルギーの時間変化および負荷の機械出力に使われる。発電機の場合は $P_e < 0$，$P_{\mathrm{mech}} > 0$ であるので

$$P_{\mathrm{mech}} = P_r + \frac{dW_m}{dt} + \frac{dW_k}{dt} + P_d - P_e \tag{3.146}$$

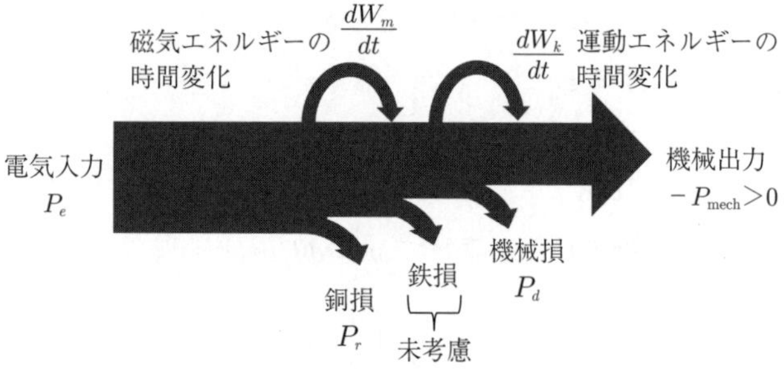

（a）　電動機の場合

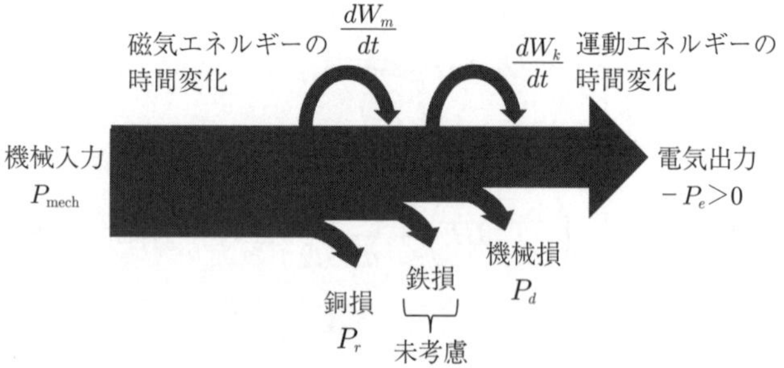

（b）　発電機の場合

図 3.17　パワーフロー

となり，機械入力が同じく銅損・機械損と磁気・運動エネルギーの時間変化および電気出力（発電電力）に使われる（図 **3.17**）。

3.7 鉄　　損

2.9.5, 2.9.6 項で示したように磁性材料に交流磁界を印可するとヒステリシス損失と渦電流損失が発生する。これらを合わせて**鉄損**（iron loss）とよぶ。それぞれの式を再掲すると

$$\text{ヒステリシス損失} \quad W_h = K_h f B^{1.6\sim2} \qquad (2.81\ \text{再掲})$$

$$\text{渦電流損失} \quad W_e = \sigma\omega^2 B^2 \frac{S^2}{l^2} \qquad (2.88\ \text{再掲})$$

いま，図 **3.18** のように円環状鉄心に交流電圧を印可した場合，鉄損を考慮した等価回路を考えよう。ここでは交流電圧 $\dot{V}_1$，交流電流 $\dot{I}_1$ を複素ベクトルで表す。

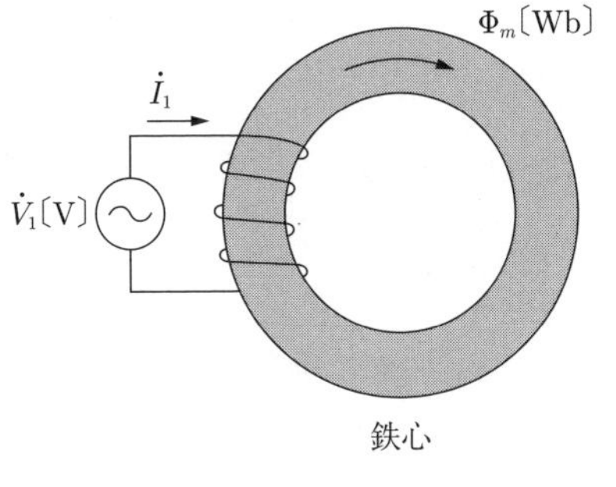

図 **3.18**　円環状鉄心

鉄心には上述したヒステリシス損失と渦電流損失が発生するので，それを抵抗による電力消費として等価回路上に表すと図 **3.19** のようになる。

ここで r_1 は巻線の抵抗，x_1 は巻線の漏れインダクタンス，r_M は鉄損抵抗，M は漏れインダクタンスを除いた自己インダクタンスであり，図 3.19（b）において g_0 は抵抗の**コンダクタンス**（conductance）（1/抵抗），b_0 は巻線のイン

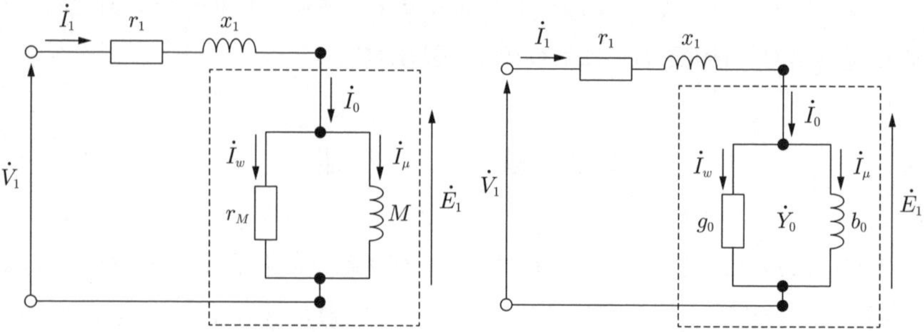

（a） 抵抗とインダクタンスで記述　　（b） コンダクタンスとサセプタンスで記述

図 3.19　鉄損を考慮した等価回路

ダクタンスの逆数で**サセプタンス**（susceptance）である。

なぜわざわざコンダクタンスとサセプタンスを用いるかというと，図 3.19 のような並列回路で表した場合にインピーダンスを表現するのに直列接続で表現できるから便利なためである。つまり鉄損抵抗と励磁インダクタンスをまとめて励磁アドミタンス $\dot{Y}_0$ で表すと**図 3.20** に表すようなベクトル図が書けることから

$$\dot{Y}_0 = g_0 - jb_0 \tag{3.147}$$

と表すことができる。このとき励磁回路に流れ込む電流 $\dot{I}_0$ は

$$\dot{I}_0 = \dot{Y}_0\dot{E}_1 = (g_0 - jb_0)\dot{E}_1 \tag{3.148}$$

と簡単に求めることができる。これは励磁回路に流れ込む電流（パワーを生み出す電流）が鉄損抵抗により減少することを示している。ただし $\dot{E}_1$，$\dot{I}_0$ は交

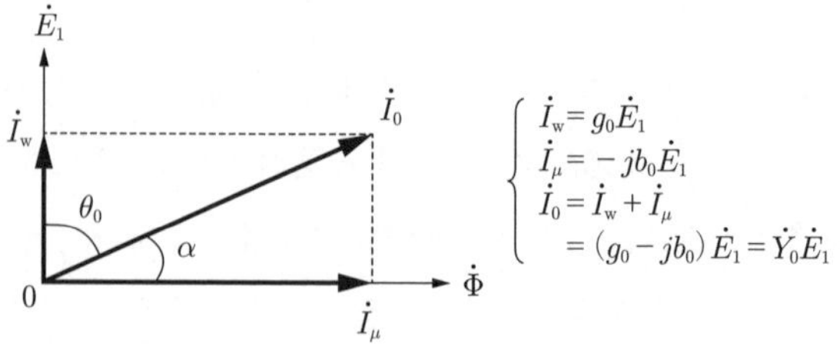

図 3.20　鉄損等価回路のベクトル図

流であることに注意されたい。

この励磁アドミタンスは4章の変圧器で再び出てくるので覚えておくこと。

有限要素解析

3章で学んだ磁気回路は鎖交磁束やインダクタンスを求める手法として有用であるが，磁気回路が単純で（計算が簡単で），かつ磁気特性が線形である場合に限られて使用される。実際のモータは特にステータ形状が複雑であったり，磁気特性が飽和するような非線形特性を持つために，磁気回路法で求めた磁束密度が実際の磁束密度と一致しないという問題が起こる。そこで複雑な形状を**図4**のような小さい要素（メッシュ）に分割し，各要素にてマクスウェルの方程式を解いて磁束密度（ベクトルポテンシャル）を求め，磁気回路の非線形性をあらかじめ入力した B-H カーブ上に計算結果がフィッティングするようにNewto-Lapson法のような非線形計算を行って考慮する有限要素解析（finite element analysis；FEA）が用いられている。FEAの基礎方程式は2章で述べたように

$$\mathrm{rot}\,\mathrm{rot}\,\boldsymbol{A} = -\nabla^2\boldsymbol{A} = -\mu_0\boldsymbol{J}$$

であり，磁束密度は

$$\boldsymbol{B} = \mathrm{rot}\,A$$

鎖交磁束は

$$\Phi = \oint_C \boldsymbol{A}\cdot dl$$

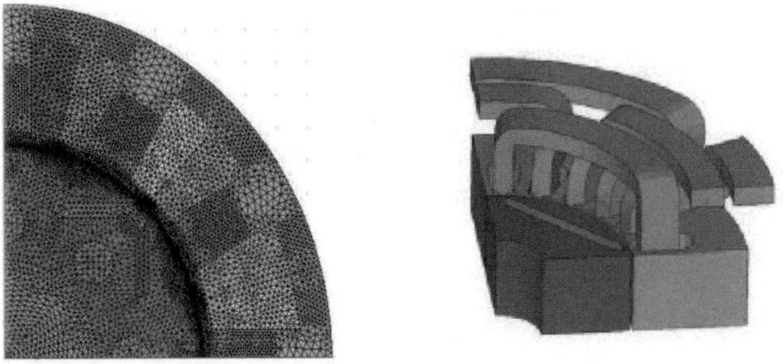

（a） 二次元モータモデル　　（b） 三次元モータモデル

図4　有限要素解析に用いるモデル（1/4モデル）
〔口絵5〕

として求めている。また各要素の磁束密度からあらかじめ求めておいた鉄損データ（磁束密度と周波数の関数）から求めることも可能であるし，三次元解析を用いて渦電流を直接計算することやコイルエンドの漏れインダクタンスも算出可能である。昨今ではヒステリシスループも描けるようになってきており，ほとんど実機と等しい解析精度が得られるようになってきた。

しかしながら，あくまでも解析者が入力した材料データ（B-H 特性）や鉄損データを用いて計算するので，精度は入力データの精度に依存することに注意されたい。実機と異なるデータを入れても正しい解は得られないのである。

章　末　問　題

【1】 図 3.21 に示すように空隙 l_g の磁気回路において鉄心の比透磁率を μ_r，空気の比透磁率を 1 としたときの合成磁気抵抗を求め，鎖交磁束 Φ を求めよ。

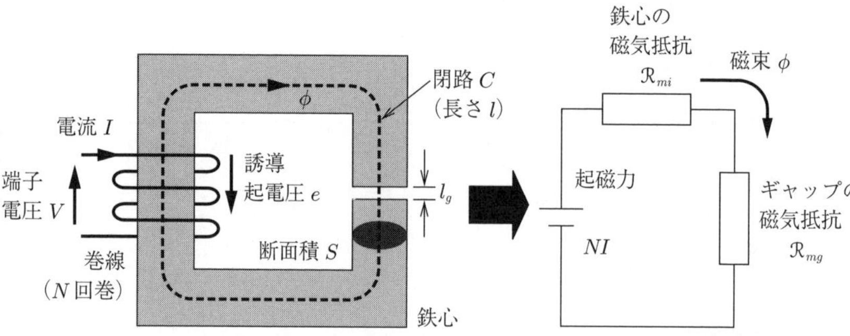

図 3.21　空隙 l_g の磁気回路

【2】 図 3.22 に示すように空隙 l_g の磁気回路において中心部に永久磁石を長さ l_m で配置する。またヨークの磁路長を l_i とし，永久磁石の減磁曲線を図 3.22 のように

$$B = \mu_0 M + \mu_{\mathrm{rec}} H$$

と定義したときの鎖交磁束 Φ を求めよ。ただし鉄心の比透磁率を μ_r，空気の比透磁率を 1 とし，H は磁気回路中の磁界の強さとする。

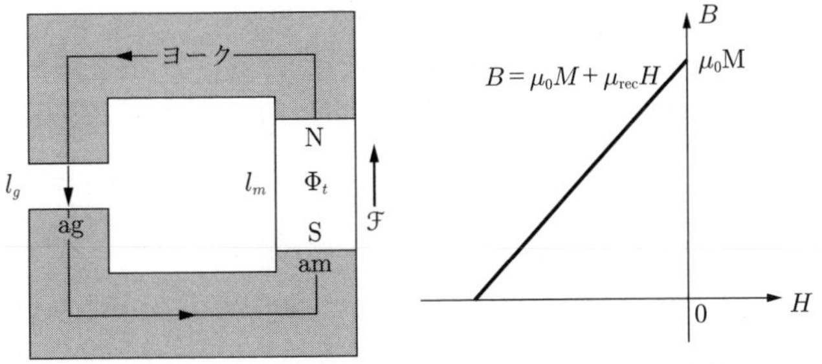

（a）永久磁石を含んだ磁気回路　　（b）磁石の減磁曲線

図 3.22　永久磁石を含んだ磁気回路

【3】図 **3.23** のように断面積 S〔m^2〕，磁路の平均長さ l〔m〕，比透磁率 μ_r の環状鉄心に，巻数 N_1 の一次コイルと巻数 N_2 の二次コイルが巻いてある。漏れ磁束はないとして，一次コイルと二次コイルの自己インダクタンス L_1，L_2 ならびに両コイル間の相互インダクタンス M を求めよ。

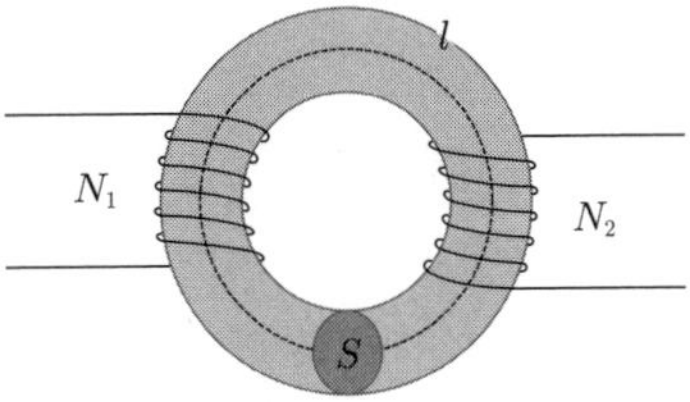

図 3.23　環状鉄心のインダクタンス

【4】空隙を持つ磁気回路において，空隙長 x に対して，電流と磁束の関係が $I = \Phi^2 + 2\Phi x$ の関係がある。以下の問に答えよ。

（1）磁気エネルギーを求めよ。

（2）磁気随伴エネルギーを求めよ。

（3）空隙にかかる力を求めよ。

【5】図 3.13 に示す回転機械において以下の問に答えよ。ただし

　ロータ側（抵抗 R_1，インダクタンス L_1，電流 I_1，電圧 E_1）

　ステータ側（抵抗 R_2，インダクタンス L_2，電流 I_2，電圧 E_2）

　相互インダクタンス M

とする。

（1）ロータ側の鎖交磁束数 Φ_1，ステータ側の鎖交磁束数 Φ_2 を求めよ。ただし漏れインダクタンスはないものとする。

（2）Φ_1，Φ_2 を用いて，E_1，E_2 を表せ（抵抗分も考慮すること）。

（3）(2) をインダクタンスを用いて表せ。ただし $d\theta/dt = \omega$ とする。

（4）(3) を行列の形でまとめると $[E] = [Z][I] + [G][I]\omega$ となった。$[Z]$，$[G]$ を求めよ。ただし $P = d/dt$ とする。

（5）$[Z] = [R] + [LP]$ とおいて，入力パワー $[I]^{\mathrm{T}}[E]$ を表せ。

（6）機械出力を $[I]$，$[G]$，ω を用いて表せ。

（7）入力パワーは機械出力のほかになにに使われるか。パワー変換の式を用いて説明せよ。

（8）機械に蓄えられる磁気エネルギー W_m を求めよ（インダクタンスで表す）。

（9）磁気エネルギーとトルクの関係を示せ。

4 変　圧　器

変圧器は配電設備等の高電圧箇所から AC アダプタにまで広く用いられている交流電圧を変換する静止器である。特に高圧配電線路に用いる柱上変圧器はおもに高圧配電線路に印加されている電圧を，家庭や事務所等で使用する電圧に変更する（変圧という）ために用いられる。また AC アダプタでは家庭用 100 V 電源を絶縁して電圧を低くしたのち直流電圧に変換している。ここでは変圧器の特性をおもに等価回路を用いて学習する。本等価回路は 7 章で説明する誘導機や同期機の等価回路の基礎となる。

4.1　変圧器の構成

一つないしは複数の磁路に対して，磁路を共有した複数の巻線を持つ機器を**変圧器**（transformer）とよぶ。**図 4.1** に変圧器の回路と柱状変圧器の写真を示

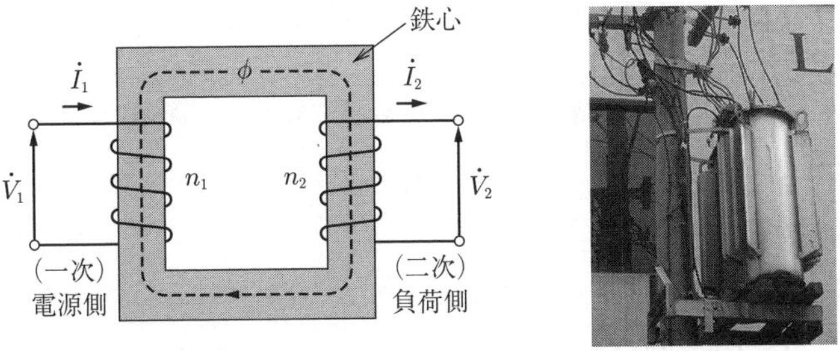

（a）　変圧器の回路　　　（b）　柱状変圧器

図 4.1　変圧器の回路と柱状変圧器

す。図 4.1 の回路左側（一次側とよぶ）に電源を接続し，巻数が異なる巻線を一次側と負荷側（二次側とよぶ）にそれぞれ施すことで，一次側と二次側の間で交流電圧変換が行われる。ここで電圧・電流はすべて角周波数 ω の交流であり，特に断らない限り次式の複素ベクトルおよびフェーザで定義されるものとする。

$$
\begin{aligned}
v_1(t) &= V_1 \cos(\omega t + \varphi) = \mathrm{Re}\left[V_1 e^{j(\omega t + \varphi)}\right] = \mathrm{Re}\left[V_1 e^{j\omega t} e^{j\varphi}\right] \\
&= \mathrm{Re}\left[\dot{V}_1 e^{j\omega t}\right] \qquad (4.1) \\
\dot{V}_1 &= V_1 e^{j\varphi}
\end{aligned}
$$

4.2　変圧器の特性

4.2.1　一般的等価回路

変圧器を含む回路の基本的表現とその回路図を**図 4.2** に示す。

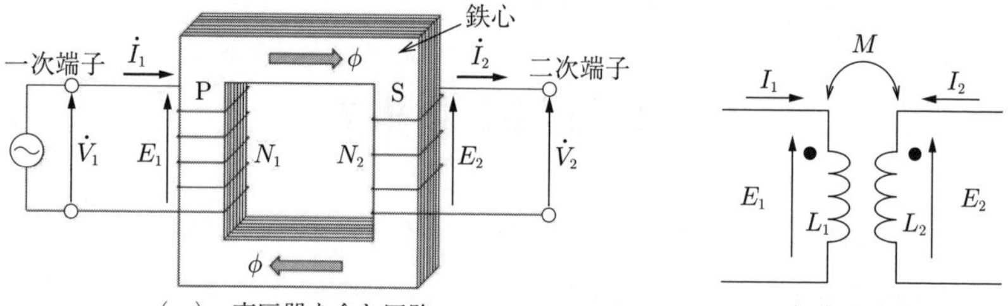

（a）　変圧器を含む回路　　　（b）　回路図

図 4.2　変圧器を含む回路とその回路図

図（b）の黒丸は巻線の誘導電圧の極性を示すもので，図（b）に示した電流の方向に対して，相互インダクタンスの符号は正となる（図（a）とは電流の向きが異なるので注意）。

変圧器の原理はファラデーの法則にほかならない。図 4.2 の回路において一次側に電圧 $\dot{V}_1$ を印加すると一次側巻線のインピーダンスに応じて一次電流 $\dot{I}_1$ が流れる。一次電流 $\dot{I}_1$ により磁界 $\dot{H}_1$（起磁力 $\mathcal{F} = N_1 I_1$）が発生し，鉄心を用いる場合には鉄心に磁気抵抗に応じて磁束 ϕ が流れる（$\phi = \mathcal{F}/\mathcal{R}$）。ただし

ϕ は一次巻線の作る 1 ターンあたりの磁束であり，一次巻線に鎖交する磁束 Φ_1 は

$$\Phi_1 = N_1\phi \tag{4.2}$$

である。磁束 ϕ が二次巻線に鎖交し，二次巻線鎖交磁束 $\Phi_2 = N_2\phi$ の時間変化により誘起電圧 $\dot{E}_2$ が二次側巻線に誘起される。二次側巻線に鎖交する磁束 $\varPhi_2$ は磁束密度 B が鉄心内で均一であると仮定すれば

$$B = \frac{\phi}{S} \quad (S\ は鉄心の断面積) \tag{4.3}$$

であるので

$$\Phi_2 = N_2BS = N_2\phi \tag{4.4}$$

となる。したがって，誘起される起電力の大きさは

$$E_2 = N_2\frac{d\phi}{dt} \tag{4.5}$$

であり一次側の起電力の大きさ E_1 は

$$E_1 = N_1\frac{d\phi}{dt} \tag{4.6}$$

であるので一次側の電圧 $\dot{E}_1$ と二次側電圧 $\dot{E}_2$ の大きさの比は

$$\frac{E_2}{E_1} = \frac{N_2}{N_1} \tag{4.7}$$

となる。

ここで，$\dot{E}_2$ の向きは磁束変化を妨げる向きであるので図 4.2 に示すように ϕ が時計回りに発生する場合には $\dot{E}_2$ は上向きとなり，その結果電流 $\dot{I}_2$ は図(a)のように変圧器から流出する向きに流れる。しかしながら，このとき鉄心内の磁束は減少するので相互インダクタンス M を負にしなければならない。したがって，冒頭に述べたように相互インダクタンス M を正にとれるように電流 $\dot{I}_2$ の向きは図(b)のように変圧器に流入する向きにとる。以後，等価回路を用いて詳しく見ていこう。

図(a)の回路はすでに3.5節で示した複数巻線を持つ磁気回路と同じであるので，各巻線の瞬時誘導起電圧は3.6.1項に示した電圧方程式（ただしインダクタンス変化の項 $=0$）をもとに漏れインダクタンス l_1，l_2 を考慮すれば

$$\begin{bmatrix} v_1 \\ v_2 \end{bmatrix} = \begin{bmatrix} R_1 + pL_{11} & pM \\ pM & R_2 + pL_{22} \end{bmatrix} \begin{bmatrix} i_1 \\ i_2 \end{bmatrix} \tag{4.8}$$

となる。入出力が正弦波（角周波数 ω）の場合は

$$\begin{bmatrix} \dot{V}_1 \\ \dot{V}_2 \end{bmatrix} = \begin{bmatrix} R_1 + j\omega L_{11} & j\omega M \\ j\omega M & R_2 + j\omega L_{22} \end{bmatrix} \begin{bmatrix} \dot{I}_1 \\ \dot{I}_2 \end{bmatrix} \tag{4.9}$$

で表される。ただし

$$\begin{aligned} L_{11} &= l_1 + L_1 \\ L_{22} &= l_2 + L_2 \end{aligned} \tag{4.10}$$

である。一次側と二次側の鎖交磁束数をそれぞれ Φ_1，Φ_2 とすれば

$$\Phi_1 = L_{11} i_1 + M i_2 \tag{4.11}$$

$$\Phi_2 = L_{22} i_2 + M i_1 \tag{4.12}$$

となることは自明である。ここで電流の向きに注意されたい。

4.2.2　理 想 変 圧 器

ここで回路を扱いやすくするために「理想変圧器」の概念を導入する。**図4.3**に示す理想変圧器においては巻線抵抗がなく，漏れインダクタンスもない回路である。また励磁電流も流れない回路である。

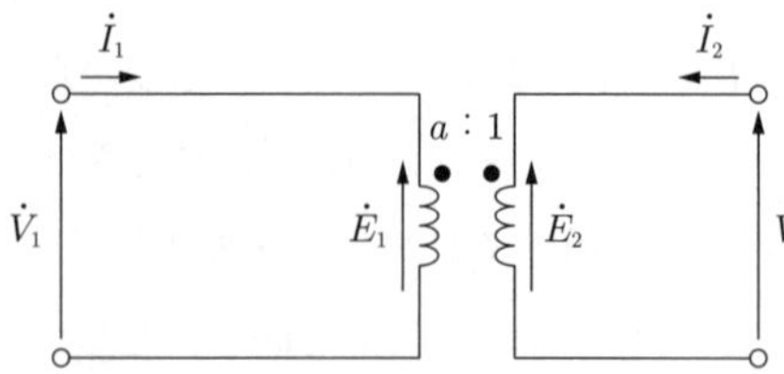

図4.3　理想変圧器

一般の変圧器は一次側と二次側の巻線の比が 1 : 1 ではないので，ここでは $a:1$ としている。いま，一次側の巻数を N 巻とすれば二次側の巻数は N/a 巻となる。したがって二次側の電圧 v_2 は

$$v_2 = N_2\frac{d\phi}{dt} = \frac{N}{a}\frac{d\phi}{dt} = \frac{N}{a}\frac{v_1}{N} = \frac{1}{a}v_1 \tag{4.13}$$

となる。二次側にインピーダンス $\dot{Z}_L$ の負荷を接続した場合，流れる電流 $\dot{I}_2$ は

$$\dot{I}_2 = \frac{\dot{V}_2}{\dot{Z}} = \frac{1}{a}\frac{\dot{V}_1}{\dot{Z}} \tag{4.14}$$

となる。理想変圧器の場合，変圧器で発生する損失を無視することができるので一次側電力と二次側電力は等しい。したがって

$$\dot{V}_1\overline{\dot{I}}_1 = \dot{V}_2\overline{\dot{I}}_2 \tag{4.15}$$

であるから

$$\dot{I}_1 = \frac{1}{a^2}\frac{\dot{V}_1}{\dot{Z}_L} \tag{4.16}$$

となり一次側から見た負荷インピーダンス $\dot{Z}'_L$ は

$$\dot{Z}'_L = \frac{\dot{V}_1}{\dot{I}_1} = a^2\dot{Z}_L \tag{4.17}$$

となり a^2 倍されて見える。

4.2.3 等　価　回　路

理想変圧器に漏れインダクタンス（入力が正弦波電圧の場合には漏れリアクタンス x_1，x_2 で表記できる）と一次，二次の巻線インピーダンス r_1，r_2 を加え，鉄損を考慮した**アドミタンス**（admittance）$\dot{Y}_0$ を加えると**図 4.4** の等価回路を得る。これが一般的な変圧器の等価回路である。

いま，巻数比が $a:1$ であるが，これを等価的に 1 : 1 に表すことを考える†。

† なぜかというと巻数比が 1 : 1 になると変圧器の前後で電圧が等しくなるので理想変圧器部分を省略することができるからである。

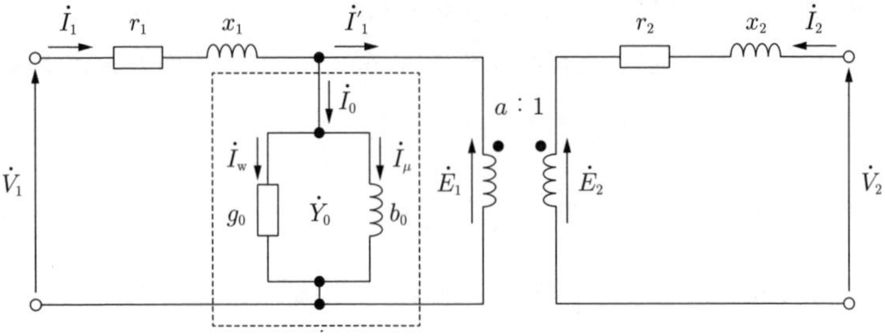

図 4.4　変圧器の等価回路

二次側の電圧を a 倍して電流を $1/a$ 倍すればパワーは保存されるので二次電圧は

$$\dot{E}'_2 = a\dot{E}_2 \tag{4.18}$$

$$\dot{V}'_2 = a\dot{V}_2 \tag{4.19}$$

になる。負荷電流は $1/a$ 倍して

$$\dot{I}'_2 = \frac{\dot{I}_2}{a} \tag{4.20}$$

になる。このとき一次側から見た二次側インピーダンスは，計算を容易にするために漏れリアクタンスを無視して

$$\dot{I}'_2 = \frac{\dot{I}_2}{a} = \frac{1}{a}\frac{\dot{E}_2}{r_2} = \frac{1}{a^2}\frac{\dot{E}'_2}{r_2} = \frac{E'_2}{r'_2} \tag{4.21}$$

となるので，一次側から見た抵抗 r'_2 は

$$r'_2 = a^2 r_2 \tag{4.22}$$

となる。

このように $a:1$ の変圧器を通して二次側のインピーダンスを一次側で考える場合は，二次側の値を a^2 倍しなければならない。

つまり漏れリアクタンスも負荷抵抗も a^2 倍になり

$$x'_2 = a^2 x_2 \tag{4.23}$$

$$\dot{Z}_2' = a^2 \dot{Z}_2 \tag{4.24}$$

である。これを一次換算等価回路とよぶ（図 **4.5**）。

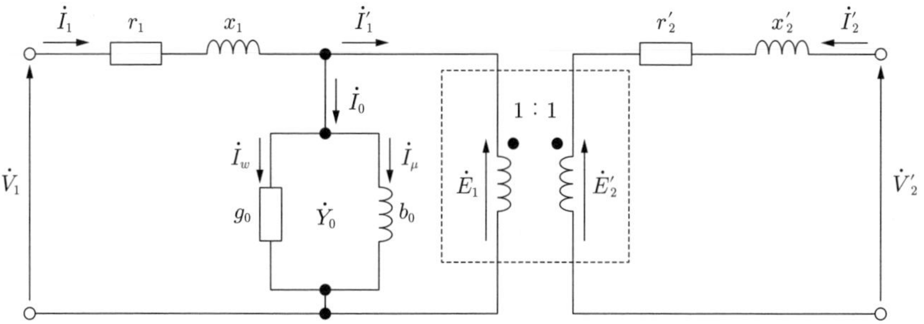

図 **4.5**　変圧器の一次換算等価回路

巻線数が同じになれば理想変圧器は省略できるので，図 **4.6** のような等価回路が得られる。これを T 形等価回路（一次換算）とよぶ。

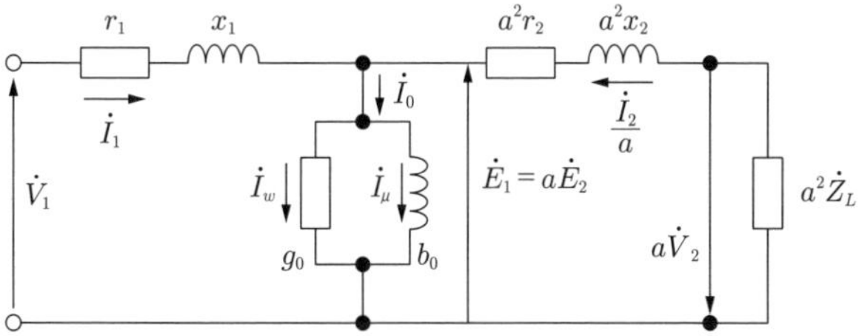

図 **4.6**　変圧器の一次換算 T 形等価回路

また，励磁電流 $\dot{I}_0$ による一次抵抗と一次漏れインダクタンスにおける電圧降下が無視できる場合は計算を容易にするためにアドミタンス $\dot{Y}_0$ を電源側に移すことが行われる。これを L 形等価回路とよぶ（図 **4.7**）。

この逆に，一次側のインピーダンスを二次側で考える場合は，一次側の値を $1/a^2$ 倍しなければならない。すなわち一次側の抵抗とリアクタンスはそれぞれ $1/a^2$ 倍され，一次電流は二次電流と等しくするために a 倍，一次電圧は $1/a$ 倍される。これを二次換算等価回路とよぶ（図 **4.8**）。

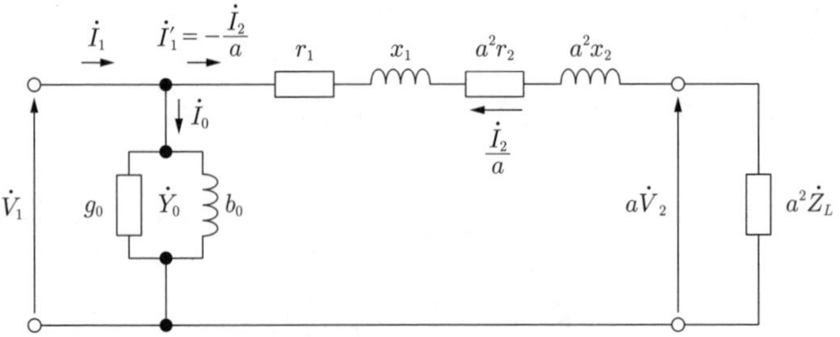

図 **4.7**　変圧器の一次換算 L 形等価回路

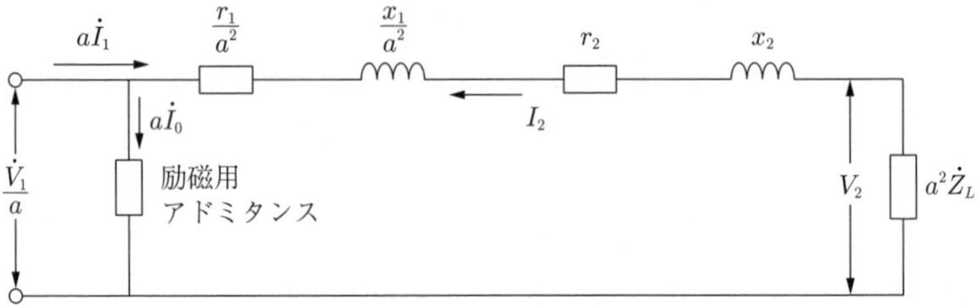

図 **4.8**　変圧器の二次換算 L 形等価回路

$$\dot{V}_1' = \frac{1}{a}\dot{V}_1 \tag{4.25}$$

$$\dot{I}_1' = a\dot{I}_1 \tag{4.26}$$

$$r_1' = \frac{1}{a^2}r_1 \tag{4.27}$$

$$x_1' = \frac{1}{a^2}x_1 \tag{4.28}$$

4.3　変圧器の試験（等価回路定数の測定）

4.2 節で求めた等価回路の各定数は二つの試験，すなわち二次側になにもつながっていない状態（無負荷）での試験（無負荷試験）と二次側を短絡させた試験（短絡試験）により測定できる。ここでは二つの試験によるパラメータ取得方法を述べる。

4.3.1　無 負 荷 試 験

無負荷試験時の等価回路は**図 4.9** のようになる。負荷がつながらないので二次側には電流が流れず，また一次電流 $\dot{I}_1$ は励磁電流 $\dot{I}_0$ と等しくなる。

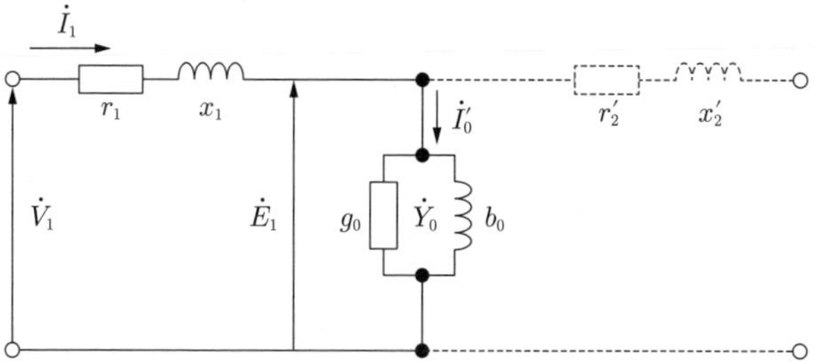

図 **4.9**　無負荷時の等価回路（T 形：一次換算）

無負荷時の電流 $\dot{I}_0$ は等価回路の励磁アドミタンス $\dot{Y}_0$ に流れる電流で表される。

$$\dot{I}_0 = \dot{Y}_0 \dot{E}_1 \tag{4.29}$$

このときの消費電力（無負荷損）W_0 を測定すると

$$W_0 = I_1 V_1 \cos\theta_0 = r_1 I_0^2 + g_0 E_1^2 \tag{4.30}$$

いま，上式右辺の第 1 項は第 2 項に比べて十分小さい（g_0 は鉄損抵抗（コンダクタンス）であるので一次巻線抵抗に比べて十分大きい ＝ 電流が流れにくい）とするならば

$$\dot{V}_1 \approx \dot{E}_1 \tag{4.31}$$

が成立するので

$$W_0 \approx g_0 E_1^2 \approx g_0 V_1^2 \tag{4.32}$$

となる。つまり入力電力はすべて鉄損で消費されるとしている。

以上から無負荷電流 I_0，入力電圧 V_1，消費電力 W_0 を測定すれば

$$Y_0 = \frac{I_0}{V_1}$$
$$g_0 = \frac{W_0}{V_1^2} \qquad (4.33)$$
$$b_0 = \sqrt{Y_0^2 - g_0^2}$$

より各等価回路定数が測定できる。

4.3.2 短　絡　試　験

二次側を短絡状態としたときの等価回路は図 **4.10** のようになる。通常，短絡時の V_1 は定格電圧の数%と低く（インピーダンスが低いため小さい電圧で大きな電流が流れる），かつ鉄損抵抗は一次抵抗より十分大きいため励磁電流は無視できる（ほとんど流れない）ので，次式が成り立つ。

$$\dot{V}_1 \cong \{(r_1 + r_2') + j(x_1 + x_2')\}\dot{I}_1 \qquad (4.34)$$

同じ理由により，短絡時の損失 W_s は，励磁電流による損失（鉄損）を無視して

$$W_s = V_1 I_1 \cos\theta_s = (r_1 + r_2')I_1^2 \qquad (4.35)$$

で与えられる。この試験から

$$Z = \frac{V_1}{I_1}$$
$$r = r_1 + r_2' = \frac{W_s}{I_1^2} \qquad (4.36)$$
$$x = x_1 + x_2' = \sqrt{Z^2 - r^2}$$

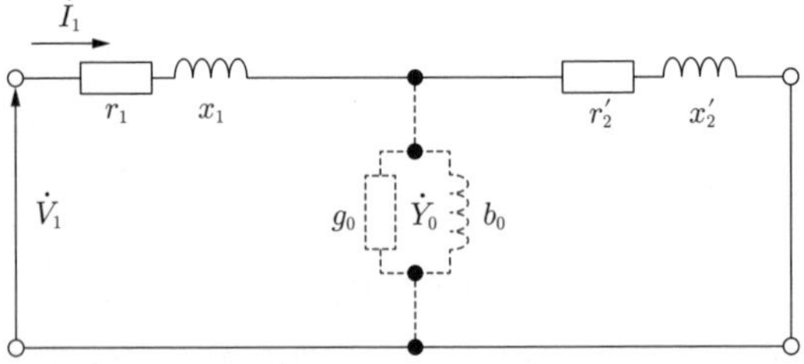

図 4.10　短絡状態の等価回路（T 形：一次換算）

これより短絡抵抗（一次抵抗と二次抵抗（一次換算）の和）と短絡リアクタンスを求めることができる。

また一次抵抗と二次抵抗および一次漏れリアクタンスと二次漏れリアクタンスを分離する場合には別途一次抵抗と一次漏れリアクタンスを測定しなければならない。

4.4　パーセントインピーダンス

4.3 節で述べた短絡試験により求められたインピーダンス Z は

$$
\begin{aligned}
Z &= \frac{V_1}{I_1} \\
r &= r_1 + r_2' = \frac{W_s}{I_1^2} \\
x &= x_1 + x_2' = \sqrt{Z^2 - r^2}
\end{aligned}
\qquad (4.36\ 再掲)
$$

であるので，一次側換算したときの（一次側から見た）インピーダンスである。では，例えば一次側を短絡して，二次側に電圧を加えたときのインピーダンスはどうなるのであろうか。これは図 4.8 の二次側換算等価回路にて二次側に電圧を加え，一次側を短絡したときを考えればよいので

$$
\begin{aligned}
Z &= \frac{V_2}{I_2} \\
r &= r_2 + r_1' = \frac{W_s}{I_2^2} \\
x &= x_2 + x_1' = \sqrt{Z^2 - r^2}
\end{aligned}
\qquad (4.37)
$$

となり，r，x ともに一次側に電圧を加えたときの値と異なってしまう。そこで短絡時のインピーダンス Z を定格時のインピーダンスに対する割合（パーセント）を用いて表すパーセントインピーダンスが用いられる。

基準インピーダンス Z_N を

$$Z_N = \frac{V_{1N}}{I_{1N}} = \frac{\text{定格一次電圧}}{\text{定格一次電流}} \tag{4.38}$$

または

$$Z_N = \frac{V_{2N}}{I_{2N}} = \frac{\text{定格二次電圧}}{\text{定格二次電流}} \tag{4.39}$$

としてパーセントインピーダンス q_z を

$$q_z = \frac{Z}{Z_N} \times 100 \,〔\%〕 \tag{4.40}$$

で表す。パーセントインピーダンスを使用すれば一次側での試験結果も二次側短絡での試験結果も結果は同じになる。

さらにパーセントインピーダンスを抵抗分 q_r とリアクタンス分 q_x を用いて表せば

$$\begin{aligned} q_z &= \sqrt{q_r^2 + q_x^2} \\ &= \frac{I_{1N}\sqrt{(r_1 + a^2 r_2)^2 + (x_1 + a^2 x_2)^2}}{V_{1N}} \times 100 \,〔\%〕 \\ &= \frac{I_{2N}\sqrt{\left(r_2 + \dfrac{1}{a^2} r_1\right)^2 + \left(x_2 + \dfrac{1}{a^2} x_2\right)^2}}{V_{2N}} \times 100 \,〔\%〕 \end{aligned} \tag{4.41}$$

ただし

$$V_{1N} = aV_{2N} \tag{4.42}$$

$$I_{1N} = \frac{1}{a} I_{2N} \tag{4.43}$$

である。

q_r をパーセント抵抗，q_x をパーセントリアクタンスとよぶ。なお，短絡試験で測定した電圧 V_s をインピーダンス電圧，そのときの電力 W_s をインピーダンスワットとよぶ。

4.5　変圧器のベクトル図

図 4.11 の等価回路を用いて変圧器の電流，電圧ベクトルを見てみよう。二

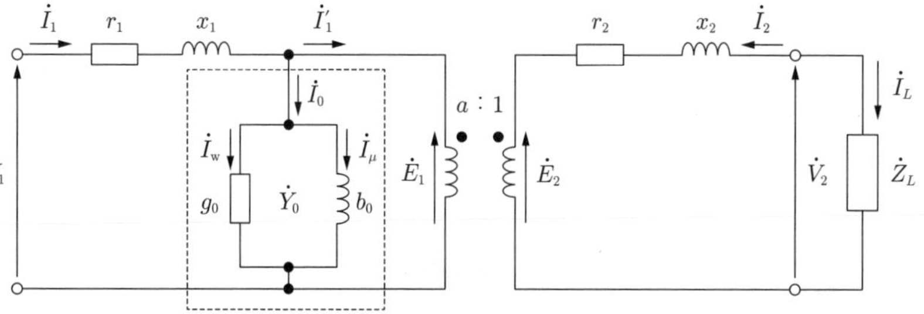

図 **4.11**　変圧器等価回路

次側にインピーダンス $\dot{Z}_L$ を接続した場合を考えて，まずは一次側から作図していこう。

〔**1**〕 図 **4.12** に示すように一次側電流 $\dot{I}_1$ は負荷電流 $\dot{I}'_1$ と励磁電流 $\dot{I}_0$ にわかれる。ここで負荷電流 $\dot{I}'_1$ は負荷 $\dot{Z}_L$ によって定まる（位相が二次側により定まる）。すなわち

$$\dot{I}'_1 = -\frac{\dot{I}_2}{a} = \frac{\dot{I}_L}{a} \tag{4.44}$$

また $\dot{I}_0$ も励磁アドミタンス $\dot{Y}_0$ によって定まり，$\dot{I}_0$ はコンダクタンスに流れる電流 $\dot{I}_w$ と励磁巻線に流れる電流 $\dot{I}_u$ にわかれる（$\dot{I}_w$ と $\dot{I}_u$ は直交する）。

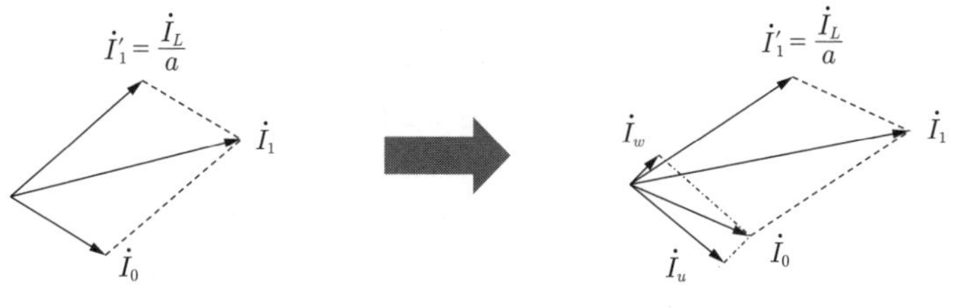

図 **4.12**　一次側電流ベクトル

〔**2**〕 図 **4.13** に示すように励磁電流 $\dot{I}_u$ により磁束 $\dot{\Phi}$ が発生する。また $\dot{\Phi}$ の時間変化により起電圧 $\dot{E}_1$ が $\dot{\Phi}$ と直交する向きに発生する。

$$\dot{\Phi} = \frac{1}{b_0}\dot{I}_u \tag{4.45}$$

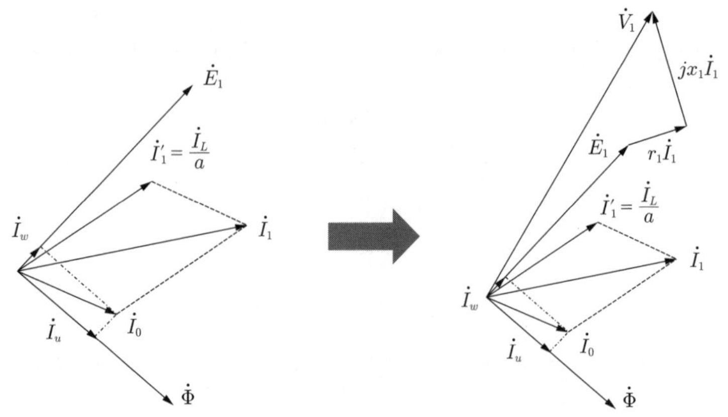

図 **4.13**　一次側電圧ベクトルの作図

$$\dot{E}_1 = j\omega\dot{\Phi} = \frac{1}{g_0}\dot{I}_w \tag{4.46}$$

ただし ω は交流電圧，電流の角速度であり，上式は定常状態を仮定している。

一次電圧 $\dot{V}_1$ は $\dot{E}_1$ に一次側インピーダンスによる電圧降下を加えたものであるから

$$\dot{V}_1 = \dot{E}_1 + r_1\dot{I}_1 + jx_1\dot{I}_1 \tag{4.47}$$

となり $\dot{V}_1$ が定まる。

〔**3**〕 つぎに二次側の作図を行う。**図 4.14** に示すように $\dot{\Phi}$ は一次側と共通

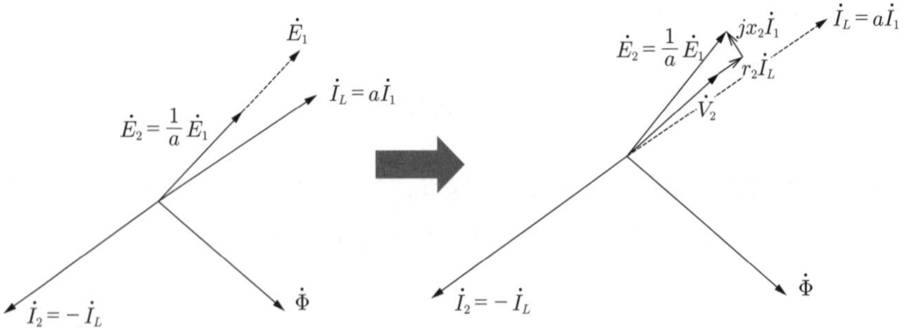

図 **4.14**　二次側電圧ベクトルの作図

のため起電圧 $\dot{E}_2$ が $\dot{E}_1$ と同相に発生する。

$$\dot{E}_2 = j\omega\dot{\Phi} = \frac{\dot{E}_1}{a} \tag{4.48}$$

負荷電流 $\dot{I}_L$ と二次側電流 $\dot{I}_2$ は〔1〕での結果と $\dot{I}_2 = -\dot{I}_L$ を用いて

$$\dot{I}_L = a\dot{I}_1 = -\dot{I}_2 \tag{4.49}$$

が成立する。

二次側電圧 $\dot{V}_2$ は二次インピーダンスにより $\dot{E}_2$ から定まるので

$$\begin{aligned}\dot{V}_2 &= \dot{E}_2 + r_2\dot{I}_2 + jx_2\dot{I}_2\\ &= \dot{E}_2 - r_2\dot{I}_L - jx_2\dot{I}_L\end{aligned} \tag{4.50}$$

となる。

〔**4**〕　負荷 $\dot{Z}_L$ を RL 負荷

$$\dot{Z}_L = R_L + jX_L \tag{4.51}$$

とするならば

$$\dot{V}_2 = R_L\dot{I}_L + jX_L\dot{I}_L \tag{4.52}$$

となり二次側のベクトル**図 4.15** が描ける。

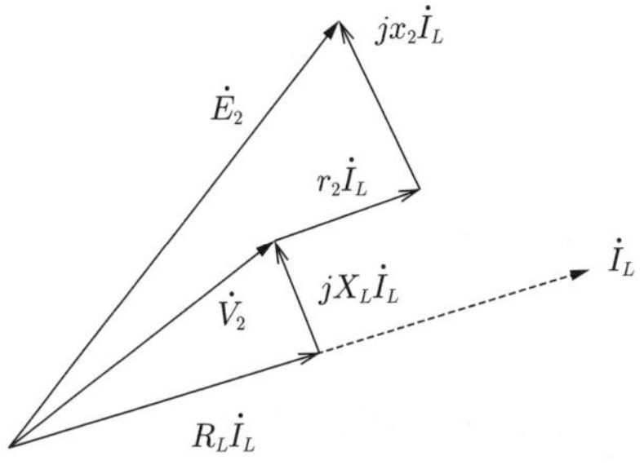

図 4.15　二次側電圧・電流ベクトルの作図（拡大）

4.6　電圧変動率

図 4.12～図 4.15 に示したように出力電圧 V_2 は変圧器の漏れインピーダンスと負荷インピーダンスによって定まるため負荷電流の大きさによって出力電圧が変動する。この変動の程度を電圧変動率 ε といい，次式で定義する。

$$\varepsilon = \frac{E - V_{2n}}{V_{2n}} \times 100 \text{〔\%〕} \tag{4.53}$$

ここで V_{2n} は二次巻線に定格負荷を接続したときの二次側出力電圧，E は負荷を切り離して無負荷にしたときの出力電圧である。

電圧変動率の計算を L 形等価回路（**図 4.16**）により計算してみよう。

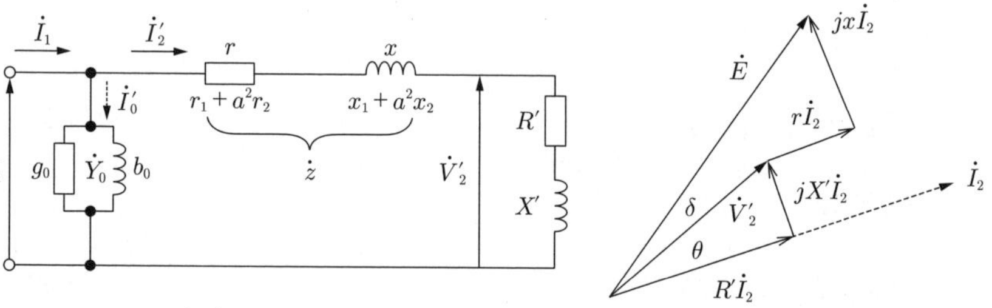

（a）　L 形等価回路　　　（b）　ベクトル図

図 4.16　L 形等価回路とベクトル図

いま δ が十分小さいとするならば E と V'_2 は同相とみなすことができ，このとき

$$E = V'_2 + rI'_2 \cos\theta + xI'_2 \sin\theta \tag{4.54}$$

が成立するので

$$\begin{aligned}\varepsilon &= \frac{E - V'_2}{V'_2} = \frac{rI'_2 \cos\theta + xI'_2 \sin\theta}{V'_2} \\ &= q_r \cos\theta + q_x \sin\theta\end{aligned} \tag{4.55}$$

となり 4.3 節で示したパーセントインピーダンスで電圧変動率が定まる。ここで

$$\alpha = \tan^{-1}\left(\frac{q_r}{q_x}\right) = \tan^{-1}\left(\frac{r}{x}\right) \tag{4.56}$$

であり θ は遅れ力率負荷（誘導性）に対しては正，進み力率負荷（容量性）に対しては負になるように符号を決める。したがって進み力率負荷の場合にはリアクタンス項が負になることで電圧変動率が負になる（出力電圧が入力電圧よりも高くなる）ことがあり得る。また ε が最大となるのは

$$\theta = \frac{\pi}{2} - \alpha \tag{4.57}$$

のときで，巻数の少ない（リアクタンスの小さい）変圧器に力率の悪い（インダクタンス成分の大きい）負荷を接続すると電圧変動が大きくなることが理解できる。

4.7 変圧器の効率

図 4.17 は変圧器の二次側に負荷（抵抗 R とリアクタンス X の直列回路）を接続したときの簡易 L 形等価回路を示したものである。

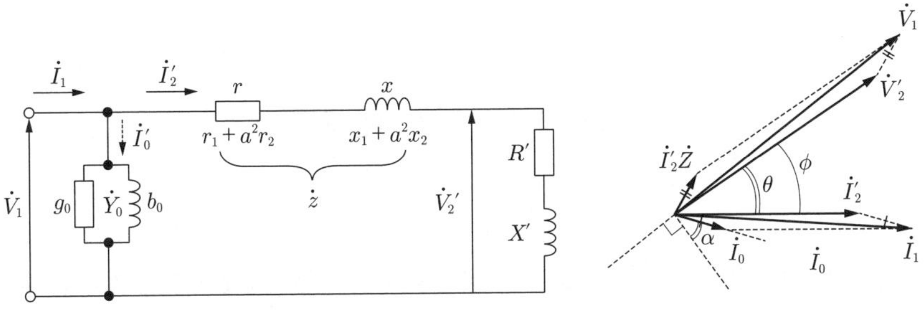

図 4.17　L 形等価回路（一次側換算）

この簡易等価回路に基づいて各部の電圧・電流のフェーザ図を考えると，図 4.17 のようになる。負荷の力率を $\cos\theta$ とするとき，θ は $\dot{V}'_2$ と $\dot{I}'_2$ の間の角度である。図 4.17 に示したフェーザの大きさと角度に対してつぎのような関係式がある。

$$V_1 = \sqrt{\{V_2' + I_2'(r\cos\theta + x\sin\theta)\}^2 + I_2'^2(x\cos\theta - r\sin\theta)^2} \tag{4.58}$$

$$I_1 = \sqrt{I_2'^2 + (Y_0V_1)^2 + 2I_2'Y_0V_1\sin(\alpha+\phi)} \tag{4.59}$$

ただし

$$\alpha = \sin^{-1}\left(\frac{g_0}{Y_0}\right) \tag{4.60}$$

$$\phi = \tan^{-1}\left(\frac{V_2'\sin\theta + I_2'x}{V_2'\cos\theta + I_2'r}\right) \tag{4.61}$$

入力の電力 W_1 および変圧器出力 W_2 は次式で与えられる。

$$\begin{cases} W_1 = V_2'I_2'\cos\theta + g_0V_1^2 + {I_2'}^2r \\ W_2 = V_2'I_2'\cos\theta \end{cases} \tag{4.62}$$

したがって，効率は次式で表される。

$$\eta = \frac{W_2}{W_1} = \frac{V_2I_2\cos\theta}{V_2I_2\cos\theta + g_0V_1^2 + {I_2'}^2r} \tag{4.63}$$

効率式の分母（入力電力）は出力有効電力 ＋ 鉄損 ＋ 銅損（負荷損）の和になっていることがわかる。

4.8　三 相 変 圧 器

前節までは入力電圧がすべて単相交流であった。一般的に柱上変圧器などの容量の大きい変圧器では入力は三相交流である。三相交流電圧を変換するためには前節までの単相変圧器を 3 台用いればよいが，三相変圧器を用いたほうが鉄心の大きさが小さくなり便利である（図 **4.18**）。これは鉄心を三相間で共用できるからであり，三相交流が 3 本の電線で送電できることと同じ理屈である。

図 4.18 に示した三相変圧器の一次巻線の三相間の接続方法と，二次巻線の三相間の接続方法の組合せにより，三相変圧器は

（a）Δ-Y 結線，Y-Δ 結線

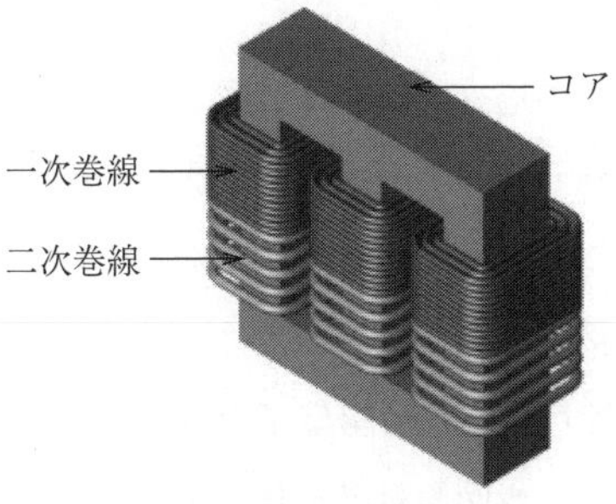

図 4.18　三相変圧器の構成[†]
〔提供：株式会社 JSOL（JMAG）〕

（b）　Y-Y 結線

（c）　Δ-Δ 結線

（d）　V-V 結線

の種類が存在する。**図 4.19** に Y 結線（スター結線ともいう）と Δ 結線の結線図を示す。

Y 結線の特徴は

- 中性点ができる。
- 三次高調波など $3n$ 次高調波が流れない。

である。一方 Δ 結線の特徴は

- 中性点がなく，巻線間の接続が容易（長さが短くなる）。
- 高調波が流れる（循環電流という）。

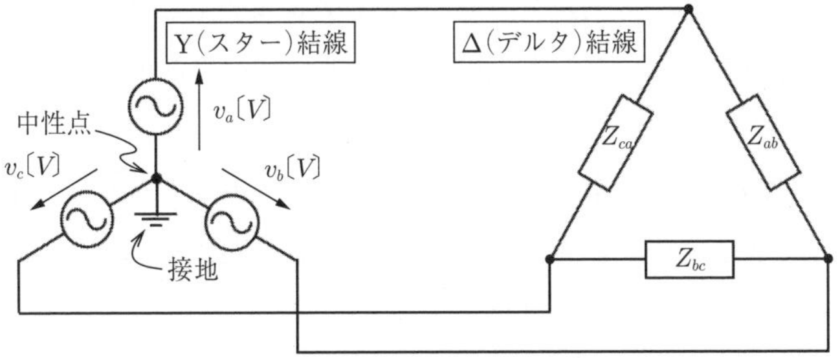

図 4.19　Y 結線と Δ 結線

† モデルデータ：JMAG アプリケーションカタログ No.132
https://www.jmag-international.com/jp/catalog/

である。

入力電圧が正弦波電圧の場合，鉄心にヒステリシス特性があるために励磁電流にひずみ波交流が流れる。このひずみ波交流を回路内で流してやらないと逆に出力電圧がひずむ。このため一般の電力用変圧器では Δ 結線が多く用いられる。一方，送電線路に接続される変圧器では一線地絡時に他巻線に掛かる以上電圧を抑えるために中性点が設置可能な Y 結線を選ぶケースが多い。各種結線方式による結線図とベクトル図の対応を**表 4.1** に示す。

表 4.1　各種結線方式による結線図とベクトル図

	Y-Δ 方式	Δ-Δ 方式	Δ-Y 方式	Y-Y 方式
結線図	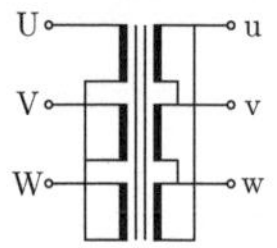	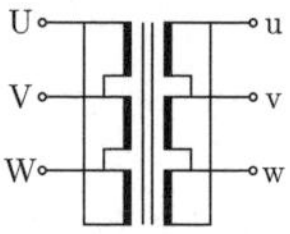	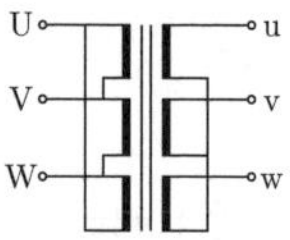	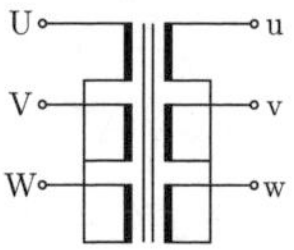
ベクトル図	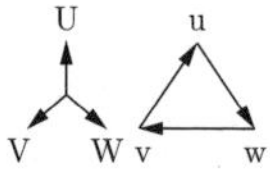	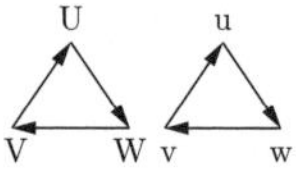	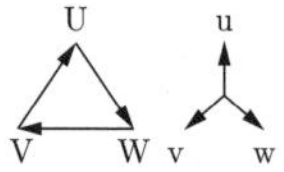	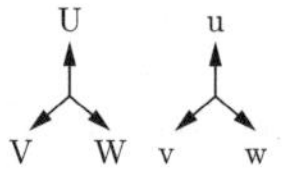

〔**1**〕 **Y-Δ 結線，Δ-Y 結線**　Y-Δ 結線は降圧トランスとしておもに用いられる。これは Y 結線の線間電圧が相電圧の $\sqrt{3}$ 倍になることを利用している。Δ 結線の出力電圧は相電圧であるため同一巻数の変圧器でも出力電圧は $1/\sqrt{3}$ になる。逆に Δ-Y 結線は昇圧トランスとしておもに用いられる。また励磁電流の第 3 高調波成分が Δ 回路を循環して流れ外部に流出しないため出力電圧がひずまない特徴がある。ここで一次側と二次側に 30° の位相差（角変位）が発生する。

〔**2**〕 **Δ-Δ 結線**　変圧器に流れる電流が線電流の $1/\sqrt{3}$ になるため変圧器を小型化できるメリットがある。また循環電流が流れるために出力電圧ひずみが少ない。

〔**3**〕 **Y-Y 結線**　正弦波電圧入力ではヒステリシス特性による磁束ひずみのためほとんど用いられない。

〔**4**〕 **V-V 結線**　図 **4.20** に V-V 結線の結線図を示す。これは Δ-Δ 結

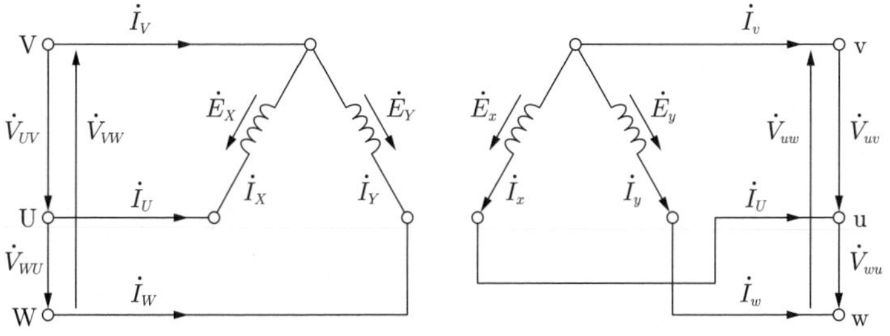

図 **4.20**　V-V 結線

線の一相分が故障した場合と等価な結線図である。また 2 台の単相変圧器により三相電力を送電する手法でもある。

図 4.20 のように，一次側に三相平衡電圧が印加された場合を考える。このとき，X 巻線には，$\dot{V}_{UV}$ と大きさ，位相が等しい起電力 $\dot{E}_X$ が誘起される（漏れリアクタンスや一次抵抗，鉄損は無視）。一方，Y 巻線には，起電力 $\dot{E}_Y$ が $\dot{V}_{WU}$ と逆相に誘起される。二次側巻線には，一次巻線の起電力がそのまま誘起される（巻数比を 1 : 1 と仮定)。二次側出力電圧は

$$\dot{V}_{uv} = \dot{E}_X, \quad \dot{V}_{vw} = -\dot{E}_Y, \quad \dot{V}_{wu} = -(\dot{E}_X - \dot{E}_Y) \tag{4.64}$$

となり，すべて加えると 0 となるため三相平衡であることがわかる。つまり 2 台の単相変圧器で三相を送電可能である。

一方電流は，いま，二次側に抵抗負荷（力率 1）が接続されたとするならば線電流 $\dot{I}_u$ は線間電圧 $\dot{V}_{UV}$ よりも $\pi/6$ 位相が遅れる（線間電圧と相電圧の位相差と同じ)。また結線から

$$\dot{I}_X = \dot{I}_U, \quad \dot{I}_Y = \dot{I}_W, \quad \dot{I}_V = -(\dot{I}_U + \dot{I}_W) \tag{4.65}$$

が成立し，一次巻線にも同様に電流 $\dot{I}_X$，$\dot{I}_Y$ が流れ

$$\dot{I}_U = \dot{I}_X, \quad \dot{I}_W = \dot{I}_Y, \quad \dot{I}_V = -(\dot{I}_U + \dot{I}_W) \tag{4.66}$$

が流れる。

ここで巻線の出力を計算して変圧器の利用率を計算してみよう。図 **4.21** に

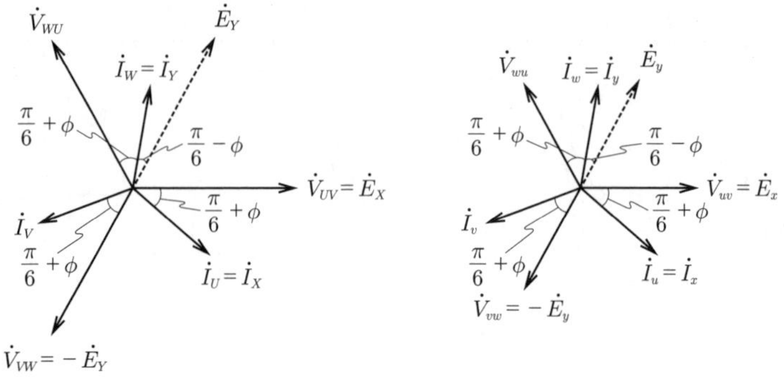

図 4.21　V-V 結線の電圧電流ベクトル図

示すように電圧と電流の位相差が $\pi/6$ であるから一つあたりの巻線出力は

$$P = VI\cos\frac{\pi}{6} \tag{4.67}$$

となり，2 台あるので

$$2P = \sqrt{3}VI \tag{4.68}$$

となる。変圧器単体容量は VI であるから 2 台分で $2VI$ となり変圧器利用率は

$$\eta = \frac{\sqrt{3}VI}{2VI} = 86.6\,〔\%〕$$

となり，見かけの容量に対して使用できる容量が減少する。

また，各相のパーセントインピーダンスが等しくない（図 4.20 の場合 UW 相のインピーダンスが大きい）ため，各相の電圧変動率が等しくならない。したがって負荷をかけた場合に電圧の対称性が失われることがある。

以上から V-V 結線は Δ-Δ 結線が故障したときに負荷を減じて一時的に運転するような場合に用いられる。

周波数と変圧器のサイズ

変圧器の役割は「絶縁」と「電圧変換」である。身近な変圧器は「柱状変圧器」と「AC アダプタ」であるが，「AC アダプタ」が昔に比べて小さくなっていることをお気づきであろうか。表は昔の AC アダプタの写真で中央にいままで勉強した大きな変圧器（鉄心と巻線）が配置されていることが見てとれる。$50\,\mathrm{Hz}(60\,\mathrm{Hz})100\,\mathrm{V_{rms}}$ の交流電圧を変圧器に入力し，適切な巻数比で電圧を降圧したのちダイオード整流器を用いて直流に整流するしくみをとっている。では入力周波数を 10 倍にしたときのトランスのサイズはどうなるであろうか？

表　昔の AC アダプタと現在の AC アダプタ

<table>
<tr><th>昔の AC アダプタ</th><th>現在の AC アダプタ</th></tr>
<tr><td></td><td></td></tr>
<tr><td>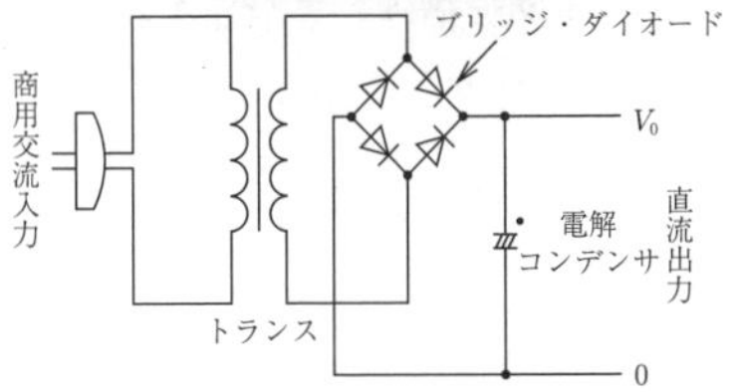
</td><td>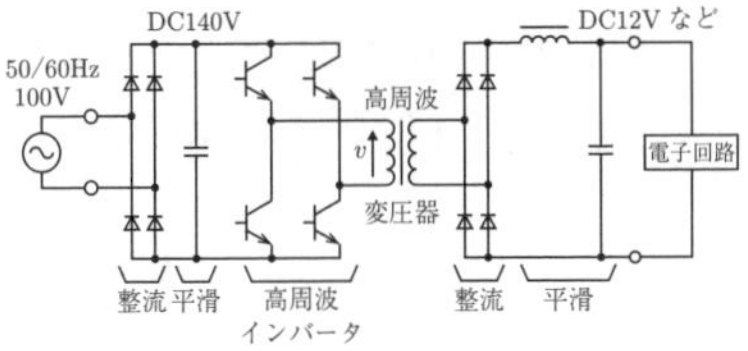
</td></tr>
</table>

式 (4.5)，(4.6) に示したように

$$E_2 = N_2 \frac{d\phi}{dt} \qquad (4.5 再掲)$$

$$E_1 = N_1 \frac{d\phi}{dt} \qquad (4.6 再掲)$$

であるから Φ の変化が 10 倍速くなれば巻数 N_1，N_2 は 1/10 でよい。または Φ の振幅を 1/10 にすることができる。つまり鉄心の磁束密度が 1/10 になるのでコアのサイズを 1/10 にすることができる。ではどうやって 10 倍速い入力電圧を作っているかというと，パワーエレクトロニクスの技術を用いている。表に示すように一度直流電圧に整流した交流電圧をインバータを用いて高周波電圧に変換し，小型のトランスで絶縁したあと，整流して直流電圧を得ているのである。鉄心や巻線からなるトランスよりも，半導体からなるパワーエレクトロニクス回路のほうが全体のサイズが小さくなるために，現在のような小型の AC アダプタが実現できているのである。

章　末　問　題

【1】 図 4.4 の等価回路をもとに以下の等価回路を描け。

（1） 一次側換算の T 形等価回路

（2） 二次側換算の T 形等価回路

（3） 一次側換算の L 形等価回路

【2】 単相変圧器の無負荷試験，短絡試験の結果が以下であった。

無負荷試験結果：$V_1 = 200\,\mathrm{V}$，$I_0 = 0.5\,\mathrm{A}$，$W_0 = 20\,\mathrm{W}$

短絡試験結果：$V_1 = 7\,\mathrm{V}$，$I_1 = 10\,\mathrm{A}$，$W_s = 60\,\mathrm{W}$

このとき L 形等価回路のパラメータ g_0，b_0，r，x をそれぞれ求めよ。

【3】 ある変圧器のパーセント抵抗が 2%，パーセントリアクタンスが 3%であるとき，この変圧器の負荷が力率 80%のときの電圧変動率を求めよ。

【4】 図 4.6 の一次側換算 T 形等価回路のベクトル図を描け。また二次側換算 T 形等価回路においてもベクトル図を描け。

【5】 式 (4.58)，(4.59) を導出せよ。

5 回　転　機

回転型のモータや発電機など，固定部と回転部から構成される電気機器を回転機という。固定部のことを**固定子**（stator），回転部のことを**回転子**（rotor）とよぶ。固定子や回転子は巻線や永久磁石を備え，それぞれ磁界を発生させる。それらの相互作用により回転子にトルクを発生させることができる。

まず，固定子に巻線が備えられた磁気回路について，磁束密度がどのように分布するか見てみよう。

5.1　固定子巻線が作る磁界による磁束密度分布

5.1.1　単相巻線が作る磁束密度分布

固定子巻線が作る磁束を考えるにあたって，まず図 **5.1**（a）のような C 形鉄心を考える。ただし，記号 $\odot$ は，電流が紙面奥から手前へ流れる向きを正とすることを表し，記号 $\otimes$ は，電流が紙面手前から奥へ流れる向きを正とすることを表す。C 形鉄心の左側部分の周囲に配置された巻線に電流を流すとその起磁力により図（a）の時計回り（clockwise；CW）に磁束が生じる。鉄心の右部部分にある回転子に対しては，上から下に磁束が貫くことになる。鉄心の磁気抵抗は空気ギャップ部の磁気抵抗と比べて十分小さいので，空気ギャップ部の磁束密度分布は，空気ギャップ部の形状によってほぼ決定される。固定子巻線の配置を図（b）（c）のようにしても空気ギャップ部の磁束密度分布は同じである。簡単化のため空気ギャップの距離が一様であると仮定すると，空気ギャップ部の磁束密度の大きさも一様となる。図（d）は鉄心の磁気抵抗を無視した磁気回

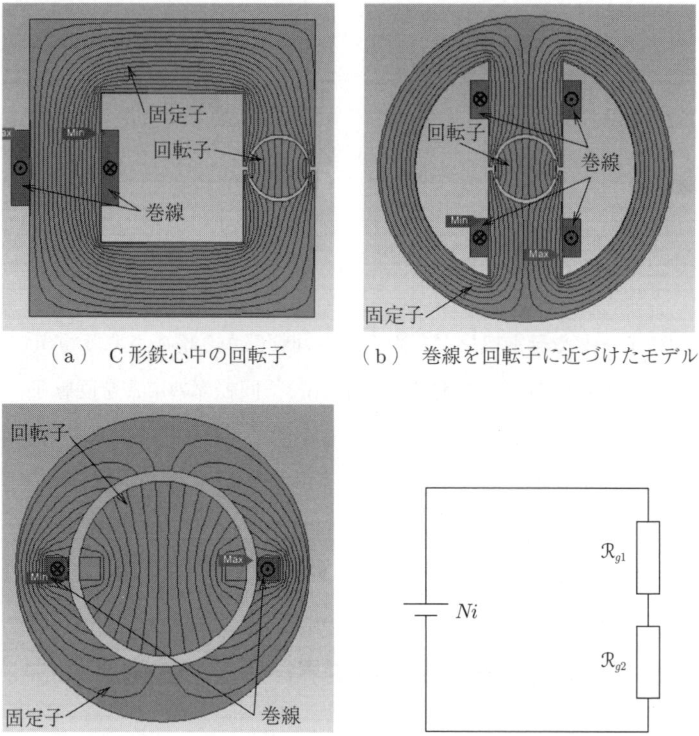

（a）　C 形鉄心中の回転子　　（b）　巻線を回転子に近づけたモデル

（c）　さらに近づけたモデル　　（d）　磁気回路モデル

図 5.1　固定子巻線のモデル

路モデルである。$\mathcal{R}_{g1}$, $\mathcal{R}_{g2}$ はそれぞれ上側の空気ギャップと下側の空気ギャップの磁気抵抗であり，$\mathcal{R}_{g1} = \mathcal{R}_{g2}$ である。なお，図（c）のように巻線の収まっている空間のことを**スロット**（slot）とよぶ。

のちの〔1〕項で述べる分布巻の回転機や 5.1.5 項で述べる多極回転機の場合，スロットの数が図 **5.2** のように多くなる。スロットとスロットの間の鉄心の部分を**ティース**（teeth）といい，ティースとティースを繋いでいる鉄心の部分を**ヨーク**（yoke），もしくは，**継鉄**（yoke）とよぶ。また，ティースから空気ギャップを経て回転子鉄心へと磁束が通るときの磁路の断面積が大きくなるように，ティースの先端に鉄心を張り出させることがある。この部分を**シュー**（shoe）とよぶ。また，磁極の数のことを**極数**（the number of poles）という。N 極

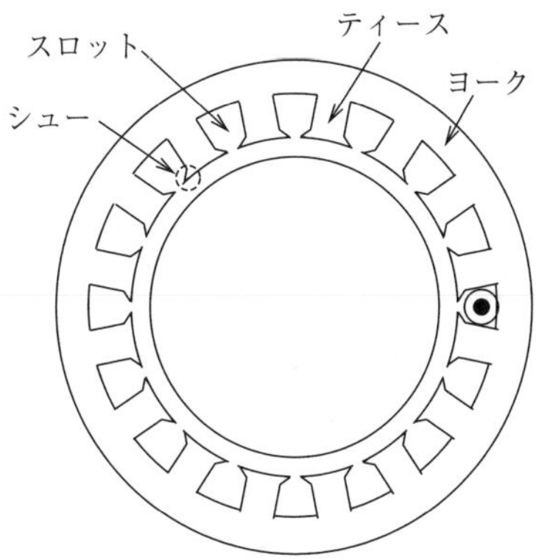

図 **5.2**　多スロットの回転機

とＳ極のペアの数のことを**極対数**（the number of pole pairs）という。極対数＝極数/2 が成り立つ。

磁束密度分布をより詳細に見てみよう。**図 5.3**（a）は，回転子中心を原点として半径方向に r，角度を ξ としたときの極座標系を示している。このギャップ部では，磁束の向きは鉄心表面に垂直な方向，すなわち半径方向となり，矢印で示された向きとなる。固定子の内側や回転子の外側には，図で示したＮ極，Ｓ極が現れる。このとき，破線で示した $r=$ 一定 の位置での磁束密度の分布は $\xi=0$ と $\xi=\pi$ において向きが反転するので，図（b）のように表される。ただ

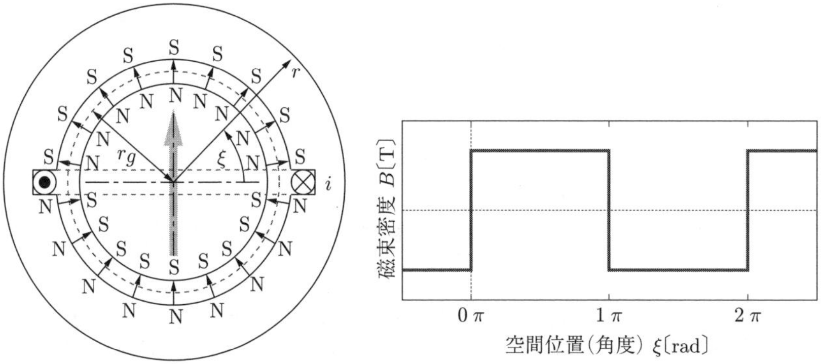

（a）　ギャップ部詳細図(灰色の矢印は磁界の中心の向きを表す)

（b）　空気ギャップ部の磁束密度分布

図 **5.3**　ギャップ部の磁束密度分布

し，r の正の向きを磁束の正の向きとする。その振幅値 $B_{\max}$ は，電流値を i，巻線の巻数を N，全磁気抵抗を $\mathcal{R}_m = \mathcal{R}_{g1} + \mathcal{R}_{g2}$，空気ギャップ部を貫く磁束を ϕ，空気ギャップ部の $\xi = 0$ から $\xi = \pi$ までの面積を S とすると[†1]

$$B_{\max} = \frac{\phi}{S} = \frac{N}{S\mathcal{R}_m} i \tag{5.1}$$

と表される。k を整数として，次式で定義される周期 2π の単位矩形波関数 $\mathrm{sqr}(\cdot)$

$$\mathrm{sqr}(\xi) = \begin{cases} 1 & \text{if } k\pi \leqq \xi < (2k+1)\pi \\ -1 & \text{if } (2k+1)\pi \leqq \xi < (2k+2)\pi \end{cases} \tag{5.2}$$

を用いると，図 5.3（b）の磁束密度分布は空間位置（角度）ξ の関数として

$$B(\xi) = B_{\max}\mathrm{sqr}(\xi) = \frac{Ni}{S\mathcal{R}_m}\mathrm{sqr}(\xi) \tag{5.3}$$

と表すことができる。

〔1〕 集中巻と分布巻　　**図 5.4**（a）のように巻線を分散させて配置することで，ギャップ部の磁束密度分布をなめらかな正弦波に近づけることができる[†2]。

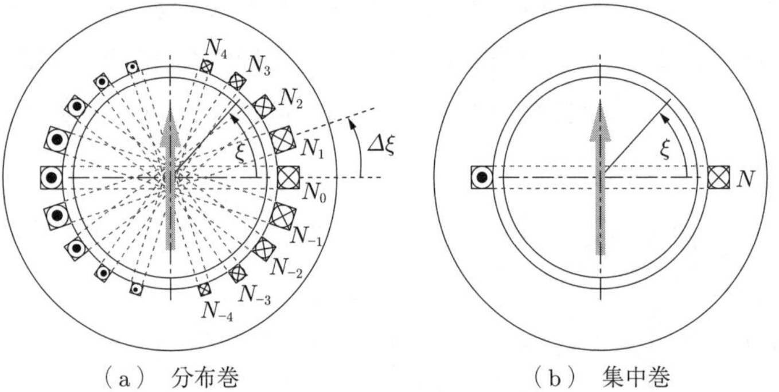

（a） 分布巻　　　　（b） 集中巻

図 5.4　分布巻の巻線と集中巻の巻線（⊙ や ⊗ の大きさは巻数の大小を表している）

†1　図 5.3（a）に示すようにモータの中心から空気ギャップまでの距離を r_g とすると，$\xi = 0$ から $\xi = \pi$ までの円弧の長さは πr_g となる。また，奥行きの長さ（積厚という）を d とすると，ギャップ面積 S は $S = \pi r_g d$ と表される。

†2　回転軸に対して巻線スロットを緩やかなつるまき線状にすることで類似の効果を持たせることができる。これをスキュー（斜溝）という。つるまき線とは，円筒に緩みなく巻きつけた線のことである。

このような巻線のことを**分布巻**（distributed winding）という。これに対して，図5.3のような巻線のことを**集中巻**（concentrated winding）という。より正確には，スロットの数を相数と磁極の数の積で除したものを毎極毎相のスロット数とよび，これが1となる巻き方を集中巻，2以上になる巻き方を分布巻，1以下になる巻き方を分数スロット巻という。

図5.4（a）の分布巻の巻線の場合，各小コイルが作る空気ギャップの磁束密度分布は**図5.5**（a）のようになる。これを重ね合わせた磁束密度分布は図5.5（b）のようになり，正弦波状に分布していることがわかる。実際の回転機における磁束密度分布は，その大きさを矢印で表すと図5.5（c）のように表される。式で表すとつぎのようになる。

$$B(\xi) = \frac{Ni}{S\mathcal{R}_m}\sin\xi \tag{5.4}$$

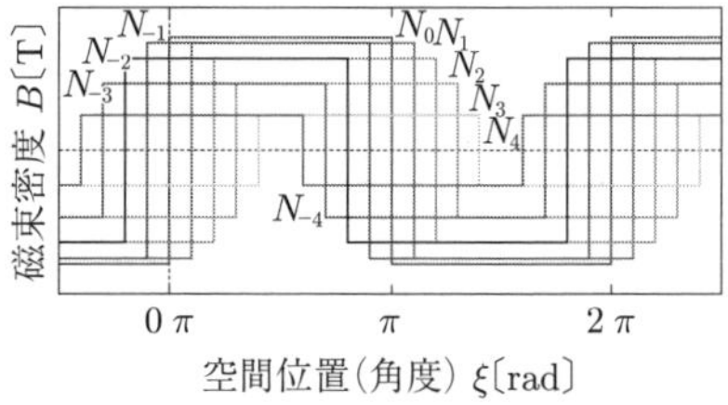

（a）　小コイルが作るギャップ磁束密度分布

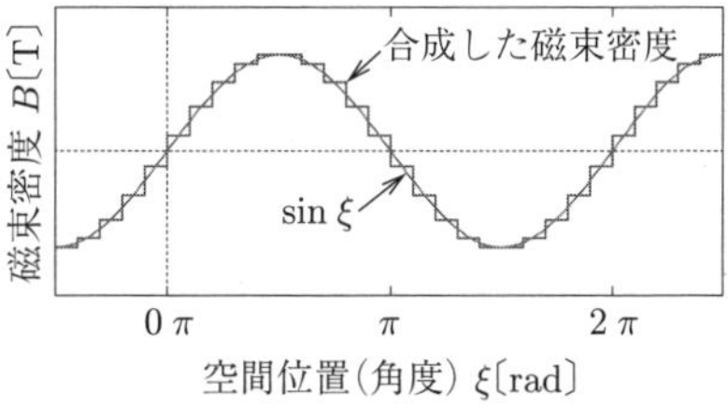

（b）　合成したギャップ磁束密度分布

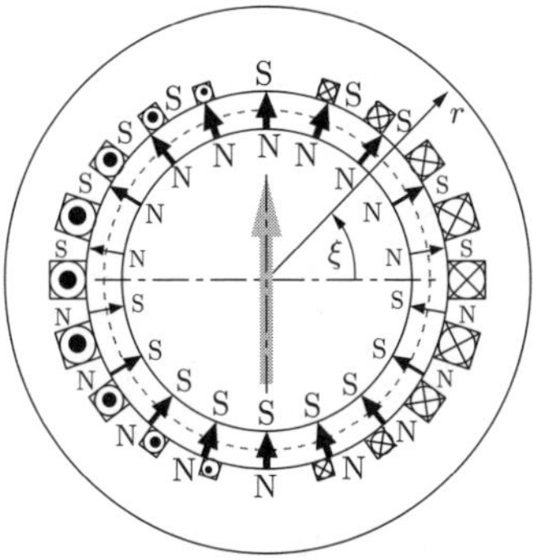

（c）　ギャップ部詳細図

図 5.5　分布巻の空気ギャップ部の磁束密度分布

分布巻の磁束密度分布

m を自然数として，図 5.4 (a)のように $2m-1$ 個の小コイルを考える。それぞれの小コイルの間隔を $\Delta\xi = \pi/2m$ とする。小コイル $k(-m < k < m)$ の $\xi = 0$ からの角度を $\xi_k = k\Delta\xi = k\pi/2m$ として，その巻数 N_k が $\cos\xi_k$ に比例するようにする。すなわち

$$N_k \propto \cos\frac{k\pi}{2m} \tag{1}$$

とする。また，すべての小コイルを直列に接続し，巻数の合計が N 回になるようにする。すなわち

$$N = \sum_{k=-m+1}^{m-1} N_k \tag{2}$$

これより，小コイル k の巻数はつぎのように表される。

$$N_k = \frac{N}{\displaystyle\sum_{l=-m+1}^{m-1} \cos\frac{l\pi}{2m}} \cos\frac{k\pi}{2m} \tag{3}$$

つぎに，分布巻の巻線が作る磁束密度分布を求めてみよう。巻線電流を i とすると，小コイル k が作るギャップ磁束密度の最大値 $B_{\max,k}$ は

$$B_{\max,k} = \frac{N_k}{S\mathcal{R}_m} i \tag{4}$$

となる。したがって，空間位置 ξ における磁束密度分布は

$$B_k(\xi) = B_{\max,k}\ \mathrm{sqr}\left(\xi - \frac{k\pi}{2m}\right) \tag{5}$$

と表すことができる。図 5.4 (a)の各小コイルが作る磁束密度分布を計算すると，図 5.5 (a)のようになる。

ギャップ磁束密度 $B(\xi)$ は，すべての小コイルが作るギャップ磁束密度の和で表される。これは，式 (3)〜(5) を用いて以下のように求められる。

$$\begin{aligned} B(\xi) &= \sum_{k=-m+1}^{m-1} B_{\max,k}\ \mathrm{sqr}\left(\xi - \frac{k\pi}{2m}\right) \\ &= \frac{Ni}{S\mathcal{R}_m} \frac{1}{\displaystyle\sum_{k=-m+1}^{m-1} \cos\frac{k\pi}{2m}} \sum_{k=-m+1}^{m-1} \cos\frac{k\pi}{2m} \mathrm{sqr}\left(\xi - \frac{k\pi}{2m}\right) \end{aligned} \tag{6}$$

図 5.4（a）の巻線の場合，ギャップ磁束密度分布は図 5.5（b）（c）のようになる。分割数 m が十分大きければ，ギャップ磁束密度分布は正弦波状に近づく。このことは，上式において $m \to \infty$ として $\xi' = \lim_{m\to\infty} k\pi/2m$ についての積分に置き換えて計算することで確かめることができる。

$$
\begin{aligned}
B(\xi) &= \frac{Ni}{S\mathcal{R}_m}\frac{1}{\int_{-\pi/2}^{\pi/2}\cos\xi'\,d\xi'}\int_{-\pi/2}^{\pi/2}\cos\xi'\ \mathrm{sqr}(\xi-\xi')\,d\xi' \\
&= \frac{Ni}{2S\mathcal{R}_m}\left(\int_{-\pi/2}^{\xi}\cos\xi'\,d\xi' - \int_{\xi}^{\pi/2}\cos\xi'\,d\xi'\right) \\
&= \frac{Ni}{S\mathcal{R}_m}\sin\xi \qquad (7)
\end{aligned}
$$

〔**2**〕 **巻線に交流を流したときの磁束密度分布**　つぎに，巻線電流を変化させたときの磁束密度分布の変化を考えよう。電流が時間変化するとき，ギャップ磁束密度分布も時間変化する。つまり，磁束密度は空間位置（角度）ξ と時刻 t の関数となる。磁束密度分布が式 (5.4) のように正弦波の場合，次式のように表される。

$$B(\xi,t) = \frac{N}{S\mathcal{R}_m}i(t)\ \sin\xi \qquad (5.5)$$

巻線に角周波数 ω の交流電流 $i(t) = I\cos\omega t$ を流すと，磁束密度は

$$
\begin{aligned}
B(\xi,t) &= \frac{NI}{S\mathcal{R}_m}\cos\omega t\ \sin\xi \qquad (5.6)\\
&= \frac{NI}{2S\mathcal{R}_m}\left(\sin(\xi-\omega t)+\sin(\xi+\omega t)\right) \qquad (5.7)
\end{aligned}
$$

と表される。式 (5.6) は，空間的な磁束密度分布の振幅値が $\cos\omega t$ で変化することを表しており，正から負へ，負から正へと，**図 5.6**（a）のように時間推移することを意味する。このような磁界を**交番磁界**（alternating magnetic field）という。

また，この磁束密度分布は式 (5.7) のように分解することができる。$\sin(\xi-\omega t)$ は図 5.6（b）（c）のように角速度 ω で正方向（反時計回り）に移動する磁束密度分布の項を，$\sin(\xi+\omega t)$ は角速度 ω で負方向（時計回り）に移動する磁束密度分布の項を表しており，二つの移動磁界の合成として説明することができる。

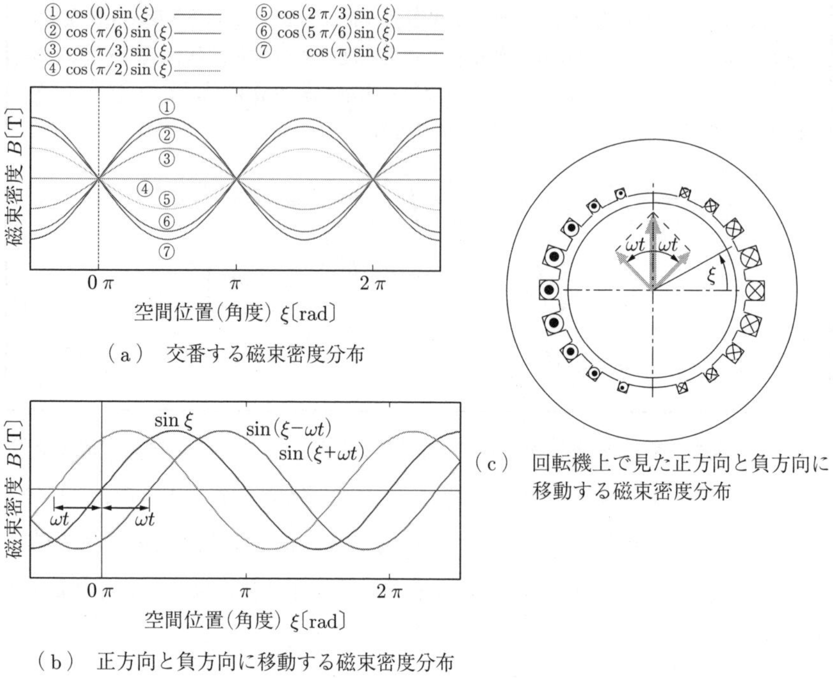

（a） 交番する磁束密度分布

（b） 正方向と負方向に移動する磁束密度分布

（c） 回転機上で見た正方向と負方向に移動する磁束密度分布

図 5.6 交番磁界

なお，図 5.6 (a)(b)は，いずれも横軸は位置（角度）であることに注意されたい。

5.1.2 二相巻線に交流を流したときの磁束密度分布

つぎに，**図 5.7** のように固定子に巻線が 2 組あるモデルを考えよう。巻数 N_α の巻線に対して巻数 N_β の巻線は $\pi/2$ だけ進んだ空間位置に配置されているものとする。なお，以降では特に断らない限り，正弦波状のギャップ磁束密度分布を生成する分布巻の巻線を仮定し，分布巻の場合もモデル図は図 5.4 (b)の集中巻と同様のものを用いることとする。

巻数 N_α の巻線に流れる電流を $i_\alpha(t)$，巻数 N_β の巻線に流れる電流を $i_\beta(t)$ とすると，巻数 N_α の巻線が作る磁束密度分布は式 (5.5) より

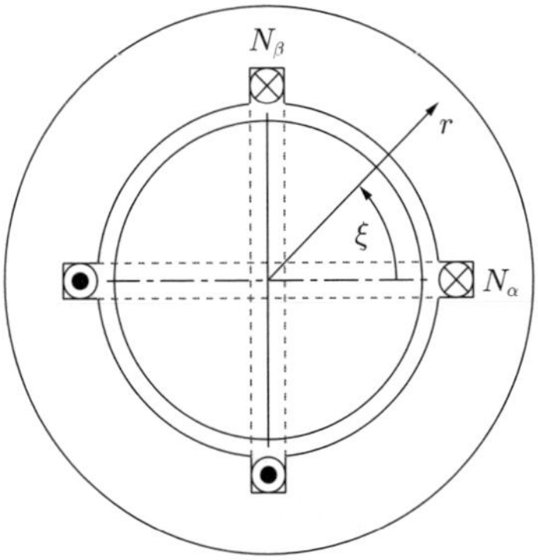

図 **5.7** 固定子に巻線が 2 組あるモデル

$$B_\alpha(\xi,t) = \frac{N_\alpha}{S\mathcal{R}_m} i_\alpha(t)\ \sin\xi \tag{5.8}$$

また，巻数 N_β の巻線が作る磁束密度分布は位置が $\pi/2$ 進んでいることを考慮すると

$$B_\beta(\xi,t) = \frac{N_\beta}{S\mathcal{R}_m} i_\beta(t)\ \sin\left(\xi - \frac{\pi}{2}\right) \tag{5.9}$$

で与えられる。両巻線が作る磁束密度分布 $B(\xi,t)$ は，これらの重ね合わせで表せるので次式で与えられる。

$$\begin{aligned} B(\xi,t) &= B_\alpha(\xi,t) + B_\beta(\xi,t) \\ &= \frac{N_\alpha}{S\mathcal{R}_m} i_\alpha(t)\ \sin\xi + \frac{N_\beta}{S\mathcal{R}_m} i_\beta(t)\ \sin\left(\xi - \frac{\pi}{2}\right) \end{aligned} \tag{5.10}$$

ここで，両巻線の巻数が等しいとして，これを $N \equiv N_\alpha = N_\beta$ と定義し，それぞれの巻線に流れる電流を

$$i_\alpha(t) = I\cos\omega t \tag{5.11}$$

$$i_\beta(t) = I\cos\left(\omega t - \frac{\pi}{2}\right) \tag{5.12}$$

として与える。このように位相が $\pi/2$ ずれた 2 組の電流を**二相交流**（two-phase alternating current）[†]という。このとき，式 (5.10) の磁束密度分布はつぎのよ

† 現代の電気機器では二相交流は使用されておらず三相交流が主流であるが，数理モデル上は二相と三相は相互に変換が可能なため，理解が容易な二相交流で議論を進める。

うに書き換えられる。

$$
\begin{aligned}
B(\xi,t) &= \frac{NI}{S\mathcal{R}_m}\left(\cos\omega t\ \sin\xi + \cos\left(\omega t - \frac{\pi}{2}\right)\ \sin\left(\xi - \frac{\pi}{2}\right)\right) \\
&= \frac{NI}{S\mathcal{R}_m}\left(\cos\omega t\ \sin\xi - \sin\omega t\ \cos\xi\right) \\
&= \frac{NI}{S\mathcal{R}_m}\sin(\xi - \omega t)
\end{aligned}
\tag{5.13}
$$

これは**図 5.8** のように角速度 ω で正方向（反時計回り）に移動（回転）する磁束密度分布を意味する。これを**回転磁界**（rotating magnetic field）という。回転磁界の角速度のことを**同期角速度**（synchronous angular velocity）という。また，$\omega/2\pi$ を**同期速度**（synchronous speed）という。図(c)において，主要な磁界を表すベクトルの矢印の始点は磁極の S 極を，終点は N 極に相当し，その N 極と S 極が角速度 ω で回転することになる。

5.1.5 項で述べる多極回転機の場合は，極対数を p として，同期角速度は ω/p，同期速度は $\omega/2\pi p$ で表される。

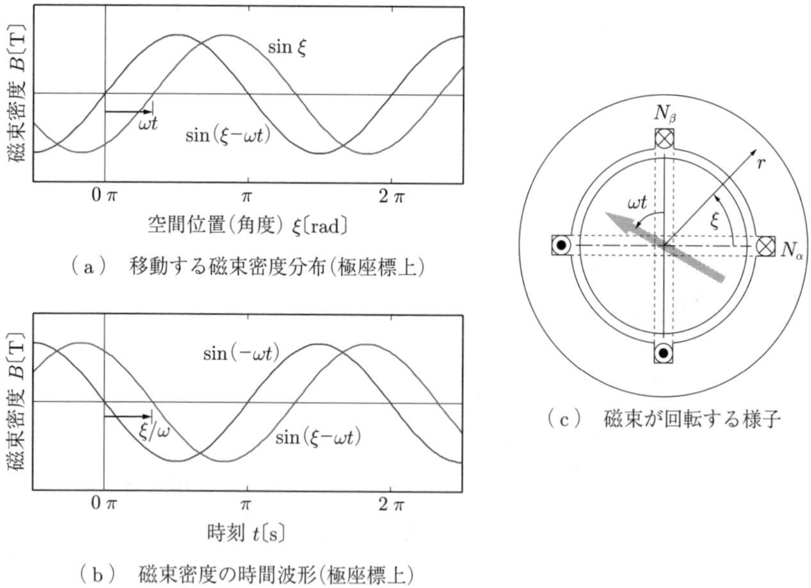

（a） 移動する磁束密度分布（極座標上）

（b） 磁束密度の時間波形（極座標上）

（c） 磁束が回転する様子

図 5.8　回転磁界

例題 5.1　周波数が 60 Hz，6 極の回転機の同期速度および同期角速度を求めよ。

【解答】　極数が 6 なので，極対数は 3 となり，同期速度は $60/3 = 20$ Hz となる。同期角速度は $2\pi \times 60/3 = 40\pi$〔rad/s〕となる。 ◇

5.1.3　三相巻線に交流を流したときの磁束密度分布

つぎに，**図 5.9** のように固定子に巻線が 3 組あるモデルを考えよう。巻数 N_a の巻線に対して巻数 N_b の巻線は $2\pi/3$ だけ進んだ空間位置に，巻数 N_c の巻線は $4\pi/3$ だけ進んだ空間位置に配置されている。

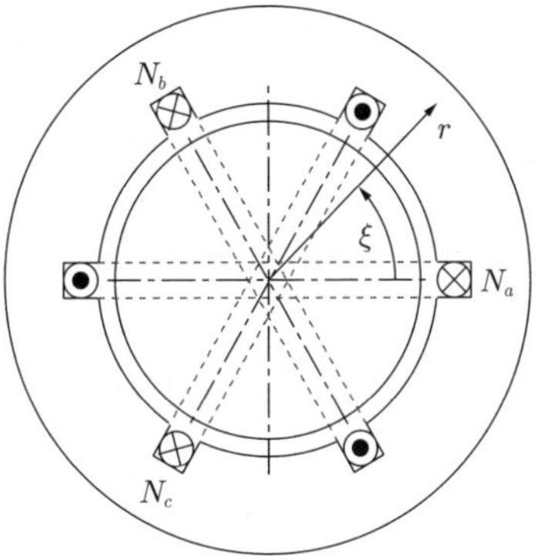

図 5.9　固定子に巻線が 3 組あるモデル

巻数 N_a の巻線に流れる電流を $i_a(t)$，巻数 N_b の巻線に流れる電流を $i_b(t)$，巻数 N_c の巻線に流れる電流を $i_c(t)$ とすると，巻数 N_a，N_b，N_c の巻線が作る磁束密度分布は式 (5.5) より，それぞれ

$$B_a(\xi, t) = \frac{N_a}{S\mathcal{R}_m} i_a(t)\ \sin\xi \tag{5.14}$$

$$B_b(\xi, t) = \frac{N_b}{S\mathcal{R}_m} i_b(t)\ \sin\left(\xi - \frac{2\pi}{3}\right) \tag{5.15}$$

$$B_c(\xi, t) = \frac{N_c}{S\mathcal{R}_m} i_c(t)\ \sin\left(\xi - \frac{4\pi}{3}\right) \tag{5.16}$$

で与えられる。全巻線が作る磁束密度分布 $B(\xi,t)$ は，これらの重ね合わせとなるので，次式で表される。

$$
\begin{aligned}
B(\xi,t) =\ & B_a(\xi,t) + B_b(\xi,t) + B_c(\xi,t) \\
=\ & \frac{N_a}{S\mathcal{R}_m} i_a(t)\ \sin\xi + \frac{N_b}{S\mathcal{R}_m} i_b(t)\ \sin\left(\xi - \frac{2\pi}{3}\right) \\
& + \frac{N_c}{S\mathcal{R}_m} i_c(t)\ \sin\left(\xi - \frac{4\pi}{3}\right)
\end{aligned}
\tag{5.17}
$$

ここで，すべての巻線の巻数が等しいとして，これを $N \equiv N_a = N_b = N_c$ と定義し，それぞれの巻線に流れる電流を

$$
i_a(t) = I\cos\omega t \tag{5.18}
$$

$$
i_b(t) = I\cos\left(\omega t - \frac{2\pi}{3}\right) \tag{5.19}
$$

$$
i_c(t) = I\cos\left(\omega t - \frac{4\pi}{3}\right) \tag{5.20}
$$

として与える。このように位相が $2\pi/3$ ずつずれた3組の電流を**三相交流** (three-phase alternating current) という。このとき，式 (5.17) の磁束密度分布はつぎのように書き換えられる。

$$
\begin{aligned}
B(\xi,t) =\ & \frac{NI}{S\mathcal{R}_m}\left(\cos\omega t\ \sin\xi + \cos\left(\omega t - \frac{2\pi}{3}\right)\ \sin\left(\xi - \frac{2\pi}{3}\right)\right. \\
& \left. + \cos\left(\omega t - \frac{4\pi}{3}\right)\ \sin\left(\xi - \frac{4\pi}{3}\right)\right) \\
=\ & \frac{3}{2}\frac{NI}{S\mathcal{R}_m}\sin(\xi - \omega t)
\end{aligned}
\tag{5.21}
$$

二相交流の場合と同様に，三相交流でも角速度 ω で正方向（反時計回り）に移動（回転）する磁束密度分布，すなわち，回転磁界を生成できることがわかる（図 **5.10**）。

5.1.4　二相交流と三相交流の相互変換

本項では，二相交流と三相交流が相互に等価変換できることを示す。そのために，まず，電流をベクトルで考える。図 **5.11**（a）は二相交流により回転磁界を作ることのできる固定子のモデルである。巻数 N_α の巻線に i_α の電流を流

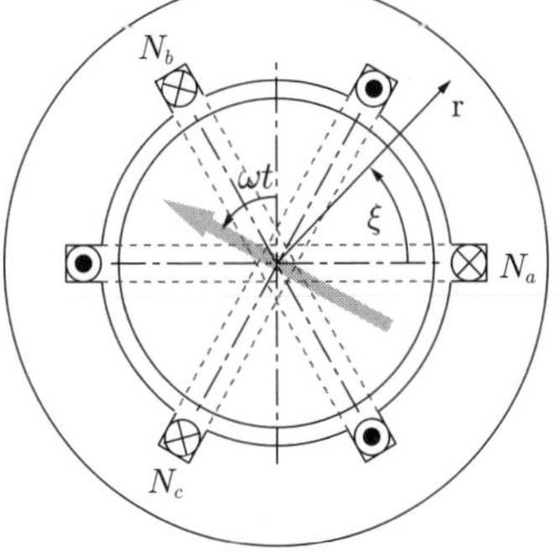

図 5.10　三相交流の回転磁界

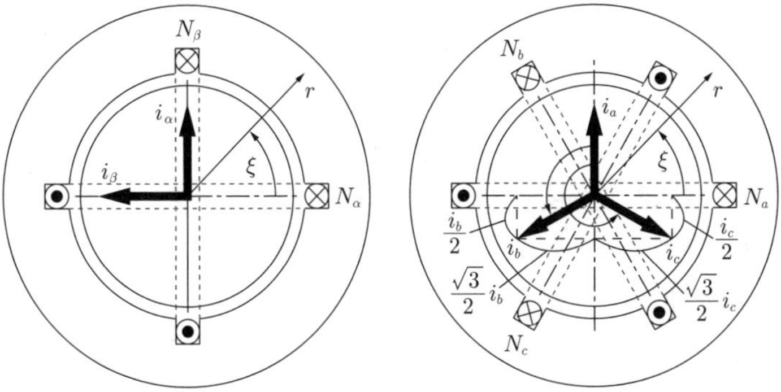

（a）　二相交流の電流ベクトル　　　　（b）　三相交流の電流ベクトル

図 5.11　二相交流と三相交流の相互変換

すと図の $\xi = \pi/2$ の向きに磁束を作ることができるので，この向きのベクトルの大きさを i_α と表すことにする。また，巻数 N_β の巻線に i_β の電流を流すと磁束は図の $\phi = \pi$ の向きになるので，この向きのベクトルの大きさを i_β と表す。ベクトルの長さは電流の大きさを表す。一方，図（b）は三相交流により回転磁界を作ることのできる固定子のモデルである。図（a）のモデルと同様にそれぞれの巻線が作る磁束の向きに電流のベクトルを考える。それぞれの電流のベクトルの向きに注意して，その大きさの関係から，三相交流は等価な二相交流につぎのように変換できる†。

† 図 5.11（b）の i_a を基準にした位置，すなわち，$\xi = \pi/2$ の位置からの角度を用いて各成分を計算している。

$$
\begin{aligned}
i_\alpha &= K_\alpha \left(i_a \cos 0 + i_b \cos \frac{2\pi}{3} + i_c \cos \frac{4\pi}{3} \right) \\
&= K_\alpha \left(i_a - \frac{1}{2} i_b - \frac{1}{2} i_c \right) \qquad (5.22)
\end{aligned}
$$

$$
\begin{aligned}
i_\beta &= K_\beta \left(i_a \sin 0 + i_b \sin \frac{2\pi}{3} + i_c \sin \frac{4\pi}{3} \right) \\
&= K_\beta \left(\frac{\sqrt{3}}{2} i_b - \frac{\sqrt{3}}{2} i_c \right) \qquad (5.23)
\end{aligned}
$$

ここで，K_α，K_β はスケールを調整するための係数であり，その決め方はつぎの項目〔1〕，〔2〕で説明する。

さらに三相交流において，零相電流 i_γ を以下で定義する。

$$
i_\gamma = K_\gamma (i_a + i_b + i_c) \qquad (5.24)
$$

ただし，K_γ はスケール調整のための係数である。$i_\gamma = 0$ を満たすとき，三相交流は三相平衡であるという。

〔1〕 **絶 対 変 換**　$K_\alpha = K_\beta = \sqrt{2/3}$，$K_\gamma = 1/\sqrt{3}$ とするとき，式 (5.22)～(5.24) は次式のように表すことができる。これを**絶対変換**（absolute transformation）という。

$$
\boldsymbol{i}_{\alpha\beta\gamma} = \boldsymbol{C} \boldsymbol{i}_{abc} \qquad (5.25)
$$

ただし

$$
\boldsymbol{i}_{\alpha\beta\gamma} = \begin{bmatrix} i_\alpha \\ i_\beta \\ i_\gamma \end{bmatrix},\ \boldsymbol{C} = \sqrt{\frac{2}{3}} \begin{bmatrix} 1 & -1/2 & -1/2 \\ 0 & \sqrt{3}/2 & -\sqrt{3}/2 \\ 1/\sqrt{2} & 1/\sqrt{2} & 1/\sqrt{2} \end{bmatrix},\ \boldsymbol{i}_{abc} = \begin{bmatrix} i_a \\ i_b \\ i_c \end{bmatrix} \qquad (5.26)
$$

変換行列 $\boldsymbol{C}$ の転置行列を $\boldsymbol{C}^{\mathrm{T}}$ とすると，この変換では $\boldsymbol{C}^{-1} = \boldsymbol{C}^{\mathrm{T}}$ が成り立つことは容易に確かめられる。ところで，二相交流の電圧ベクトルと三相交流の電圧ベクトルも同じ変換行列を用いて関連付けできる。すなわち

$$
\boldsymbol{v}_{\alpha\beta\gamma} = \boldsymbol{C} \boldsymbol{v}_{abc} \qquad (5.27)
$$

$$\boldsymbol{v}_{\alpha\beta\gamma} = \begin{bmatrix} v_\alpha \\ v_\beta \\ v_\gamma \end{bmatrix},\ \boldsymbol{v}_{abc} = \begin{bmatrix} v_a \\ v_b \\ v_c \end{bmatrix} \tag{5.28}$$

ここで，二相交流における電力を計算すると

$$\begin{aligned} P &= i_\alpha v_\alpha + i_\beta v_\beta + i_\gamma v_\gamma = \boldsymbol{i}_{\alpha\beta\gamma} \cdot \boldsymbol{v}_{\alpha\beta\gamma} = \boldsymbol{i}_{\alpha\beta\gamma}^{\mathrm{T}} \boldsymbol{v}_{\alpha\beta\gamma} \\ &= (\boldsymbol{C}\boldsymbol{i}_{abc})^{\mathrm{T}} \boldsymbol{C}\boldsymbol{v}_{abc} = \boldsymbol{i}_{abc}^{\mathrm{T}} \boldsymbol{C}^{\mathrm{T}} \boldsymbol{C}\boldsymbol{v}_{abc} \\ &= \boldsymbol{i}_{abc}^{\mathrm{T}} \boldsymbol{C}^{-1} \boldsymbol{C}\boldsymbol{v}_{abc} = \boldsymbol{i}_{abc}^{\mathrm{T}} \boldsymbol{v}_{abc} = i_a v_a + i_b v_b + i_c v_c \end{aligned} \tag{5.29}$$

となり，三相交流における電力と一致していることがわかる。絶対変換では，式 (5.22)〜(5.24) の係数 K_α，K_β，K_γ は $\boldsymbol{C}^{-1} = \boldsymbol{C}^{\mathrm{T}}$ が成立するように決定されており，電力不変の変換となっている。

〔**2**〕 **相対変換**　$K_\alpha = K_\beta = 2/3$，$K_\gamma = \sqrt{2}/3$ のとき，式 (5.22)〜(5.24) は次式のように表すことができる。これを**相対変換**（relative transformation）という。

$$\begin{bmatrix} i_\alpha \\ i_\beta \\ i_\gamma \end{bmatrix} = \frac{2}{3} \begin{bmatrix} 1 & -1/2 & -1/2 \\ 0 & \sqrt{3}/2 & -\sqrt{3}/2 \\ 1/\sqrt{2} & 1/\sqrt{2} & 1/\sqrt{2} \end{bmatrix} \begin{bmatrix} i_a \\ i_b \\ i_c \end{bmatrix} \tag{5.30}$$

二相交流の電圧ベクトルと三相交流の電圧ベクトルも同じ変換行列を用いて関連付けられる。いま，三相電流が式 (5.18)〜(5.20) で与えられたとして，これを式 (5.30) に代入すると

$$i_\alpha = I \cos \omega t \tag{5.31}$$

$$i_\beta = I \cos\left(\omega t - \frac{\pi}{2}\right) \tag{5.32}$$

$$i_\gamma = 0 \tag{5.33}$$

と表される。すなわち，相対変換では電流や電圧の振幅値が不変となる変換となっていることがわかる。

5.1.5 多極回転機，極対数，機械角と電気角

図 5.8 (c)の二相巻線および図 5.10 の三相巻線では，それぞれ，空間的に配置された巻線と，そこに流れる電流によりギャップ磁束密度分布が決まり，回転磁界が生成されていた。

ここで，巻線の空間的な位置（角度）関係を $1/p$ 倍に圧縮して，$2\pi/p$ 以降は，同じ巻線配置パターンを p 回繰り返して巻線を配置することを考える。例えば，$p = 2$ の場合の二相交流巻線は，**図 5.12** (a)のように配置される。こ

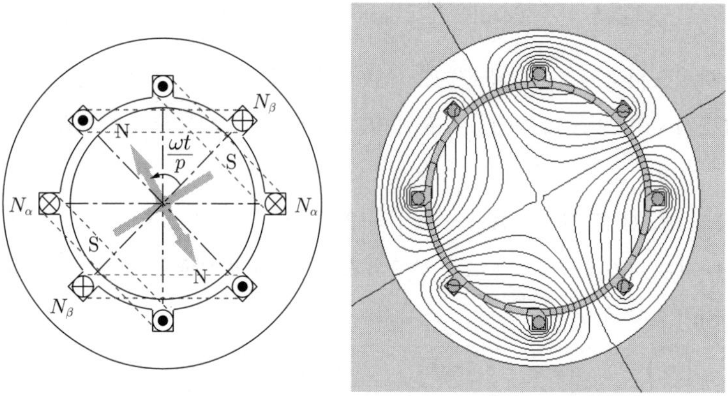

(a) 2 極対の二相交流による回転磁界　　(b) (a)の磁束線

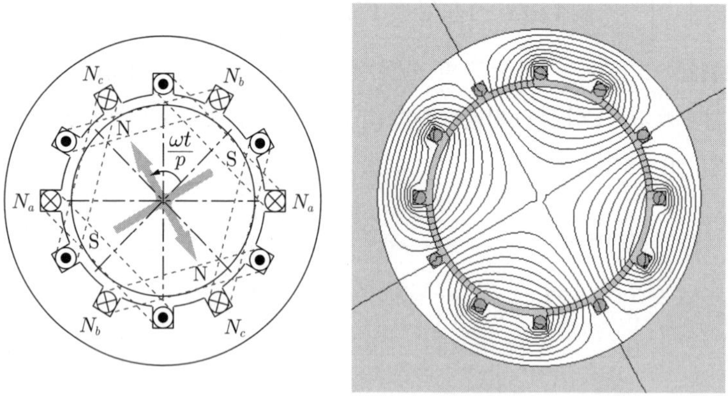

(c) 2 極対の三相交流による回転磁界　　(d) (c)の磁束線

図 **5.12** 二相，三相交流による回転磁界

のような回転機のことを**多極回転機**（multipolar machine）という。また，p を**極対数**という。

$p=1$ に相当する図 5.8 (c)の回転機では，主要な磁界を表すベクトルは図 5.8 (c)のように 1 本のベクトルで表されており，ベクトルの矢印の始点が磁極の S 極，終点が N 極を表していた。すなわち，この回転機では磁極数（極数）は 2 となっている。極対数は，対となっている磁極のペアが何組あるかを表すため，この回転機の極対数は 1 となる。

一方，図 5.12 (a)の回転機では，磁界の中心を表すベクトルが複数本描かれている。ベクトルの矢印の始点が磁極の S 極，終点が N 極であるので，S 極が二つ，N 極が二つ存在している。すなわち，極数は 4，極対数 p は 2 となる。図 5.12 (a)の回転機の磁束線は図 5.12 (b)のようになる。図 5.8 (c)の $p=1$ の回転機と図 5.12 (a)の $p=2$ の回転機に同じ角速度 ω の二相交流を与えたとき，前者と比べて後者では，巻線の配置が空間的に半分に圧縮されているので，回転磁界の回転角速度も半分になることがわかる。これが，5.1.2 項において，多極回転機の場合の同期角速度が ω/p で表される理由である。一般に，電流の角周波数 ω と同期角速度 ω_{sy} の関係は

$$\omega_{sy}=\frac{\omega}{p} \tag{5.34}$$

で表される。ω_{sy} を**機械的同期角速度**（mechanical synchronous angular velocity）または単に同期角速度，ω を**電気的同期角速度**（electrical synchronous angular velocity）とよぶ。

$p=2$ の場合の三相交流巻線は，図 5.12 (c)のように配置される。その磁束線は図 5.12 (d)のようになる。この回転機も極数が 4，極対数 p が 2 となっている。

5.2　巻線のインダクタンス

5.2.1　集中巻の巻線のインダクタンス

つぎに，**図 5.13**（a）のような巻数 N_1 の固定子巻線（巻線 1 とする）と巻数 N_2 の回転子巻線（巻線 2 とする）からなる回転機の磁気回路を考える。この磁気回路において，固定子巻線の位置を図 5.13（b）～（d）のように移動させても磁気回路のトポロジーは同じである[†]。

巻線 1 に電流 i_1 を通電すると，空気ギャップ部や鉄心を貫く磁束 ϕ_1 が生じ

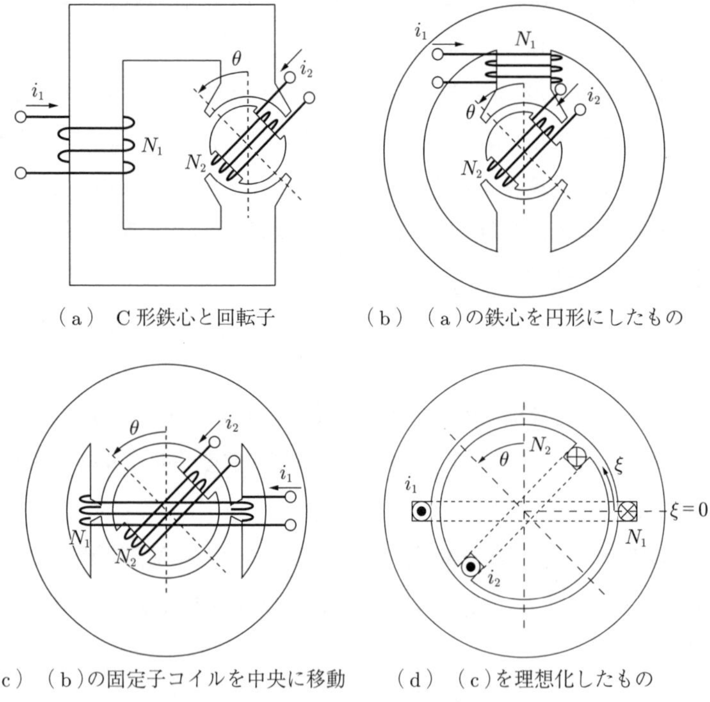

（a）　C 形鉄心と回転子　　（b）　（a）の鉄心を円形にしたもの

（c）　（b）の固定子コイルを中央に移動　　（d）　（c）を理想化したもの

図 5.13　回転子を有する磁気回路

† 回転子の回転角度 θ の原点と磁束密度の空間分布を表すための角度 ξ の原点が異なっていることに注意されたい。空間座標を表す角度の原点を回転角度 θ の原点に合わせるためには，$\xi' = \xi - \pi/2$ を新たな座標として定義すればよい。

る。この磁束は磁気回路より

$$\phi_1 = \frac{N_1 i_1}{\mathcal{R}_m} \tag{5.35}$$

と表される。同時にわずかではあるが，回転子鉄心に届かずに巻線 1 の近傍で閉じてしまう磁束が存在する。そのような漏れ磁路を通る漏れ磁束 $\phi_{\ell 1}$ は

$$\phi_{\ell 1} = \frac{N_1 i_1}{\mathcal{R}_{\ell 1}} \tag{5.36}$$

と表される。ただし，$\mathcal{R}_m$ は鉄心と空気ギャップ部の磁気抵抗の合計，$\mathcal{R}_{\ell 1}$ は巻線 1 から見た漏れ磁路の磁気抵抗である。磁束の様子を**図 5.14**（a）に示す。電流 i_1 による磁束 ϕ_1 と $\phi_{\ell 1}$ が自分自身である巻線 1 に鎖交する量（すなわち鎖交磁束）Φ_{11} は

$$\Phi_{11} = N_1(\phi_1 + \phi_{\ell 1}) = \left(\frac{N_1^2}{\mathcal{R}_m} + \frac{N_1^2}{\mathcal{R}_{\ell 1}} \right) i_1 \tag{5.37}$$

と表される。

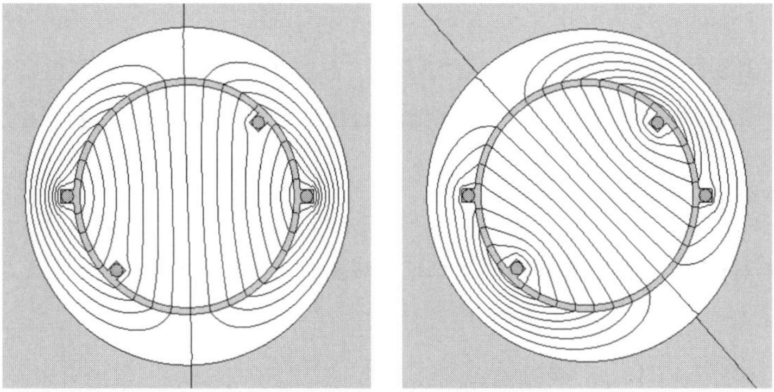

（a）　巻線 1 に通電したときの磁束線　（b）　巻線 2 に通電したときの磁束線

図 5.14　単相回転機の磁束線

つぎに，電流 i_1 による磁束が巻線 2 に鎖交する量 Φ_{21} を求める。それには，回転子の回転角度を θ としたとき，**図 5.15** の $\theta < \xi < \theta + \pi$ のギャップ領域において r の正方向に向かう磁束の総量を考えればよい。図 5.15 では $\theta < \xi < \pi$ のギャップ領域では正の磁束となっており，その量は面積比を考慮

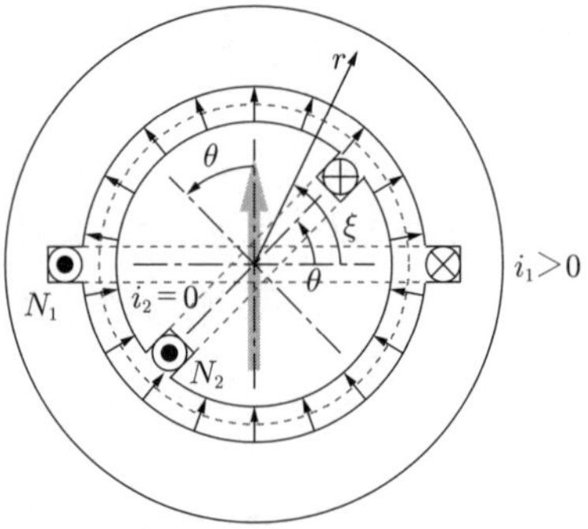

図 5.15　ギャップ部詳細図

すると $((\pi-\theta)/\pi)\phi_1$ である。$\pi<\xi<\theta+\pi$ のギャップ領域では負の磁束となっており，その量は $(\theta/\pi)\phi_1$ である。なお，電流 i_1 による磁束のうち漏れ磁束 $\phi_{\ell 1}$ は巻線 2 に鎖交しないことに注意されたい。以上より，鎖交磁束 Φ_{21} は

$$\Phi_{21}=N_2\left(\frac{\pi-\theta}{\pi}\phi_1-\frac{\theta}{\pi}\phi_1\right)=N_2\frac{\pi-2\theta}{\pi}\phi_1=\frac{N_1N_2}{R_m}\frac{\pi-2\theta}{\pi}i_1 \tag{5.38}$$

と表される。ただし，$0\leqq\theta\leqq\pi$ である。$\pi\leqq\theta\leqq 2\pi$ の場合も同様にして求めることができる。最終的に，鎖交磁束は以下のように表すことができる。

$$\Phi_{21}=\frac{N_1N_2}{\mathcal{R}_m}\ \mathrm{tri}(\theta)\ i_1 \tag{5.39}$$

ここで $\mathrm{tri}(\theta)$ は図 **5.16**（a）に示す三角波関数となり，k を整数として次式で表される。

$$\mathrm{tri}(\theta)=\begin{cases}1+\dfrac{2}{\pi}(\theta-2k) & \text{if } (2k-1)\pi\leqq\theta\leqq 2k\pi\\[2mm] 1-\dfrac{2}{\pi}(\theta-2k) & \text{if } 2k\leqq\theta\leqq(2k+1)\pi\end{cases} \tag{5.40}$$

図 5.13（d）より $\theta=0$ のとき $\mathrm{tri}(\theta)=1$ となり，巻線 1 による磁束のうち ϕ_1 のすべてが巻線 2 に鎖交する。θ を大きくしていくと，鎖交量が減少していき，$\theta=\pi/2$ のとき $\mathrm{tri}(\theta)=0$ となり，巻線 1 による磁束 ϕ_1 は巻線 2 にまったく鎖交しなくなる。さらに θ を大きくしていき $\theta=\pi$ になると $\mathrm{tri}(\theta)=-1$

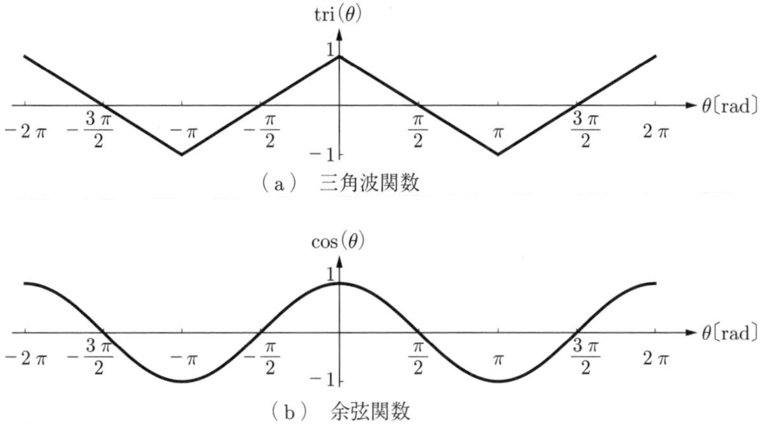

（a）　三角波関数

（b）　余弦関数

図 5.16　結合係数の回転子回転角度依存性

となり，巻線 1 による磁束 ϕ_1 すべてが巻線 2 に逆向きに鎖交する。なお次節で述べる分布巻では，鎖交磁束は図 5.16（b）のように余弦関数 $\cos\theta$ に比例する。

つぎに，固定子巻線の電流 i_1 をゼロとし，回転子巻線の電流 i_2 を通電したときの，巻線 1，巻線 2 の鎖交磁束を求めてみよう。図 5.13（d）の巻線 2 から見たギャップ部の磁気抵抗は，巻線 1 から見たギャップ部の磁気抵抗と同じ値となる。よって，磁気回路より，巻線 2 に電流 i_2 を通電したときにギャップ部に生じる磁束 ϕ_2 は

$$\phi_2 = \frac{N_2 i_2}{\mathcal{R}_m} \tag{5.41}$$

となる。同時に巻線 2 の漏れ磁路に漏れ磁束 $\phi_{\ell 2}$ が生じる。

$$\phi_{\ell 2} = \frac{N_2 i_2}{\mathcal{R}_{\ell 2}} \tag{5.42}$$

ただし，$R_{\ell 2}$ は巻線 2 から見た漏れ磁路の磁気抵抗である。磁束の様子を図 5.14（b）に示す。この電流 i_2 による磁束 ϕ_2 と $\phi_{\ell 2}$ が巻線 2 に鎖交する量 Φ_{22} は

$$\Phi_{22} = N_2(\phi_2 + \phi_{\ell 2}) = \left(\frac{N_2^2}{\mathcal{R}_m} + \frac{N_2^2}{\mathcal{R}_{\ell 2}}\right) i_2 \tag{5.43}$$

と求められる。また，この電流 i_2 による磁束のうち ϕ_2 が巻線 1 に鎖交する量 Φ_{12} は

$$\Phi_{12} = N_1 \ \mathrm{tri}(\theta) \ \phi_2 = \frac{N_1 N_2}{\mathcal{R}_m} \ \mathrm{tri}(\theta) \ i_2 \tag{5.44}$$

と表される。tri(θ) は巻線 1 に通電したときと同じ三角波関数で，式 (5.40) である。

以上から，巻線 1 に電流 i_1，巻線 2 に電流 i_2 を同時に通電したときの巻線 1 の鎖交磁束 Φ_1，および，巻線 2 の鎖交磁束 Φ_2 は次式で表される。

$$\Phi_1 = \Phi_{11} + \Phi_{12} = \left(\frac{N_1^2}{\mathcal{R}_m} + \frac{N_1^2}{\mathcal{R}_{\ell 1}} \right) i_1 + \frac{N_1 N_2}{\mathcal{R}_m} \ \mathrm{tri}(\theta) \ i_2 \tag{5.45}$$

$$\Phi_2 = \Phi_{21} + \Phi_{22} = \frac{N_1 N_2}{\mathcal{R}_m} \ \mathrm{tri}(\theta) \ i_1 + \left(\frac{N_2^2}{\mathcal{R}_m} + \frac{N_2^2}{\mathcal{R}_{\ell 2}} \right) i_2 \tag{5.46}$$

ベクトルと行列で表すと，電流と磁束の関係は

$$\begin{aligned} \begin{bmatrix} \Phi_1 \\ \Phi_2 \end{bmatrix} &= \begin{bmatrix} L_1 + \ell_1 & \sqrt{L_1 L_2} \mathrm{tri}(\theta) \\ \sqrt{L_1 L_2} \mathrm{tri}(\theta) & L_2 + \ell_2 \end{bmatrix} \begin{bmatrix} i_1 \\ i_2 \end{bmatrix} \\ &= \begin{bmatrix} L_{11} & M_0 \mathrm{tri}(\theta) \\ M_0 \mathrm{tri}(\theta) & L_{22} \end{bmatrix} \begin{bmatrix} i_1 \\ i_2 \end{bmatrix} \end{aligned} \tag{5.47}$$

と表される。ただし，$L_1 = N_1^2/\mathcal{R}_m$，$L_2 = N_2^2/\mathcal{R}_m$，$\ell_1 = N_1^2/\mathcal{R}_{\ell 1}$，$\ell_2 = N_2^2/\mathcal{R}_{\ell 2}$，$L_{11} = L_1 + \ell_1$，$L_{22} = L_2 + \ell_2$，$M_0 = \sqrt{L_1 L_2}$ とおいた。係数行列の対角成分 L_{11}，L_{22} は巻線 1 および巻線 2 の自己インダクタンスを表し，非対角成分 $M_0\mathrm{tri}(\theta)$ は巻線 1 と巻線 2 の間の相互インダクタンスを表す。一般に，上式をまとめて以下のように記述することができる。係数行列 $\boldsymbol{L}(\theta)$ はインダクタンス行列とよばれる。

$$\boldsymbol{\Phi}(\boldsymbol{i}, \theta) = \boldsymbol{L}(\theta) \boldsymbol{i} \tag{5.48}$$

5.2.2　分布巻の巻線のインダクタンス

集中巻の場合，相互インダクタンスが三角波関数で表されていた。分布巻の

巻線の場合，5.1.1 項で見たようにギャップ磁束密度が正弦波状となるため，相互インダクタンスは滑らかな余弦関数となる。以下で，このことを詳しく見てみよう。

図 5.17（a）は固定子巻線を分布巻にしたもの，図 5.17（b）は固定子巻線・回転子巻線の両者を分布巻にしたものである。

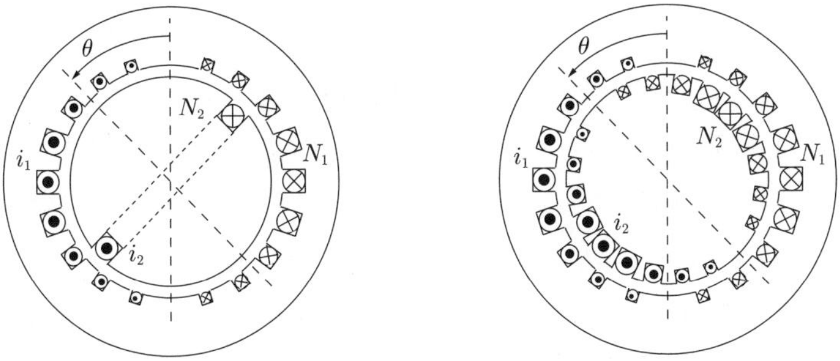

（a）　固定子巻線が分布巻，回転子巻線が集中巻

（b）　固定子巻線，回転子巻線とも分布巻

図 5.17　分布巻の巻線

詳細は付録 (A.2) に示すが，図 5.17（a）（b）の固定子巻線の自己インダクタンスは $N_1^2/2\mathcal{R}_m$ となる。集中巻の場合と比較して半分の大きさになる。図 5.17（b）の回転子巻線の自己インダクタンスも同様に $N_2^2/2\mathcal{R}_m$ となる。図 5.17（a）の固定子巻線と回転子巻線の相互インダクタンスは $(2N_1N_2/\pi\mathcal{R}_m)\cos\theta$ となる。一方，図 5.17（b）の固定子巻線と回転子巻線の相互インダクタンスは，$(N_1N_2/2\mathcal{R}_m)\cos\theta$ となる。

これらをまとめると，図 5.17（a）の場合の電流と鎖交磁束の関係は以下のように表される。

$$
\begin{bmatrix} \Phi_1 \\ \Phi_2 \end{bmatrix} = \begin{bmatrix} \dfrac{N_1^2}{2\mathcal{R}_m} & \dfrac{2N_1N_2}{\pi\mathcal{R}_m}\cos(\theta) \\ \dfrac{2N_1N_2}{\pi\mathcal{R}_m}\cos(\theta) & \dfrac{N_2^2}{\mathcal{R}_m} \end{bmatrix} \begin{bmatrix} i_1 \\ i_2 \end{bmatrix} \tag{5.49}
$$

一方，図 5.17（b）の場合の電流と鎖交磁束の関係は

$$\begin{bmatrix} \Phi_1 \\ \Phi_2 \end{bmatrix} = \begin{bmatrix} \dfrac{N_1^2}{2\mathcal{R}_m} & \dfrac{N_1 N_2}{2\mathcal{R}_m}\cos(\theta) \\ \dfrac{N_1 N_2}{2\mathcal{R}_m}\cos(\theta) & \dfrac{N_2^2}{2\mathcal{R}_m} \end{bmatrix} \begin{bmatrix} i_1 \\ i_2 \end{bmatrix} \tag{5.50}$$

となる。

いずれの場合も，電流と磁束の関係は次式のように表現することができる。

$$\begin{bmatrix} \Phi_1 \\ \Phi_2 \end{bmatrix} = \begin{bmatrix} L_1 & M_0\cos(\theta) \\ M_0\cos(\theta) & L_2 \end{bmatrix} \begin{bmatrix} i_1 \\ i_2 \end{bmatrix} \tag{5.51}$$

ただし，図 5.17（a）においては，$L_1 = N_1^2/2\mathcal{R}_m$，$L_2 = N_2^2/\mathcal{R}_m$，$M_0 = 2\sqrt{2L_1L_2}/\pi$，図 5.17（b）においては，$L_1 = N_1^2/2\mathcal{R}_m$，$L_2 = N_2^2/2\mathcal{R}_m$，$M_0 = \sqrt{L_1L_2}$ であり，M_0 は相互インダクタンスの最大値を意味する。

図 5.17（a）の場合の分布巻の一例として，合計の巻数が N_1 の巻線 1 を 3 か所に分散配置した例を**図 5.18** に示す。巻線 1 の巻線 2 に対する結合係数は，それぞれ 45 度ずつずれた三角波関数の和として表され，余弦関数に近い波形となることがわかる。

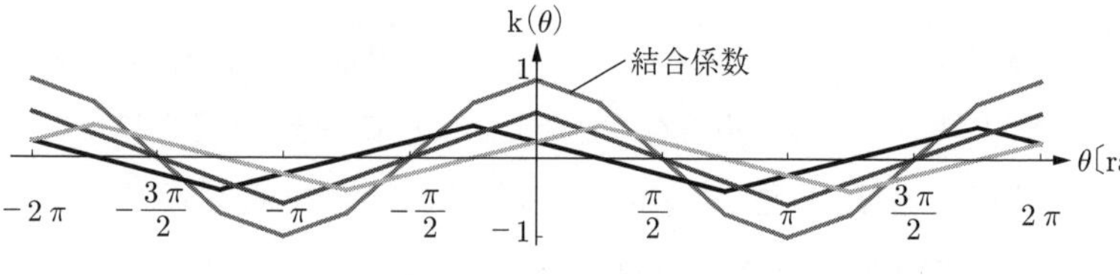

図 5.18　分布巻の結合係数

5.3　電圧方程式とトルク方程式

電流と鎖交磁束の関係から，回転機の電圧方程式とトルク方程式を導いてみよう。固定子巻線と回転子巻線からなる回転機における巻線鎖交磁束と巻線電流の関係式，式 (5.47) および式 (5.51) をまとめて以下のように表す。

$$\begin{bmatrix} \Phi_1 \\ \Phi_2 \end{bmatrix} = \begin{bmatrix} L_1 & M_0 k(\theta) \\ M_0 k(\theta) & L_2 \end{bmatrix} \begin{bmatrix} i_1 \\ i_2 \end{bmatrix} \tag{5.52}$$

集中巻の場合，$k(\theta) = \mathrm{tri}(\theta)$ であり，分布巻の場合，$k(\theta) = \cos(\theta)$ である。式 (5.52) より，この回転機の巻線 1 に生じる誘導起電力 e_1，および，巻線 2 に生じる誘導起電力 e_2 は以下のようになる。

$$\begin{aligned}
\begin{bmatrix} e_1 \\ e_2 \end{bmatrix} &= -\frac{d}{dt}\begin{bmatrix} \Phi_1 \\ \Phi_2 \end{bmatrix} = -\frac{d}{dt}\left(\begin{bmatrix} L_1 & M_0 k(\theta) \\ M_0 k(\theta) & L_2 \end{bmatrix}\begin{bmatrix} i_1 \\ i_2 \end{bmatrix}\right) \\
&= -\begin{bmatrix} L_1 & M_0 k(\theta) \\ M_0 k(\theta) & L_2 \end{bmatrix}\begin{bmatrix} \dfrac{di_1}{dt} \\ \dfrac{di_2}{dt} \end{bmatrix} - \begin{bmatrix} 0 & M_0 \dfrac{\partial k(\theta)}{\partial \theta} \\ M_0 \dfrac{\partial k(\theta)}{\partial \theta} & 0 \end{bmatrix}\begin{bmatrix} i_1 \\ i_2 \end{bmatrix}\frac{d\theta}{dt}
\end{aligned} \tag{5.53}$$

ベクトル表記では

$$\boldsymbol{e} = -\boldsymbol{L}(\theta)\frac{d\boldsymbol{i}}{dt} - \frac{\partial \boldsymbol{L}(\theta)}{\partial \theta}\boldsymbol{i}\frac{d\theta}{dt} \tag{5.54}$$

と書ける。

巻線の抵抗を考慮すると，電圧方程式は以下のように表される。

$$\begin{aligned}
\begin{bmatrix} v_1 \\ v_2 \end{bmatrix} &= \begin{bmatrix} R_1 & 0 \\ 0 & R_2 \end{bmatrix}\begin{bmatrix} i_1 \\ i_2 \end{bmatrix} - \begin{bmatrix} e_1 \\ e_2 \end{bmatrix} \\
&= \begin{bmatrix} R_1 & 0 \\ 0 & R_2 \end{bmatrix}\begin{bmatrix} i_1 \\ i_2 \end{bmatrix} + \begin{bmatrix} L_1 & M_0 k(\theta) \\ M_0 k(\theta) & L_2 \end{bmatrix}\begin{bmatrix} \dfrac{di_1}{dt} \\ \dfrac{di_2}{dt} \end{bmatrix} \\
&\quad + \begin{bmatrix} 0 & M_0 \dfrac{\partial k(\theta)}{\partial \theta} \\ M_0 \dfrac{\partial k(\theta)}{\partial \theta} & 0 \end{bmatrix}\begin{bmatrix} i_1 \\ i_2 \end{bmatrix}\frac{d\theta}{dt}
\end{aligned} \tag{5.55}$$

ただし，v_1，v_2 は巻線 1，および，巻線 2 の端子電圧，R_1，R_2 は巻線 1，および，巻線 2 の抵抗である。誘導起電力 e_1，e_1 は，電流が流れ込む向きを正としているため，負符号がついていることに注意されたい。上式をベクトル表記で表すと

$$\boldsymbol{v} = \boldsymbol{R}\boldsymbol{i} + \boldsymbol{L}(\theta)\frac{d\boldsymbol{i}}{dt} + \frac{\partial \boldsymbol{L}(\theta)}{\partial \theta}\boldsymbol{i}\frac{d\theta}{dt} \tag{5.56}$$

と書ける。右辺第 1 項は巻線抵抗による電圧降下分，第 2 項は電流の変化に起因する誘導起電力（変圧器起電力），第 3 項は速度起電力を表している。

また，この回転機のトルク τ は

$$\tau = \frac{\partial W'_m(\boldsymbol{i},\theta)}{\partial \theta} = \frac{1}{2}\boldsymbol{i}^T \frac{\partial \boldsymbol{L}(\theta)}{\partial \theta}\boldsymbol{i} = \frac{1}{2}\begin{bmatrix} i_1 & i_2 \end{bmatrix}\begin{bmatrix} 0 & M_0\dfrac{\partial k(\theta)}{\partial \theta} \\ M_0\dfrac{\partial k(\theta)}{\partial \theta} & 0 \end{bmatrix}\begin{bmatrix} i_1 \\ i_2 \end{bmatrix}$$

$$= i_1 i_2 M_0 \frac{\partial k(\theta)}{\partial \theta} \qquad (5.57)$$

と表される。トルクは各巻線の電流の積に比例することがわかる。

集中巻の場合, $k(\theta) = \mathrm{tri}(\theta)$, $\partial k/\partial \theta = -(2/\pi)\,\mathrm{sqr}(\theta)$ となる。ただし, $\mathrm{sqr}(\theta)$ は図 **5.19** に示す方形波関数である。分布巻の場合，$k(\theta) = \cos\theta$，$\partial k/\partial \theta = -\sin\theta$ となる。

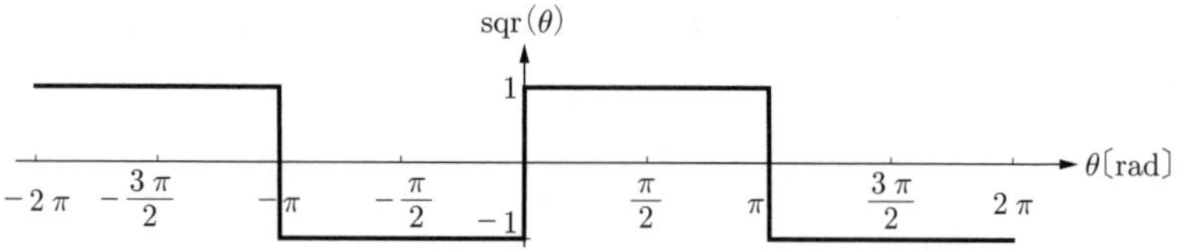

図 **5.19**　方 形 波

例題 5.2　図 5.13（d）の回転子を有する磁気回路において，二つの巻線の相互インダクタンスが $M_0 k(\theta) = M_0 \cos\theta$ で与えられ，また，電流を $i_1 = -\sin\theta$，$i_2 = 1$ とするとき，回転子に働くトルクを求めよ。

【解答】　式 (5.57) において $k(\theta) = \cos\theta$ の場合に相当するので，$\tau = M_0 \sin^2\theta$ となる。　◇

5.4　回転機の分類

以降の章では，本章で導出を行ったインダクタンス行列が式 (5.58) で与えられる図 **5.20** の回転機を基礎として，回転子構造の違いによる回転機の分類を

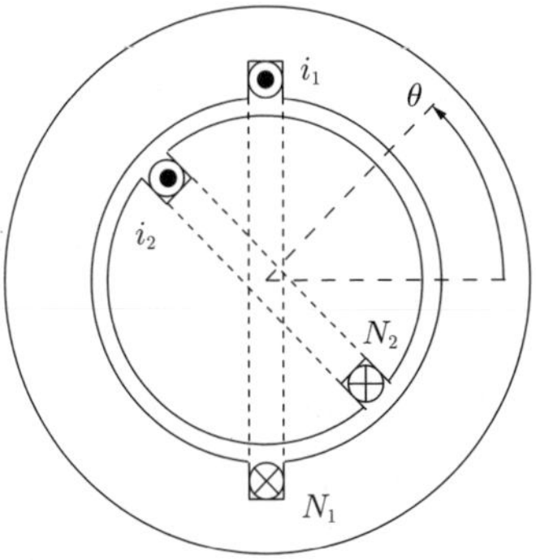

図 5.20 二巻線の回転機モデル

行い，さまざまなモータのモデルを導出する。特に断らない限り，磁束密度分布が余弦関数となる分布巻のモデルを用いて説明するが，図においては簡便のため図 5.20 のような集中巻の表記を用いる。

$$\boldsymbol{L}(\theta) = \begin{bmatrix} L_1 & M_0\cos(\theta) \\ M_0\cos(\theta) & L_2 \end{bmatrix} \tag{5.58}$$

電圧方程式とトルク方程式は，式 (5.55)，(5.57) より，以下で表される。

$$\boldsymbol{v} = \boldsymbol{R}\boldsymbol{i} + \frac{d\boldsymbol{\Phi}}{dt} = \boldsymbol{R}\boldsymbol{i} + \boldsymbol{L}(\theta)\frac{d\boldsymbol{i}}{dt} + \frac{\partial \boldsymbol{L}(\theta)}{\partial\theta}\boldsymbol{i}\frac{d\theta}{dt} \tag{5.59}$$

$$\begin{aligned} \begin{bmatrix} v_1 \\ v_2 \end{bmatrix} &= \begin{bmatrix} R_1 & 0 \\ 0 & R_2 \end{bmatrix}\begin{bmatrix} i_1 \\ i_2 \end{bmatrix} + \begin{bmatrix} L_1 & M_0\cos\theta \\ M_0\cos\theta & L_2 \end{bmatrix}\begin{bmatrix} \dfrac{di_1}{dt} \\ \dfrac{di_2}{dt} \end{bmatrix} \\ &\quad + \begin{bmatrix} 0 & -M_0\sin\theta \\ -M_0\sin\theta & 0 \end{bmatrix}\begin{bmatrix} i_1 \\ i_2 \end{bmatrix}\frac{d\theta}{dt} \end{aligned} \tag{5.60}$$

$$\tau = \frac{1}{2}\boldsymbol{i}^{\mathrm{T}}\frac{\partial \boldsymbol{L}(\theta)}{\partial\theta}\boldsymbol{i} \tag{5.61}$$

$$= -i_1 i_2 M_0 \sin\theta \tag{5.62}$$

式 (5.62) からわかるように，トルクの向きは固定子巻線の電流 i_1 の向き，回転子巻線の電流 i_2 の向き，および，回転角度 θ に依存して正負が交互に入れ替わる。一般に回転機では回転子を一定方向に回転させることが求められるため，回転角度に応じて $\sin\theta$ の符号が入れ替わってもトルクの符号が変わらないように電流を変化させる必要がある。その方式の違いにより，回転機を分類できる。

また，回転子は回転し続けるため，回転子巻線に電流を供給する配線に特別な工夫が必要となる。その方式の違いによっても回転機を分類できる。

固定子巻線の電流 i_1 を一定とし，ブラシと整流子とよばれる機構により回転子巻線の電流 i_2 の向きを回転子の回転に同期して切り替えることで，つねに一定方向のトルクを得る回転機を**直流機**（DC machine）という。

回転子巻線の電流 i_2 を一定とし，固定子巻線の電流 i_1 に交流を流すことでつねに一定方向のトルクを得る回転機を**同期機**（synchronous machine）という。回転子巻線には，スリップリングとよばれる機構により外部から電流を供給する。固定子巻線が作る回転磁界に同期して回転子が回転する。

固定子巻線の電流 i_1 に交流を流し，磁束密度の時間変化により，回転子巻線に誘導起電力を発生させ，その起電力により回転子巻線に交流を生じさせ，結果的に一定方向のトルクが得られる回転機のことを**誘導機**（induction machine）という。

なお，直流電動機と直流発電機をまとめて直流機，同期電動機と同期発電機をまとめて同期機，誘導電動機と誘導発電機をまとめて誘導機とよぶ。

まとめると**表 5.1** のように分類できる。

表 5.1　回転機の分類

回転機の種類	固定子巻線の電流 i_1	回転子巻線の電流 i_2	i_2 の供給方法
直流機	一定	回転角度に応じて 正負が変化	ブラシと整流子 を介して供給
同期機	交流	一定	スリップリングを 介して供給
誘導機	交流	交流	固定子巻線からの 誘導起電力により供給

章 末 問 題

【1】 電源周波数が 50 Hz，8 極の回転機の同期速度を求めよ。

【2】 （1） 2 極，4 スロットの二相の回転機の巻線は集中巻か，分布巻か答えよ。

（2） 4 極，24 スロットの三相の回転機の巻線は集中巻か，分布巻か答えよ。

【3】 図 5.7 のモデルにおいて，それぞれの巻線の巻数が等しく，巻線に流す電流を $i_\alpha = 1\mathrm{A}$，$i_\beta = 1\mathrm{A}$ としたときのギャップ磁束密度分布を図示せよ。

【4】 式 (5.26) の絶対変換の変換行列 $\boldsymbol{C}$ について，$\boldsymbol{C}^{-1} = \boldsymbol{C}^{\mathrm{T}}$ を示せ。

【5】 図 5.13（d）の回転子を有する磁気回路において，二つの巻線の相互インダクタンスが $M_0 k(\theta) = M_0 \mathrm{tri}(\theta)$ で与えられ，また，電流を $i_1 = 1$，$i_2 = -\mathrm{sqr}(\theta)$ とするとき，回転子に働くトルクを求めよ。

6 直　流　機

本章では，図 5.20 のモデルを基礎として**直流機**（DC machine）の方程式を導出する。導出した方程式から直流機の特性を明らかにする。

6.1 直流機の基本構造

直流機では，固定子巻線の電流を一定とし，**ブラシ**（brush）と**整流子**（commutator）により回転子巻線の電流の向きを回転子の回転に同期して切り替えることで，つねに一定方向のトルクを発生させる。

固定子巻線の電流の代わりに永久磁石を用いて一定の磁界を作ることもできる。すなわち永久磁石の等価磁化電流を i_1 とするものである。そのような回転機を**永久磁石直流機**（permanent magnet DC machine）という。

直流電動機（**直流モータ**，DC motor）は，直流電源を制御することでトルクや回転速度を容易に制御できるため，最も早く実用化された回転機である。ブラシや整流子の摩耗に対して定期的な保守が必要になるため，中・大容量の直流機はあまり利用されなくなってきているが，小容量のものは制御の簡便さから現在でも広く利用されている。例えば，自動車用の補機としてワイパーや電動シート，サイドミラー駆動用，携帯電話やスマートフォンのバイブレーション駆動用，シェーバーや電動歯ブラシなどに直流機が用いられている。**図 6.1** は直流電動機の例である。

図 6.2（a）のように固定子巻線に一定の電流を流し，回転子には図 6.2（b）のようにブラシと整流子を介して直流電源から電流を供給する構造を考える。

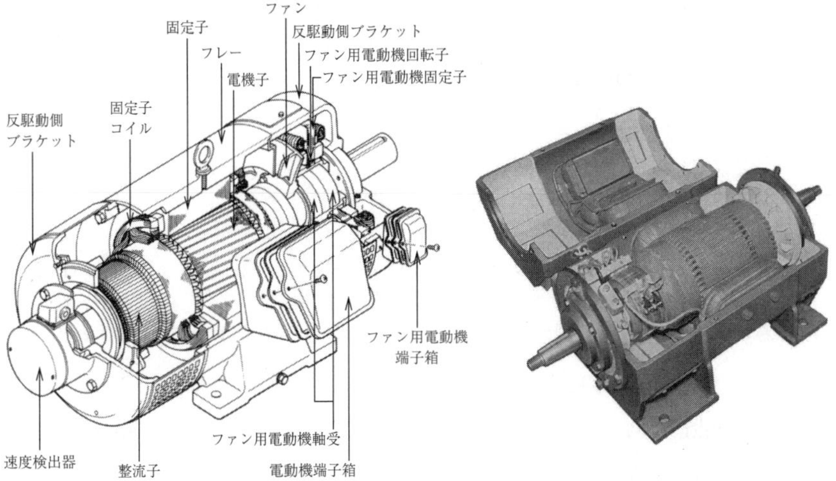

（a） 模式図　　　　（b） 内部の写真

図 6.1　直流電動機の構造〔提供：富士電機株式会社〕

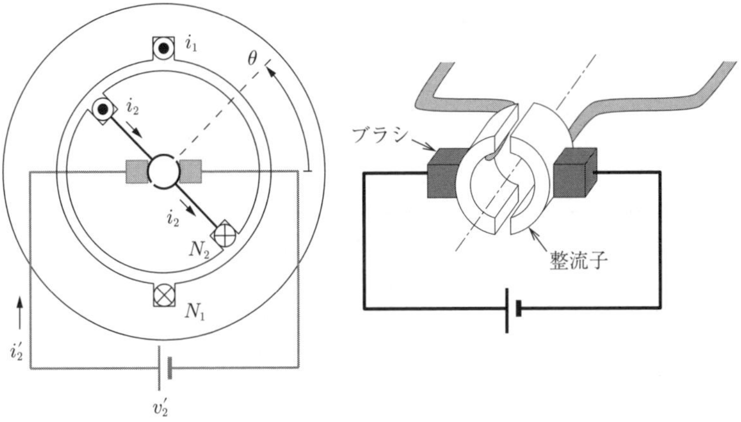

（a） 構　造　　　　（b） 整流子とブラシ

図 6.2　直 流 機

図 6.2（b）の整流子は，回転子の回転角度に応じて回転子巻線に加わる電圧の極性を反転させる作用がある。

ここで，固定子巻線の電流 i_1 を一定，回転子巻線の電流 i_2 を回転子の回転

角度 θ に合わせて方形波状に切り替える。すなわち

$$i_1 = I_1 = \mathrm{const.} \tag{6.1}$$

$$i_2 = -I_2 \,\mathrm{sqr}(\theta) \tag{6.2}$$

とするとき，回転子のトルクは式 (5.62) より

$$\tau = -i_1 i_2 M_0 \sin\theta = I_1 I_2 M_0 |\sin\theta| \tag{6.3}$$

となる。これを図示すると，**図 6.3** のようになる。整流子の作用によりトルクの符号を一定にできていることがわかる。固定子巻線が作る一定の磁界のことを**界磁**（field）という。固定子巻線のことを**界磁巻線**（field windings），固定子巻線の電流 i_1 のことを**界磁電流**（field current）といい，回転子巻線のことを**電機子巻線**（armature windings），回転子巻線の電流のことを**電機子電流**（armature current）という。巻線の代わりに永久磁石を用いた磁界のことを**永久磁石界磁**（permanent magnet field）という。

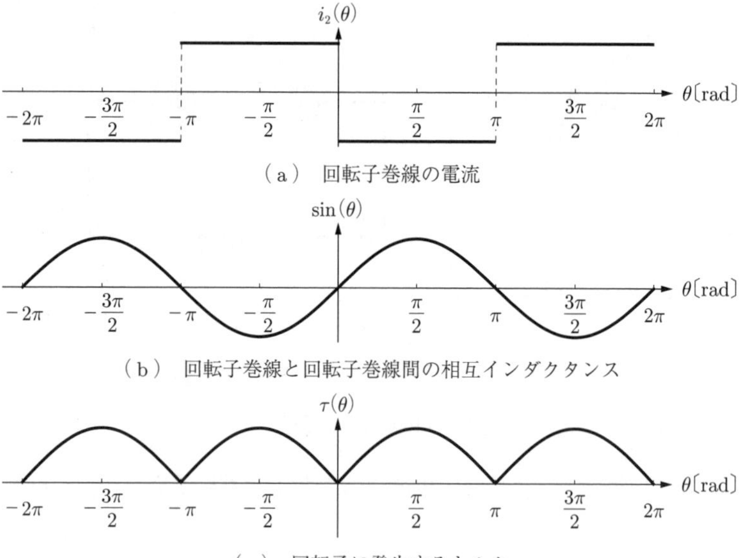

（a）　回転子巻線の電流

（b）　回転子巻線と回転子巻線間の相互インダクタンス

（c）　回転子に発生するトルク

図 6.3　二巻線直流機の電流とトルク

ところで，このままではトルクが脈動してしまうことや，$\theta = 0,\ \pi,\ \cdots$ においてトルクを発生できないことから，実用的ではない。そこで，**図 6.4** のように回転子巻線を 2 組に増やすことを考える。図 6.2（a）の回転子巻線に対して空間的に $\pi/2$ だけずらした位置にもう 1 組の巻線を追加する。この巻線によるトルクが追加されることにより，上述の問題を低減することができる。図 6.4（a）の固定子巻線電流 i_1 と回転子巻線電流 i_{21} によって発生するトルクは式 (5.62) より $-i_1 i_{21} M_0 \sin\theta$ であり，固定子巻線電流 i_1 と回転子巻線電流 i_{22} によって発生するトルクは，巻線のなす角が $\theta + \pi/2$ であることを考慮すると $-i_1 i_{21} M_0 \sin(\theta + \pi/2)$ となる。よって，その和は以下のようになる。

$$\tau = -i_1 i_{21} M_0 \sin\theta - i_1 i_{22} M_0 \sin\left(\theta + \frac{\pi}{2}\right) \tag{6.4}$$

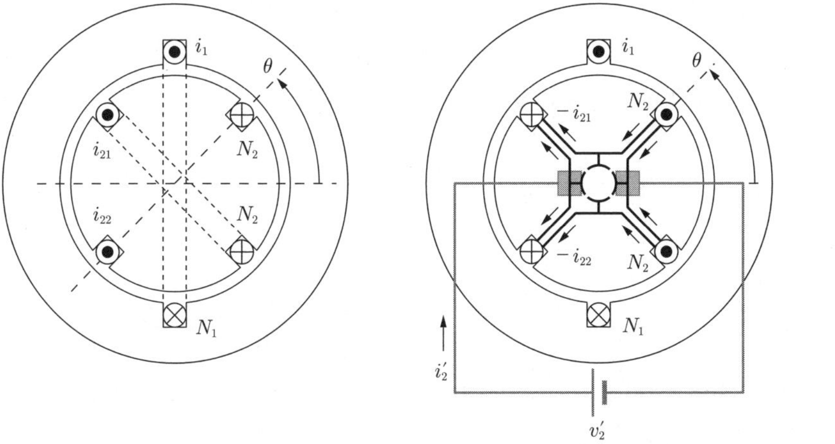

（a）　独立巻線の場合　　　（b）　直流機における巻線，整流子，ブラシの接続

図 6.4　2 組の回転子巻線を持つ直流機

上式で表されるトルクの符号が一定になるようにするためには，巻線電流は以下のように切り替えればよい。

$$i_1 \ = I_1 = \text{const.} \tag{6.5}$$

$$i_{21} = -I_2 \,\text{sqr}(\theta) \tag{6.6}$$

$$i_{22} = -I_2 \,\mathrm{sqr}\left(\theta + \frac{\pi}{2}\right) \tag{6.7}$$

このとき，回転子のトルクは次式で表される。これを図示すると**図 6.5** のようになり，脈動が低減されていることがわかる。

$$\tau = I_1 I_2 M_0 \left(|\sin\theta| + \left|\sin\left(\theta + \frac{\pi}{2}\right)\right| \right) \tag{6.8}$$

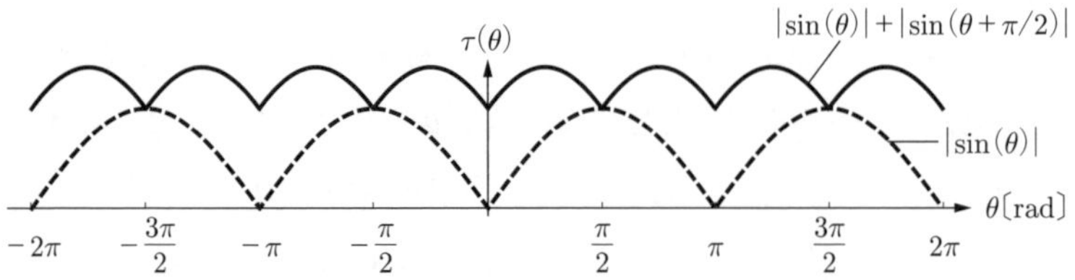

図 6.5　2 組の回転子巻線を持つ直流機のトルク

整流子の構造はやや複雑になるが，電機子巻線を**図 6.6** のように配線することでこれを実現することができる。同図上部の N 極，S 極は界磁極を表す。この配線により界磁極が N 極の領域では電機子電流は同一方向に流れ，S 極の領域では逆方向に流れる。また，図 6.6（b）のように $\xi = \pi/2,\ 3\pi/2$ の位置に巻線があるときには，その巻線は短絡され電源電圧が加わらない。

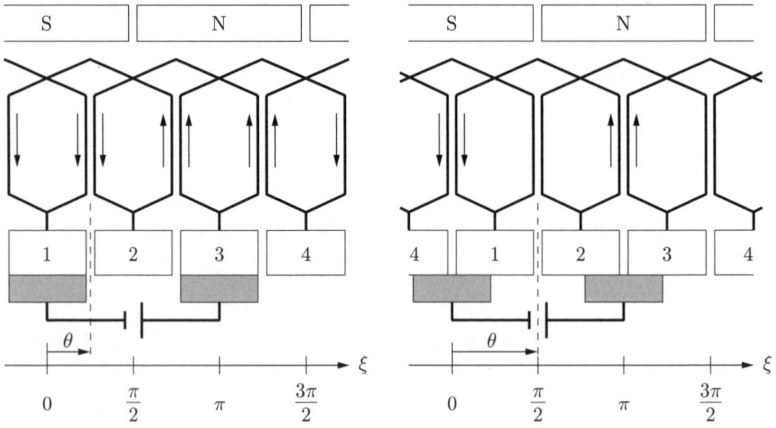

（a）$\theta = \dfrac{\pi}{4}$ の場合　　（b）$\theta = \dfrac{\pi}{2}$ の場合

図 6.6　巻線，整流子，ブラシの接続

6.2 直流機の電圧方程式とトルク方程式

6.2.1 固定子巻線 1 組，回転子巻線 1 組の場合

この回転機のモデルを導くために，もう一度，図 6.2（a）に戻って詳しく見てみよう。固定子巻線と回転子巻線からなる回転機の電圧方程式は次式で与えられる。

$$\begin{bmatrix} v_1 \\ v_2 \end{bmatrix} = \begin{bmatrix} R_1 & 0 \\ 0 & R_2 \end{bmatrix} \begin{bmatrix} i_1 \\ i_2 \end{bmatrix} + \frac{d}{dt} \left(\begin{bmatrix} L_1 & M_0 \cos\theta \\ M_0 \cos\theta & L_2 \end{bmatrix} \begin{bmatrix} i_1 \\ i_2 \end{bmatrix} \right) \tag{6.9}$$

ここで，電源の電圧を v_2'，電源から流れ込む電流を i_2' とし，回転子巻線に生じる電圧を v_2，回転子巻線に流れる電流を i_2 とする。図 6.2（a）より，$0 < \theta < \pi$ においては，$v_2' = -v_2$，$i_2' = -i_2$ が成り立つ。一方，$\pi < \theta < 2\pi$ においては，ブラシと整流子の作用により接続が入れ替わるので，$v_2' = v_2$，$i_2' = i_2$ が成り立つ。したがって，$i_2 = -i_2' \operatorname{sqr}(\theta)$，$v_2 = -v_2' \operatorname{sqr}(\theta)$ と表すことができる。ここで，$\operatorname{sqr}(\theta)$ は図 5.19 で定義される方形波関数である†。

これらを式 (6.9) に代入すると次式のようになる。

$$\begin{bmatrix} v_1 \\ -v_2' \operatorname{sqr}\theta \end{bmatrix} = \begin{bmatrix} R_1 & 0 \\ 0 & R_2 \end{bmatrix} \begin{bmatrix} i_1 \\ -i_2' \operatorname{sqr}\theta \end{bmatrix} + \frac{d}{dt} \left(\begin{bmatrix} L_1 & M_0 \cos\theta \\ M_0 \cos\theta & L_2 \end{bmatrix} \begin{bmatrix} i_1 \\ -i_2' \operatorname{sqr}\theta \end{bmatrix} \right) \tag{6.10}$$

$(\operatorname{sqr}\theta)^2 = 1$ であることに注意して両辺の第 2 行に $-\operatorname{sqr}\theta$ を掛けて整理すると

$$\begin{bmatrix} v_1 \\ v_2' \end{bmatrix} = \begin{bmatrix} R_1 & 0 \\ 0 & R_2 \end{bmatrix} \begin{bmatrix} i_1 \\ i_2' \end{bmatrix}$$

† 実際の直流機では，$\theta = 0$，π，2π，$\cdots$ において電流の向きが瞬間的に切り替わるのではなく，図 6.6（b）のように電源電圧が印加されない期間があり，電流が完全に切り替わるにはある時間が掛かる。これを整流時間という。

$$
+\begin{bmatrix}1 & 0\\ 0 & -\operatorname{sqr}\theta\end{bmatrix}\frac{d}{dt}\left(\begin{bmatrix}L_1 & -M_0\cos\theta\operatorname{sqr}\theta\\ M_0\cos\theta & -L_2\operatorname{sqr}\theta\end{bmatrix}\begin{bmatrix}i_1\\ i_2'\end{bmatrix}\right)
$$
$$
=\begin{bmatrix}R_1 & 0\\ 0 & R_2\end{bmatrix}\begin{bmatrix}i_1\\ i_2'\end{bmatrix}
$$
$$
+\begin{bmatrix}1 & 0\\ 0 & -\operatorname{sqr}\theta\end{bmatrix}\left(\begin{bmatrix}L_1 & -M_0\cos\theta\operatorname{sqr}\theta\\ M_0\cos\theta & -L_2\operatorname{sqr}\theta\end{bmatrix}\begin{bmatrix}\dfrac{di_1}{dt}\\ \dfrac{di_2'}{dt}\end{bmatrix}\right.
$$
$$
\left.+\begin{bmatrix}0 & M_0(|\sin\theta|-2\delta(\theta-k\pi))\\ -M_0\sin\theta & -2L_2(\delta(\theta-2k\pi)-\delta(\theta-(2k+1)\pi))\end{bmatrix}\begin{bmatrix}i_1\\ i_2'\end{bmatrix}\frac{d\theta}{dt}\right) \tag{6.11}
$$

ここで，$\operatorname{sqr}\theta$ の微分および $\cos\theta\operatorname{sqr}\theta$ の微分をディラックのデルタ関数 $\delta(\cdot)$†を用いて以下のように計算した。ただし，k は任意の整数である。

$$
\frac{d}{d\theta}\operatorname{sqr}\theta = 2\delta(\theta-2k\pi)-2\delta(\theta-(2k+1)\pi) \tag{6.12}
$$

$$
\begin{aligned}
\frac{d}{d\theta}(\cos\theta\operatorname{sqr}\theta) &= -\sin\theta\operatorname{sqr}\theta+\cos\theta(2\delta(\theta-2k\pi)-2\delta(\theta-(2k+1)\pi))\\
&= -|\sin\theta|+2\delta(\theta-k\pi)
\end{aligned} \tag{6.13}
$$

式 (6.11) はさらに整理すると結局次式のようになる。

$$
\begin{bmatrix}v_1\\ v_2'\end{bmatrix}=\begin{bmatrix}R_1 & 0\\ 0 & R_2\end{bmatrix}\begin{bmatrix}i_1\\ i_2'\end{bmatrix}+\begin{bmatrix}L_1 & -M_0\cos\theta\operatorname{sqr}\theta\\ -M_0\cos\theta\operatorname{sqr}\theta & L_2\end{bmatrix}\begin{bmatrix}\dfrac{di_1}{dt}\\ \dfrac{di_2'}{dt}\end{bmatrix}
$$
$$
+\begin{bmatrix}0 & M_0(|\sin\theta|-2\delta(\theta-k\pi))\\ M_0|\sin\theta| & 0\end{bmatrix}\begin{bmatrix}i_1\\ i_2'\end{bmatrix}\frac{d\theta}{dt} \tag{6.14}
$$

また，トルク方程式 (5.62) は以下のようになる。

---

† ディラックのデルタ関数は $\delta(\theta)=\begin{cases}\infty & \theta=0\\ 0 & \theta\neq 0\end{cases}$ という値をとり，かつ，$\int_{-\infty}^{\infty}\delta(\theta)d\theta=1$ という性質を持つ超越関数。

$$\tau = -i_1 i_2 M_0 \sin\theta = i_1 i_2' M_0 \sin\theta \operatorname{sqr}\theta = i_1 i_2' M_0 |\sin\theta| \tag{6.15}$$

電圧方程式から，回転子巻線（電機子巻線）に生じる速度起電力は回転子角速度 $d\theta/dt$ の $i_1 M_0|\sin\theta|$ 倍となっていることがわかる。また，トルク方程式から，トルクは電源から流れ込む電流 i_2' の $i_1 M_0|\sin\theta|$ 倍になっていることに注意されたい。また，固定子巻線（界磁巻線）に生じる速度起電力の係数の半周期の平均は以下のように 0 となることが確かめられる。

$$\frac{1}{\pi}\int_{-\pi/2}^{\pi/2} M_0(|\sin\theta| - 2\delta(\theta - k\pi))d\theta = 0 \tag{6.16}$$

6.2.2　固定子巻線 1 組，回転子巻線 2 組の場合

つぎに，トルクの脈動を低減するために回転子の巻線を 2 組にした図 6.4 のモデルについて導出していこう。各巻線の鎖交磁束を考えるために，各巻線の相互インダクタンスを求める。巻線 1 と巻線 21 は，前章の巻線 1 と巻線 2 の関係と同じであるから，その相互インダクタンスは $M_0\cos\theta$ である。巻線 1 と巻線 22 は，なす角が $\theta + \pi/2$ であるので，その相互インダクタンスは $M_0\cos(\theta + \pi/2) = -M_0\sin\theta$ と表される。巻線 21 と巻線 22 は，なす角が $\pi/2$ であるので，その相互インダクタンスは $M_0\cos(\pi/2) = 0$ である。巻線 1 の自己インダクタンスを L_1 とする。巻線 21 と巻線 22 は巻数が同じで相似形であるならばその自己インダクタンスは等しい。これを L_2 とする。以上より各巻線の鎖交磁束は次式で表される。

$$\begin{bmatrix}\Phi_1 \\ \Phi_{21} \\ \Phi_{22}\end{bmatrix} = \begin{bmatrix} L_1 & M_0\cos\theta & -M_0\sin\theta \\ M_0\cos\theta & L_2 & 0 \\ -M_0\sin\theta & 0 & L_2 \end{bmatrix} \begin{bmatrix} i_1 \\ i_{21} \\ i_{22}\end{bmatrix} \tag{6.17}$$

これより電圧方程式は以下で表される。

$$\begin{bmatrix}v_1 \\ v_{21} \\ v_{22}\end{bmatrix} = \begin{bmatrix} R_1 & 0 & 0 \\ 0 & R_2 & 0 \\ 0 & 0 & R_2 \end{bmatrix} \begin{bmatrix} i_1 \\ i_{21} \\ i_{22}\end{bmatrix}$$

$$
+\frac{d}{dt}\left(\begin{bmatrix} L_1 & M_0\cos\theta & -M_0\sin\theta \\ M_0\cos\theta & L_2 & 0 \\ -M_0\sin\theta & 0 & L_2 \end{bmatrix}\begin{bmatrix} i_1 \\ i_{21} \\ i_{22} \end{bmatrix}\right) \tag{6.18}
$$

先程のモデルと同様に電圧方程式を求める。回転子の巻線 21 の電流 i_{21}，電圧 v_{21} とそれらをブラシと整流子を通して電源から見たときの電流 i'_{21}，電圧 v'_{21}，および，巻線 22 の電流 i_{22}，電圧 v_{22} とそれらをブラシと整流子を通して電源から見たときの電流 i'_{22}，電圧 v'_{22} の関係は，図 6.4（b），図 6.6 より回転子の角度 θ に応じて以下のように表される。$0 < \theta < \pi/2$ においては，v'_{21} と v_{21}，i'_{21} と i_{21}，v'_{22} と v_{22}，i'_{22} と i_{22} の向きはすべて逆になっており，$v'_{21} = -v_{21}$，$i'_{21} = -i_{21}$，$v'_{22} = -v_{22}$，$i'_{22} = -i_{22}$ が成り立つ。$\pi/2 < \theta < \pi$ においては，v'_{21} と v_{21}，i'_{21} と i_{21} の向きは反転しているが，v'_{22} と v_{22}，i'_{22} と i_{22} の向きは一致しており，$v'_{21} = -v_{21}$，$i'_{21} = -i_{21}$，$v'_{22} = v_{22}$，$i'_{22} = i_{22}$ が成り立つ。同様に $\pi < \theta < 3\pi/2$ や $3\pi/2 < \theta < 2\pi$ の場合も考えると，**表 6.1** のようにまとめられる。これを $\mathrm{sqr}(\cdot)$ 関数を用いて表すと，$i_{21} = -\mathrm{sqr}(\theta)\, i'_{21}$，$v_{21} = -\mathrm{sqr}(\theta)\, v'_{21}$，$i_{22} = -\mathrm{sqr}(\theta + \pi/2)\, i'_{22}$，$v_{22} = -\mathrm{sqr}(\theta + \pi/2)\, v'_{22}$ とまとめることができる。

表 6.1　電源から見た電圧・電流と回転子巻線の電圧・電流の関係

電源の電圧・電流	回転子巻線の電圧・電流			
	$0 < \theta < \frac{\pi}{2}$	$\frac{\pi}{2} < \theta < \pi$	$\pi < \theta < \frac{3\pi}{2}$	$\frac{3\pi}{2} < \theta < 2\pi$
v'_{21}	$-v_{21}$	$-v_{21}$	v_{21}	v_{21}
i'_{21}	$-i_{21}$	$-i_{21}$	i_{21}	i_{21}
v'_{22}	$-v_{22}$	v_{22}	v_{22}	$-v_{22}$
i'_{22}	$-i_{22}$	i_{22}	i_{22}	$-i_{22}$

これらを用いて式 (6.18) に代入して整理すると以下のようになる。

$$
\begin{bmatrix} v_1 \\ v'_{21} \\ v'_{22} \end{bmatrix} = \begin{bmatrix} R_1 & 0 & 0 \\ 0 & R_2 & 0 \\ 0 & 0 & R_2 \end{bmatrix}\begin{bmatrix} i_1 \\ i_{21} \\ i_{22} \end{bmatrix} + \begin{bmatrix} 1 & 0 & 0 \\ 0 & -\mathrm{sqr}\,\theta & 0 \\ 0 & 0 & -\mathrm{sqr}\left(\theta + \frac{\pi}{2}\right) \end{bmatrix}
$$

$$
\begin{aligned}
&\times \left(\begin{bmatrix} L_1 & -M_0\cos\theta\,\mathrm{sqr}\,\theta & M_0\sin\theta\,\mathrm{sqr}\left(\theta+\dfrac{\pi}{2}\right) \\ M_0\cos\theta & -L_2\,\mathrm{sqr}\,\theta & 0 \\ -M_0\sin\theta & 0 & -L_2\,\mathrm{sqr}\left(\theta+\dfrac{\pi}{2}\right) \end{bmatrix} \begin{bmatrix} \dfrac{di_1}{dt} \\ \dfrac{di'_{21}}{dt} \\ \dfrac{di'_{22}}{dt} \end{bmatrix} \right. \\
&+ \begin{bmatrix} 0 & M_0(|\sin\theta| - 2\delta(\theta - k\pi)) & M_0\left(|\cos\theta| - 2\delta\left(\theta - \left(k-\dfrac{1}{2}\right)\pi\right)\right) \\ -M_0\sin\theta & -2L_2(\delta(\theta-2k\pi) - \delta(\theta-(2k+1)\pi)) & 0 \\ -M_0\cos\theta & 0 & -2L_2\left(\delta\left(\theta-\left(2k-\dfrac{1}{2}\right)\pi\right) - \delta\left(\theta-\left(2k+\dfrac{1}{2}\right)\pi\right)\right) \end{bmatrix} \left. \begin{bmatrix} i_1 \\ i'_{21} \\ i'_{22} \end{bmatrix} \frac{d\theta}{dt} \right) \\
&= \begin{bmatrix} R_1 & 0 & 0 \\ 0 & R_2 & 0 \\ 0 & 0 & R_2 \end{bmatrix} \begin{bmatrix} i_1 \\ i_{21} \\ i_{22} \end{bmatrix} \\
&+ \begin{bmatrix} L_1 & -M_0\cos\theta\,\mathrm{sqr}\,\theta & M_0\sin\theta\,\mathrm{sqr}\left(\theta+\dfrac{\pi}{2}\right) \\ -M_0\cos\theta\,\mathrm{sqr}\,\theta & L_2 & 0 \\ M_0\sin\theta\,\mathrm{sqr}\left(\theta+\dfrac{\pi}{2}\right) & 0 & L_2 \end{bmatrix} \begin{bmatrix} \dfrac{di_1}{dt} \\ \dfrac{di'_{21}}{dt} \\ \dfrac{di'_{22}}{dt} \end{bmatrix} \\
&+ \begin{bmatrix} 0 & M_0(|\sin\theta| - 2\delta(\theta - k\pi)) & M_0\left(|\cos\theta| - 2\delta\left(\theta - \left(k-\dfrac{1}{2}\right)\pi\right)\right) \\ M_0|\sin\theta| & 0 & 0 \\ M_0|\cos\theta| & 0 & 0 \end{bmatrix} \begin{bmatrix} i_1 \\ i'_{21} \\ i'_{22} \end{bmatrix} \frac{d\theta}{dt}
\end{aligned}
\tag{6.19}
$$

ここで，図 6.6 のような各回転子巻線の回路を考慮すると，巻線が直列に接続されていることと等価であるため，電源の電圧 v'_2 は，二つの回転子巻線電圧の和 $v'_{21}+v'_{22}$ となり，上式は以下のようにまとめられる。

$$\begin{aligned} v_1 &= R_1 i_1 + L_1 \frac{di_1}{dt} - M_0 \left(\cos\theta \,\mathrm{sqr}\,\theta - \sin\theta \,\mathrm{sqr}\left(\theta + \frac{\pi}{2}\right)\right) \frac{di'_2}{dt} \\ &\quad + M_0 \left(|\sin\theta| + |\cos\theta| - 2\delta\left(\theta - \frac{k\pi}{2}\right)\right) i'_2 \frac{d\theta}{dt} \end{aligned} \tag{6.20}$$

$$\begin{aligned} v'_2 &= v'_{21} + v'_{22} = R'_2 i'_2 + L'_2 \frac{di'_2}{dt} - M_0 \left(\cos\theta \,\mathrm{sqr}\,\theta - \sin\theta \,\mathrm{sqr}\left(\theta + \frac{\pi}{2}\right)\right) \frac{di_1}{dt} \\ &\quad + M_0 (|\sin\theta| + |\cos\theta|) i_1 \frac{d\theta}{dt} \end{aligned} \tag{6.21}$$

また，トルク方程式は以下のようになる。

$$\begin{aligned} \tau &= \frac{1}{2} \boldsymbol{i}^{\mathrm{T}} \frac{\partial \boldsymbol{L}(\theta)}{\partial \theta} \boldsymbol{i} = -i_1 i_{21} M_0 \sin\theta - i_1 i_{22} M_0 \cos\theta \\ &= i_1 i'_{21} M_0 \sin\theta \,\mathrm{sqr}\,\theta + i_1 i'_{22} M_0 \cos\theta \,\mathrm{sqr}\left(\theta + \frac{\pi}{2}\right) \\ &= i_1 i'_2 M_0 (|\sin\theta| + |\cos\theta|) \end{aligned} \tag{6.22}$$

ただし，$i'_2 = i'_{21} = i'_{22}$ であり，$R'_2 = 2R_2$，$L'_2 = 2L_2$ とおいた。式 (6.20) の固定子巻線の電圧方程式において右辺第 4 項は速度起電力であるが，6.2.1 項の場合と同様に $|\sin\theta| + |\cos\theta| - 2\delta(\theta - k\pi/2)$ の平均値は 0 であることに注意されたい。

6.2.3　固定子巻線 1 組，回転子巻線 n 組の場合

図 6.7 のように回転子巻線の数を増やせば，式 (6.22) のトルクの脈動をさらに小さくすることができる。回転子巻線の数が n 組の場合，回転子巻線が 2 組の場合と同様にして電圧方程式とトルク方程式を求めると以下のようになる。

$$\begin{aligned} v_1 &= R_1 i_1 + L_1 \frac{di_1}{dt} - M_0 \left(\sum_{k=0}^{n-1} \cos\left(\theta + \frac{k\pi}{n}\right) \mathrm{sqr}\left(\theta + \frac{k\pi}{n}\right)\right) \frac{di'_2}{dt} \\ &\quad + M_0 \left(\sum_{k=0}^{n-1} \left|\sin\left(\theta + \frac{k\pi}{n}\right)\right| - 2\delta\left(\theta - \frac{l\pi}{n}\right)\right) i'_2 \frac{d\theta}{dt} \end{aligned} \tag{6.23}$$

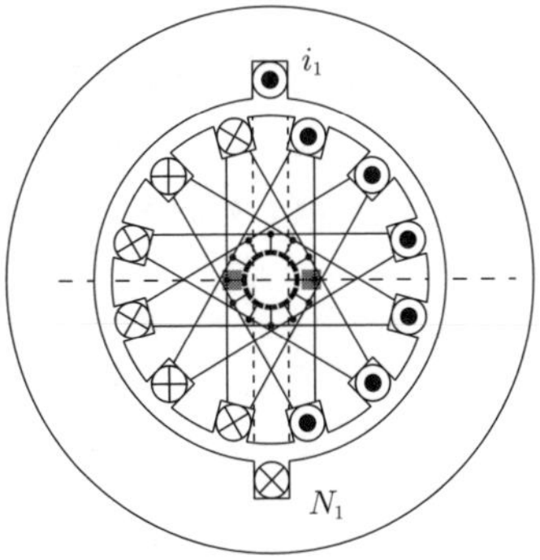

図 6.7 回転子巻線の数を増やした場合

$$v_2' = R_2' i_2' + L_2' \frac{di_2'}{dt} - M_0 \left(\sum_{k=0}^{n-1} \cos\left(\theta + \frac{k\pi}{n}\right) \mathrm{sqr}\left(\theta + \frac{k\pi}{n}\right) \right) \frac{di_1}{dt}$$
$$+ M_0 \left(\sum_{k=0}^{n-1} \left| \sin\left(\theta + \frac{k\pi}{n}\right) \right| \right) i_1 \frac{d\theta}{dt} \qquad (6.24)$$

ただし，$R_2' = nR_2$，$L_2' = nL_2$ であり，l は任意の整数である。また，トルク方程式は以下のようになる。

$$\tau = i_1 i_2' M_0 \sum_{k=0}^{n-1} \left| \sin\left(\theta + \frac{k\pi}{n}\right) \right| \qquad (6.25)$$

回転子巻線の数 n が十分大きい場合には，級数の和はほぼ一定となる。また，式 (6.23) の右辺第 4 項の固定子巻線に生じる速度起電力はやはり平均が 0 となっている。このことは，ブラシと整流子の作用により固定子巻線にインパルス状の電圧が生じ，固定子巻線に生じる速度起電力を打ち消していると解釈できる。さらに，式 (6.23) の右辺第 3 項および式 (6.24) 右辺第 3 項は固定子巻線と回転子巻線の相互インダクタンスであるが，これも平均値を計算すると 0 となる。したがって，上式は以下のように近似できる。

$$v_1 = R_1 i_1 + L_1 \frac{di_1}{dt} \qquad (6.26)$$

$$v_2' = R_2' i_2' + L_2' \frac{di_2'}{dt} + \frac{2n}{\pi} M_0 i_1 \frac{d\theta}{dt} \qquad (6.27)$$

$$\tau = \frac{2n}{\pi} M_0 i_1 i_2' \qquad (6.28)$$

なお，級数 $\displaystyle\sum_{k=0}^{n-1}\left|\sin\left(\theta+\frac{k\pi}{n}\right)\right|$ の平均値は $\dfrac{2n}{\pi}$，最大値は $\displaystyle\sum_{k=0}^{n-1}\sin\frac{(2k+1)\pi}{2n}$，最小値は $\displaystyle\sum_{k=1}^{n-1}\sin\frac{k\pi}{n}$，最大値と最小値の差，すなわち，変動幅は $\displaystyle 2\sin\left(\frac{\pi}{4n}\right)\sum_{k=0}^{n-1}\cos\frac{(4k+1)\pi}{4n}$ となる。

6.2.4　座標変換による説明

6.2.3 項では，回転子巻線の数が n 組になった場合のモデルを直接的に導いた。より一般化すると，回転子巻線の数が多い場合のブラシと整流子の作用は，回転子巻線の電流・電圧を固定子座標に固定された電流・電圧に変換することと等価であると考えることができる。**図 6.8**（a）は n 組の回転子巻線を等価な 2 組の巻線に変換したモデルを表している。モデルそのものは図 6.4（a）と同じであるが，巻線が作る磁界の向きがわかりやすいようにコイル記号を用いて模式的に表現している。これを図 6.8（b）のように固定子座標に固定された仮想的な巻線の電流 i_{2d}，i_{2q}，電圧 v_{2d}，v_{2q} に変換する。回転子の回転角度が θ であるので，回転子巻線の電流 i_{21}，i_{22} と仮想巻線の電流 i_{2d}，i_{2q} は，以下のように回転行列 $\boldsymbol{C}_0$ を用いて関連付けられる。回転子巻線の電圧 v_{21}，v_{22} と仮

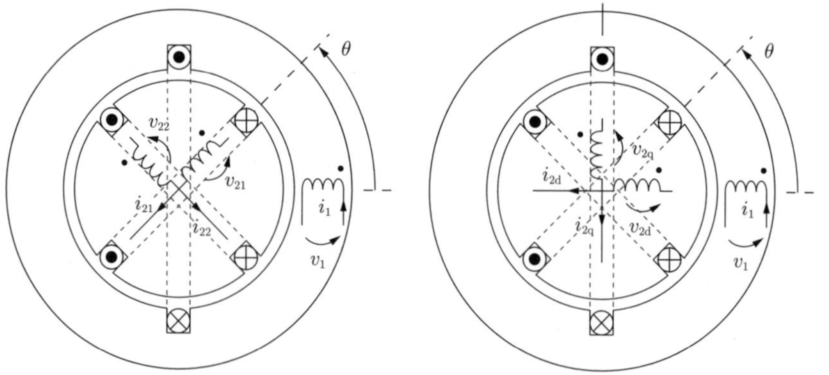

（a）　2 組の回転子巻線で表現した回転機　　（b）　固定子座標で表現した回転子巻線

図 6.8　n 組の回転子巻線を持つ直流機の等価モデル

想巻線の電圧 v_{2d}，v_{2q} も同様である。

$$\begin{bmatrix} i_{2d} \\ i_{2q} \end{bmatrix} = \boldsymbol{C}_0 \begin{bmatrix} i_{21} \\ i_{22} \end{bmatrix}, \quad \begin{bmatrix} v_{2d} \\ v_{2q} \end{bmatrix} = \boldsymbol{C}_0 \begin{bmatrix} v_{21} \\ v_{22} \end{bmatrix}, \quad \boldsymbol{C}_0 = \begin{bmatrix} \cos\theta & -\sin\theta \\ \sin\theta & \cos\theta \end{bmatrix} \tag{6.29}$$

ここで，固定子巻線の抵抗と自己インダクタンスをそれぞれ R_1，L_1，n 組ある回転子巻線を 2 組の巻線に変換した巻線の抵抗と自己インダクタンスをそれぞれ R_2'，L_2'，それらの巻線間の相互インダクタンスの最大値を M_0' とし，電流ベクトル，電圧ベクトル，抵抗行列，インダクタンス行列を

$$\boldsymbol{i} = \begin{bmatrix} i_1 \\ i_{21} \\ i_{22} \end{bmatrix}, \quad \boldsymbol{v} = \begin{bmatrix} v_1 \\ v_{21} \\ v_{22} \end{bmatrix}, \quad \boldsymbol{R} = \begin{bmatrix} R_1 & 0 & 0 \\ 0 & R_2' & 0 \\ 0 & 0 & R_2' \end{bmatrix},$$

$$\boldsymbol{L} = \begin{bmatrix} L_1 & M_0'\cos\theta & -M_0'\sin\theta \\ M_0'\cos\theta & L_2' & 0 \\ -M_0'\sin\theta & 0 & L_2' \end{bmatrix} \tag{6.30}$$

と定義すると，図 6.8 (a)のモデルの電圧方程式は以下のように表される。

$$\boldsymbol{v} = \boldsymbol{R}\boldsymbol{i} + \boldsymbol{L}\frac{d\boldsymbol{i}}{dt} + \frac{\partial \boldsymbol{L}}{\partial \theta}\boldsymbol{i}\frac{d\theta}{dt} \tag{6.31}$$

また，図 6.8 (b)の電流，電圧のベクトル表記と回転行列を以下のように定義する。

$$\boldsymbol{i}' = \begin{bmatrix} i_1 \\ i_{2d} \\ i_{2q} \end{bmatrix}, \quad \boldsymbol{v}' = \begin{bmatrix} v_1 \\ v_{2d} \\ v_{2q} \end{bmatrix}, \quad \boldsymbol{C}_1 = \begin{bmatrix} 1 & 0 & 0 \\ 0 & \cos\theta & -\sin\theta \\ 0 & \sin\theta & \cos\theta \end{bmatrix} \tag{6.32}$$

ここで，$\boldsymbol{i}' = \boldsymbol{C}_1\boldsymbol{i}$，$\boldsymbol{v}' = \boldsymbol{C}_1\boldsymbol{v}$ であること，また，$\boldsymbol{C}_1^{-1} = \boldsymbol{C}_1{}^{\mathrm{T}}$ であることに注意すると，式 (6.31) は以下のように変形できる。

$$
\begin{aligned}
\boldsymbol{v}' &= \boldsymbol{C}_1\boldsymbol{v} = \boldsymbol{C}_1\boldsymbol{R}\boldsymbol{i} + \boldsymbol{C}_1\boldsymbol{L}\frac{d\boldsymbol{i}}{dt} + \boldsymbol{C}_1\frac{\partial \boldsymbol{L}}{\partial\theta}\boldsymbol{i}\frac{d\theta}{dt} \\
&= \boldsymbol{C}_1\boldsymbol{R}{\boldsymbol{C}_1}^{\mathrm{T}}\boldsymbol{i}' + \boldsymbol{C}_1\boldsymbol{L}\frac{d({\boldsymbol{C}_1}^{\mathrm{T}}\boldsymbol{i}')}{dt} + \boldsymbol{C}_1\frac{\partial \boldsymbol{L}}{\partial\theta}{\boldsymbol{C}_1}^{\mathrm{T}}\boldsymbol{i}'\frac{d\theta}{dt} \\
&= \boldsymbol{C}_1\boldsymbol{R}{\boldsymbol{C}_1}^{\mathrm{T}}\boldsymbol{i}' + \boldsymbol{C}_1\boldsymbol{L}{\boldsymbol{C}_1}^{\mathrm{T}}\frac{d\boldsymbol{i}'}{dt} + \boldsymbol{C}_1\boldsymbol{L}\frac{\partial {\boldsymbol{C}_1}^{\mathrm{T}}}{\partial\theta}\boldsymbol{i}'\frac{d\theta}{dt} + \boldsymbol{C}_1\frac{\partial \boldsymbol{L}}{\partial\theta}{\boldsymbol{C}_1}^{\mathrm{T}}\boldsymbol{i}'\frac{d\theta}{dt} \\
&= \boldsymbol{C}_1\boldsymbol{R}{\boldsymbol{C}_1}^{\mathrm{T}}\boldsymbol{i}' + \boldsymbol{C}_1\boldsymbol{L}{\boldsymbol{C}_1}^{\mathrm{T}}\frac{d\boldsymbol{i}'}{dt} + \left(\boldsymbol{C}_1\boldsymbol{L}\frac{\partial {\boldsymbol{C}_1}^{\mathrm{T}}}{\partial\theta} + \boldsymbol{C}_1\frac{\partial \boldsymbol{L}}{\partial\theta}{\boldsymbol{C}_1}^{\mathrm{T}}\right)\boldsymbol{i}'\frac{d\theta}{dt}
\end{aligned}
\tag{6.33}
$$

上式右辺の各項の係数行列は，以下のように整理できる。

$$
\begin{aligned}
&\boldsymbol{C}_1\boldsymbol{R}{\boldsymbol{C}_1}^{\mathrm{T}} = \begin{bmatrix} R_1 & 0 & 0 \\ 0 & R_2' & 0 \\ 0 & 0 & R_2' \end{bmatrix}, \quad \boldsymbol{C}_1\boldsymbol{L}{\boldsymbol{C}_1}^{\mathrm{T}} = \begin{bmatrix} L_1 & M_0' & 0 \\ M_0' & L_2' & 0 \\ 0 & 0 & L_2' \end{bmatrix}, \\
&\boldsymbol{C}_1\boldsymbol{L}\frac{\partial {\boldsymbol{C}_1}^{\mathrm{T}}}{\partial\theta} = \begin{bmatrix} 0 & 0 & M_0' \\ 0 & 0 & L_2' \\ 0 & -L_2' & 0 \end{bmatrix}, \quad \boldsymbol{C}_1\frac{\partial \boldsymbol{L}}{\partial\theta}{\boldsymbol{C}_1}^{\mathrm{T}} = \begin{bmatrix} 0 & 0 & -M_0' \\ 0 & 0 & 0 \\ -M_0' & 0 & 0 \end{bmatrix}
\end{aligned}
\tag{6.34}
$$

まとめると電圧方程式は

$$
\begin{aligned}
\begin{bmatrix} v_1 \\ v_{2d} \\ v_{2q} \end{bmatrix} &= \begin{bmatrix} R_1 & 0 & 0 \\ 0 & R_2' & 0 \\ 0 & 0 & R_2' \end{bmatrix}\begin{bmatrix} i_1 \\ i_{2d} \\ i_{2q} \end{bmatrix} + \begin{bmatrix} L_1 & M_0' & 0 \\ M_0' & L_2' & 0 \\ 0 & 0 & L_2' \end{bmatrix}\begin{bmatrix} \dfrac{di_1}{dt} \\ \dfrac{di_{2q}}{dt} \\ \dfrac{di_{2q}}{dt} \end{bmatrix} \\
&\quad + \begin{bmatrix} 0 & 0 & 0 \\ 0 & 0 & L_2' \\ -M_0' & -L_2' & 0 \end{bmatrix}\begin{bmatrix} i_1 \\ i_{2d} \\ i_{2q} \end{bmatrix}\frac{d\theta}{dt}
\end{aligned}
\tag{6.35}
$$

となる。直流機では，整流子の作用により i_{2q} のみが発生し，i_{2d} は発生しない。

すなわち，図 6.7 と図 6.8 を対比させればわかるように，図 6.7 では回転子巻線の電流は i_{2d} の成分は存在せず，i_{2q} の成分のみが存在する。したがって，上式の 1 行目と 3 行目のみを取り出して整理すると

$$v_1 = R_1 i_1 + L_1 \frac{di_1}{dt} \tag{6.36}$$

$$v_{2q} = R_2' i_{2q} + L_2' \frac{di_{2q}}{dt} - M_0' i_1 \frac{d\theta}{dt} \tag{6.37}$$

また，電源から見た電流，電圧は，$i_2' = -i_{2q}$，$v_2' = -v_{2q}$ であるので，電源から見た電圧方程式は

$$v_2' = R_2' i_2' + L_2' \frac{di_2'}{dt} + M_0' i_1 \frac{d\theta}{dt} \tag{6.38}$$

となる。一般的な直流機では，式 (6.36) が固定子巻線（界磁巻線）の電圧方程式 (6.38) が回転子巻線（電機子巻線）の電源から見た電圧方程式となる。これらは 6.2.3 項で導いた電圧方程式 (6.26)，式 (6.27) に一致している。このことから，ブラシと整流子は回転子に流れる電圧・電流を固定座標系で見た電圧・電流に座標変換する作用を持っていることがわかる。

また，トルク方程式は以下のように計算できる。

$$\boldsymbol{\tau} = \frac{1}{2}\boldsymbol{i}^{\mathrm{T}} \frac{\partial \boldsymbol{L}}{\partial \theta} \boldsymbol{i} = \frac{1}{2}\boldsymbol{i}'^{\mathrm{T}} \boldsymbol{C}_1 \frac{\partial \boldsymbol{L}}{\partial \theta} \boldsymbol{C}_1{}^{\mathrm{T}} \boldsymbol{i}' = -M_0' i_1 i_{2q} \tag{6.39}$$

電源から見た電流 $i_2' = -i_{2q}$ を用いると

$$\boldsymbol{\tau} = M_0' i_1 i_2' \tag{6.40}$$

と表される。これも 6.2.3 項で導いたトルク方程式 (6.28) に一致している。

以上より直流機の等価回路は**図 6.9** で表される。ただし，固定子巻線（界磁巻線）の各変数は添字 f で，回転子巻線（電機子巻線）の各変数は添字 a で表している。界磁側の回路と電機子側の回路をどのように接続するかによって，他励式，分巻式，直巻式などに分類される。

また，J を回転子の慣性モーメント，τ_l を負荷トルク，D を軸受などの粘性摩擦係数と定義すると，回転子の運動方程式は

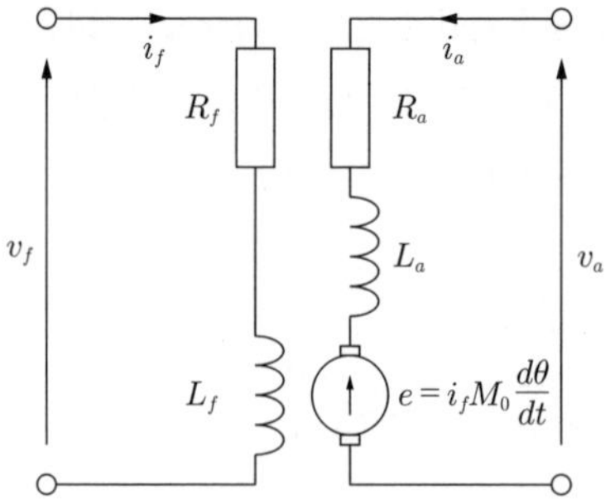

図 **6.9**　直流機の等価回路

$$J\frac{d^2\theta}{dt^2} = \tau - \tau_l - D\frac{d\theta}{dt} \tag{6.41}$$

と表すことができる。電圧方程式 (6.36)，式 (6.38)，トルク方程式 (6.40)，および，運動方程式 (6.41) の線形部分をラプラス変換してまとめると，機械的な挙動も含めた直流機のモデルとして**図 6.10** のブロック線図が得られる[†]。なお，$\otimes$ は二つの入力信号を乗算する要素を表す。

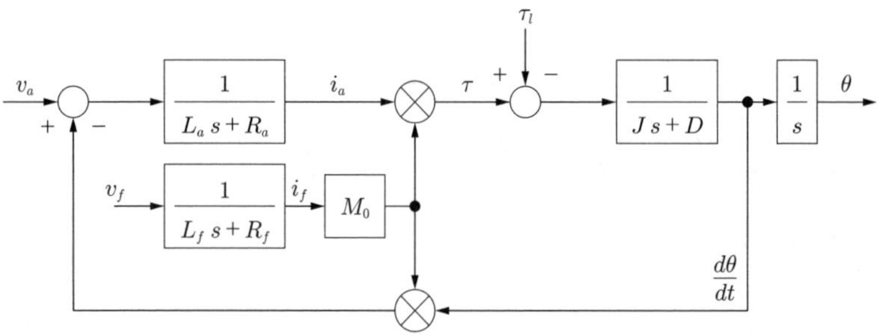

図 **6.10**　直流機のブロック線図

6.3　直 流 機 の 特 性

6.3.1　電 機 子 反 作 用

界磁巻線のみに電流 i_f を流したときの磁束密度分布は**図 6.11** (a)のように

† 本章では s はラプラス演算子を表す。

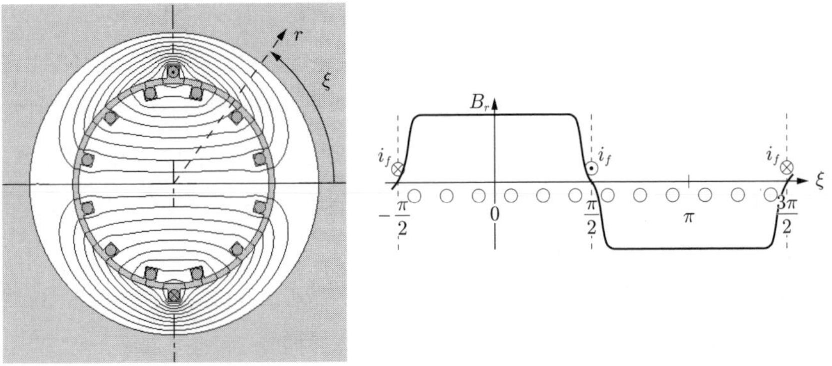

（a） 界磁電流のみによる磁束密度分布

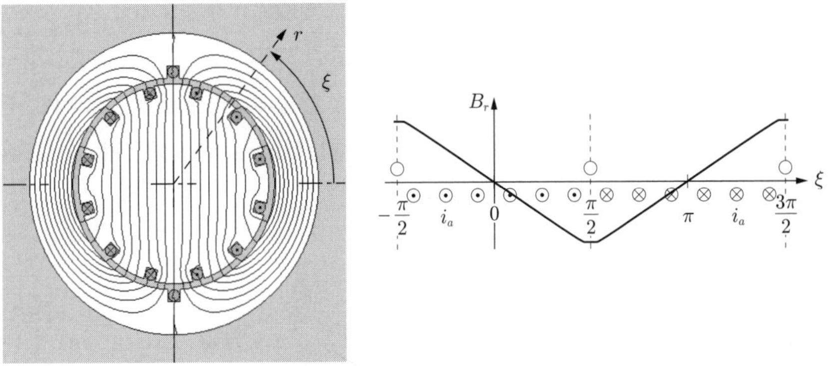

（b） 電機子電流のみによる磁束密度分布

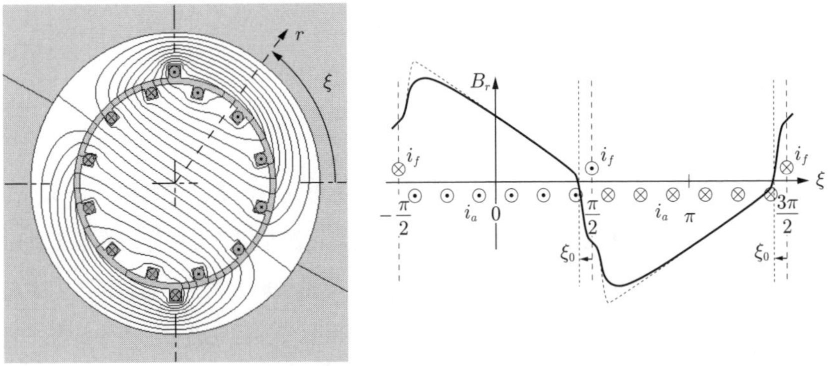

（c） 電機子電流と界磁電流による磁束密度分布

図 6.11　ギャップ磁束密度分布と電機子反作用

なる。同図右のグラフは半径方向のギャップ磁束密度 B_r を表している。一方，電機子巻線のみに電流 i_a を流したときの磁束密度分布およびギャップ磁束密度は図 6.11（b）のようになる。したがって，界磁巻線と電機子巻線の両者に電流を流したときの磁束密度分布は，図 6.11（a）と図 6.11（b）の合成で表され，図 6.11（c）のようになる。このように電機子電流が磁束密度分布に与える影響を**電機子反作用**（armature reaction）という。

界磁電流のみが存在する場合には，図 6.11（a）のように位置 $\xi = \pi/2,\ 3\pi/2$ においてギャップ磁束密度が 0 となっていたが，同時に電機子電流を流した場合には，ギャップ磁束密度が 0 となる位置が図 6.11（c）のように ξ_0 だけ移動する。すなわち，位置 $\xi = \pi/2,\ 3\pi/2$ において磁界が存在することになる。$\xi = \pi/2,\ 3\pi/2$ の位置にある巻線は図 6.6（b）のように短絡された状態となっているため，誘導起電力により短絡電流が流れ，整流作用に悪影響を及ぼす。そのほか，合成した磁束密度分布のピーク付近では鉄心の磁気飽和が生じ，総磁束の減少により出力が低下などの影響がある。

6.3.2 励　磁　方　式

界磁巻線に電流を流し，界磁磁束を発生させることを**励磁**（excitation）という。直流機は，励磁の方法によってつぎのように分類できる。

- 永久磁石式
- 他励式
- 自励式
  - 直巻式
  - 分巻式
  - 複巻式

永久磁石式は，永久磁石によって界磁を作る方式である。**他励式**（separate excitation）は，**図 6.12**（a）のように独立した電源を用意して界磁巻線を励磁する方法である。**自励式**（self-excitation）は，界磁巻線を電機子巻線に直列または並列に接続し，電機子巻線と同一の電源を利用して界磁巻線を励磁する方法である。図 6.12（b）のように直列に接続する方式を**直巻式**（series winding），図 6.12（c）のように並列に接続する方式を**分巻式**（shunt winding），図 6.12（d）

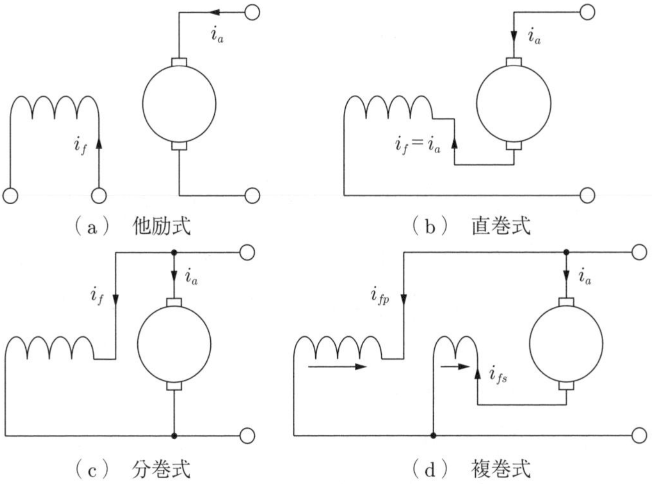

図 6.12　直流機の励磁方式

のように直列接続と並列接続を併用する方式を**複巻式**（compound winding）という。

ユニバーサルモータ

直巻式の直流電動機では，界磁巻線と電機子巻線が直列に接続されるため，界磁電流 i_f（固定子巻線電流 i_1）と電機子電流 i_a（回転子巻線電流 i_2'）は符号も大きさも同じになる。直流機のトルク方程式は式 (6.40) で表されるので，直巻式直流電動機では電源の極性によらずつねに同じ向きにトルクが発生する。したがって，直巻式直流電動機を交流電源に接続してもトルクは一定方向となる。つまり，直巻式直流電動機は直流電源，交流電源のどちらでも駆動することができる。このようなモータを交流整流子電動機といい，直流・交流のどちらでも利用できることから**ユニバーサルモータ**（universal motor）ともよばれる。容易に高速回転が得られるという特長がある。

6.3.3　永久磁石直流電動機の基本特性

励磁が永久磁石の場合，界磁は一定となる。このとき，電圧方程式 (6.38) とトルク方程式 (6.40)，運動方程式 (6.41) は次式のように表される。

$$v_a = R_a i_a + L_a \frac{di_a}{dt} + K_E \omega \tag{6.42}$$

$$\tau = K_T i_a \tag{6.43}$$

$$J\frac{d\omega}{dt} = \tau - \tau_l - D\omega \tag{6.44}$$

ただし, J は回転子の慣性モーメント, τ_l は負荷トルク, D は軸受等の粘性摩擦係数である。また, 式 (6.38), (6.40) において, 電機子電圧を $v_a = v_2'$, 電機子電流を $i_a = i_2'$, 電機子抵抗を $R_a = R_2'$, 電機子インダクタンスを $L_a = L_2'$, 回転子の角速度を $\omega = d\theta/dt$ と再定義した。また, 定数 K_E と K_T は, $K_E = K_T = M_0 i_1$ で定義され, K_E を誘起電圧定数, K_T をトルク定数とよぶ。

以下では永久磁石直流電動機の定常特性を見てみよう。

〔**1**〕 **速度-トルク特性**　　電流, 電圧, 角速度が一定となる定常状態を考える。式 (6.42) において i_a を一定として電機子電流 i_a について解き, 式 (6.43) に代入すると次式が得られる。

$$\tau = \frac{K_T(v_a - K_E\omega)}{R_a} \tag{6.45}$$

これを図示すると**図 6.13**（a）のようになる。電機子電圧一定のもとでトルクと角速度は直線関係になる。電機子電圧が小さくなると最大トルクや最大角速度は低下する。

〔**2**〕 **電流-速度特性**　　また, 定常状態において式 (6.42) を角速度 ω について解けば, 次式が得られる。

$$\omega = \frac{v_a - R_a i_a}{K_E} \tag{6.46}$$

これを図示すると図 6.13（b）のようになる。負荷に応じて電機子電流 i_a を増加させると, 電機子抵抗により電圧降下が増加し, 角速度が低下する。

例題 6.1　定格電圧が 48 V, 誘起電圧定数が 0.08 V·s/rad のとき, 無負荷回転角速度を求めよ。

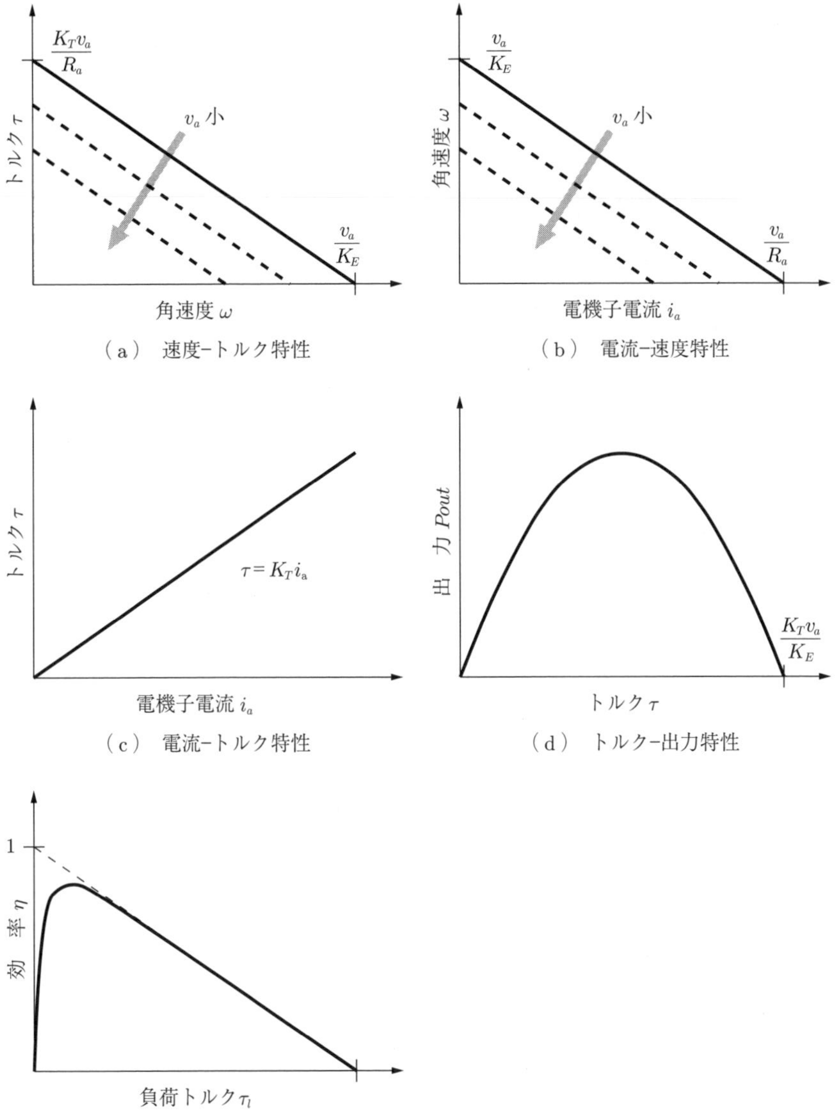

（a）　速度–トルク特性

（b）　電流–速度特性

（c）　電流–トルク特性

（d）　トルク–出力特性

（e）　トルク–効率特性

図 6.13　永久磁石直流電動機の特性

【解答】 式 (6.46) より，無負荷時の回転角速度は $v_a/K_E = 48/0.08 = 600\ \mathrm{rad/s}$ となる（1 分間あたりの回転数に換算すると，$600 \times 60/2\pi = 5\,730\ \mathrm{min}^{-1}$）。 ◇

〔3〕 **電流-トルク特性**　電流-トルク特性はトルク方程式 (6.43) より図 6.13（c）のようになる。トルクは電流に比例する。

〔4〕 **トルク-出力特性**　定常状態における機械出力 P_{out} は，トルク × 角速度で求められるので，以下のように計算できる。

$$P_{\mathrm{out}} = \tau\omega = \frac{\tau(K_T v_a - R_a \tau)}{K_T K_E} \tag{6.47}$$

これを図示すると図 6.13（d）のようになる。最大トルクの半分で出力が最大となる。

〔5〕 **トルク-効率特性**　効率 η は入力電力と出力の比 $\eta = P_{\mathrm{out}}/P_{\mathrm{in}}$ として定義される。定常状態のとき，式 (6.44) において軸受などの粘性摩擦による摩擦トルク $D\omega$ を考慮すると，負荷トルクは発生トルクに対して摩擦トルク分だけ少ない値，$\tau_l = \tau - D\omega$ となる。正味の機械出力 P_{out} は，$P_{\mathrm{out}} = \tau_l\omega$ と修正される。また，入力電力 P_{in} は，$P_i = v_a i_a$ で与えられるので，効率 η は $\tau_l\omega/v_a i_a$ と計算できる。図示すると図 6.13（e）のようになる。

章　末　問　題

【1】 図 6.4（b）の 2 組の回転子巻線を持つ直流機において，電流を $i_1 = I_1 =$ 一定値，$i_{21} = -I_2\,\mathrm{sqr}(\theta)$，$i_{22} = -I_2\,\mathrm{sqr}(\theta + \pi/2)$，$I_2$ は一定値，と与えるとき，トルクの大きさの最大値，最小値，平均値を求めよ。

【2】 式 (6.16) を証明せよ。

【3】 定格電圧が 24 V，電機子抵抗が 1 Ω の永久磁石直流電動機がある。無負荷時の回転速度が，$12\,000\ \mathrm{min}^{-1}$ であった。この直流電動機のトルク定数・誘起電圧定数を求めよ。

7 同　期　機

本章では，図 5.20 のモデルを基礎として**同期機**（synchronous machine）の方程式を導出する。座標変換によってその方程式をより簡便な方程式に変形する。また，同期機の等価回路からベクトル図を用いてさまざまな特性を導出する。

7.1 同期機の基本構造

同期機では，回転子巻線の電流を一定とし，固定子巻線の電流に交流を流すことで，つねに一定方向のトルクを発生させる。回転子巻線には，**スリップリング**（slip ring）を介して電流を供給する。

直流機の場合と同様に，回転子巻線の電流の代わりに永久磁石を用いて一定の磁界を作ることもできる。このような回転機を**永久磁石同期機**（permanent magnet synchronous machine）という。永久磁石同期機ではスリップリングが不要となる。

同期電動機（synchronous motor）は，永久磁石が多くの家電，例えばエアコンや冷蔵庫のコンプレッサ，洗濯機，掃除機などで使用されている。ハイブリッド自動車や電気自動車の駆動用としても永久磁石同期電動機が多く使われている。電気鉄道車両の駆動用にも一部用いられている。そのほか，エレベータの昇降用電動機のほか，電気推進船のスクリュープロペラ駆動用にも用いられている。また，誘導電動機よりも効率が高いため，大規模プラントの大型の圧縮機やブロアーなどでも利用されている。

同期発電機（synchronous generator）は，火力発電所のタービン発電機に用いられるほか，水力発電や風力発電にも用いられる。また，非常用発電機やポータブル発電機などのエンジン発電機にも用いられる。**図 7.1** は同期電動機の例である。

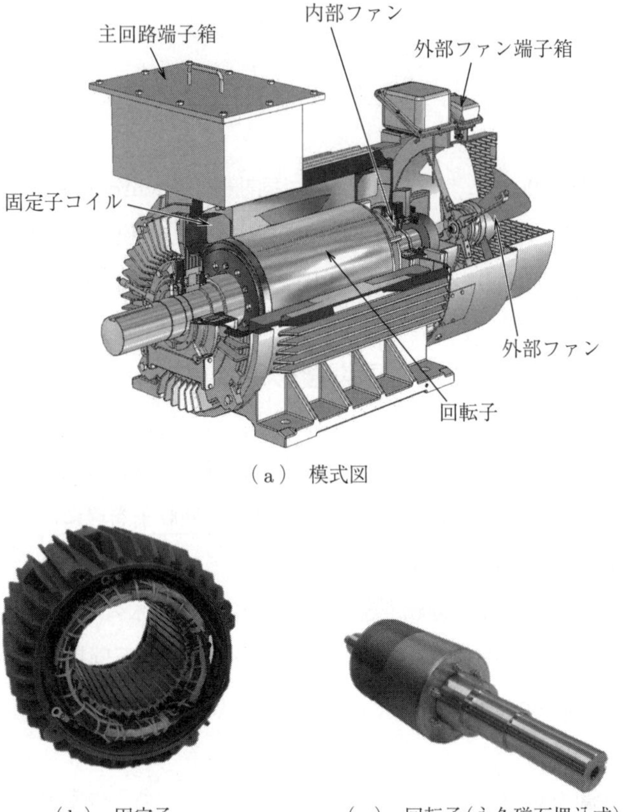

（a） 模式図

（b） 固定子　　（c） 回転子（永久磁石埋込式）

図 7.1　同期電動機の構造〔提供：富士電機株式会社〕

図 5.20 の二巻線回転機の電圧方程式 (5.60)，および，トルク方程式 (5.62) において，回転子巻線の電流 i_2 を一定，固定子巻線の電流 i_1 を**図 7.2**（a）のように回転子の回転角度 θ に同期した正弦波状とすることを考える。すなわち

$$i_1 = -I_1 \sin\theta \tag{7.1}$$

$$i_2 = I_2 = \text{const.} \tag{7.2}$$

とする。このとき，回転子のトルクは

$$\tau = -i_1 i_2 M_0 \sin\theta = I_1 I_2 M_0 \sin^2\theta = I_1 I_2 M_0 \frac{1-\cos 2\theta}{2} \tag{7.3}$$

となる。これを図示すると図 7.2（b）のようになる。

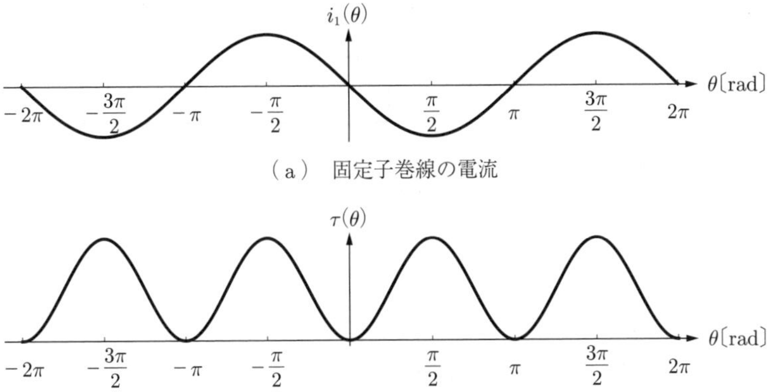

（a）　固定子巻線の電流

（b）　回転子に発生するトルク

図 7.2　二巻線同期機の電流とトルク

このままでは，トルクが脈動してしまうので，**図 7.3** のように固定子側に巻線を追加することを考える。ここで，図 7.3（a）の i_{1a} の固定子巻線は図 5.20 の i_1 の固定子巻線に対応する。また，i_{1b} の巻線は i_{1a} の巻線と角度が $\pi/2$〔rad〕だけ遅れているので，電流の位相も $\pi/2$〔rad〕遅らせて**図 7.4**（a）のように流す。このとき，回転子のトルクは，図 7.4（b）のようになる。二つの巻線によるトルクを加算すると，脈動は打ち消し合い，トルクは一定となる。

このモデルは，回転子巻線に一定の電流を流し，**励磁**するために，図 7.3 のようにスリップリングを利用して外部電源から電流を供給する。回転子巻線により作られる磁束を**界磁**といい，回転子巻線に流れる電流を**界磁電流**という。固定子巻線に流れる電流を**電機子電流**という。また，固定子巻線の電流によるギャップ磁束密度分布は，5.1.2 項で議論したように回転磁界となる。回転磁界と同期して回転子を回転させる回転機を**同期機**という。

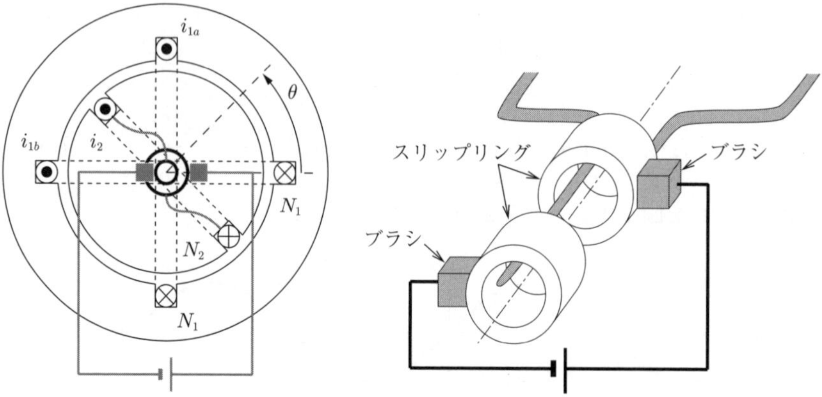

（a） 構　造　　　（b） スリップリング

図 7.3　固定子二巻線・回転子一巻線の同期機

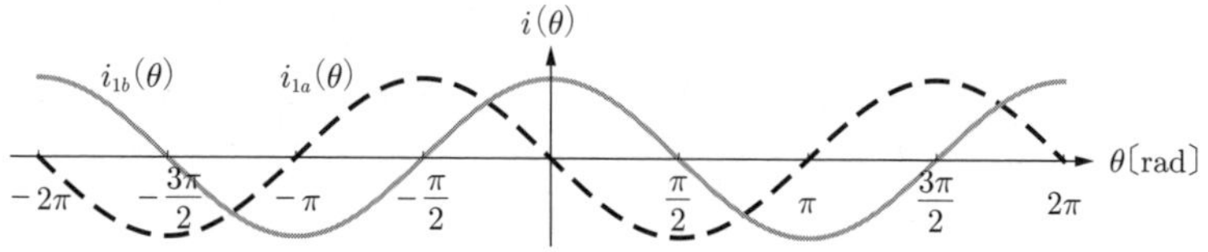

（a） 電　流

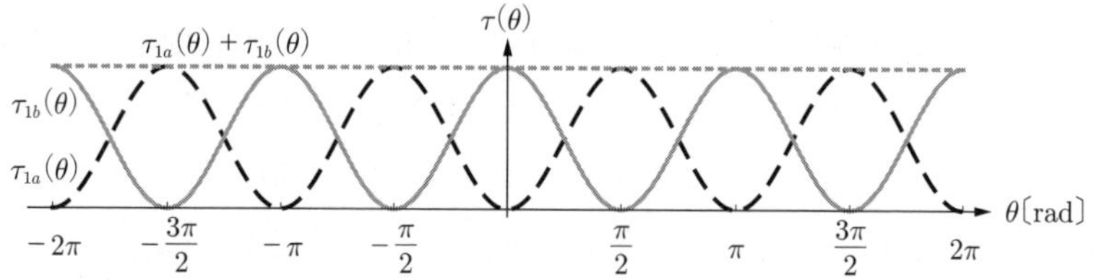

（b） トルク

図 7.4　二巻線同期機の電流 i_{1b} と電流 i_{1b} によるトルク

7.2　同期機の電圧方程式とトルク方程式

ここで，前節で述べた電流の仮定を置かずに，もう一度，図 7.3（a）のモデルに戻って電圧方程式やトルク方程式を導出していこう。

7.2.1 回転子巻線の鎖交磁束

まず，各巻線の鎖交磁束を求めよう。図 7.3（a）の回転機のインダクタンス行列は，コイルのなす角に注目すると以下で表すことができる。

$$\boldsymbol{L}(\theta) = \begin{bmatrix} L_1 & L_1 \cos \dfrac{\pi}{2} & M_0 \cos \theta \\ L_1 \cos \dfrac{\pi}{2} & L_1 & M_0 \cos \left(\theta - \dfrac{\pi}{2} \right) \\ M_0 \cos \theta & M_0 \cos \left(\theta - \dfrac{\pi}{2} \right) & L_2 \end{bmatrix}$$

$$= \begin{bmatrix} L_1 & 0 & M_0 \cos \theta \\ 0 & L_1 & M_0 \sin \theta \\ M_0 \cos \theta & M_0 \sin \theta & L_2 \end{bmatrix} \tag{7.4}$$

ただし，L_1，L_2 はそれぞれ固定子巻線および回転子巻線の自己インダクタンスである。これより，各巻線の鎖交磁束は以下のように表される。

$$\begin{bmatrix} \Phi_{1a} \\ \Phi_{1b} \\ \Phi_2 \end{bmatrix} = \begin{bmatrix} L_1 & 0 & M_0 \cos \theta \\ 0 & L_1 & M_0 \sin \theta \\ M_0 \cos \theta & M_0 \sin \theta & L_2 \end{bmatrix} \begin{bmatrix} i_{1a} \\ i_{1b} \\ i_2 \end{bmatrix} \tag{7.5}$$

ただし，Φ_{1a}，Φ_{1b}，Φ_2 は，それぞれ電流 i_{1a}，電流 i_{1b}，電流 i_2 の巻線の鎖交磁束である。

7.2.2 巻線に生じる誘導起電力と電圧方程式

式 (5.59) および式 (7.4) より，この同期機の電圧方程式は以下のように表される。

$$\begin{bmatrix} v_{1a} \\ v_{1b} \\ v_2 \end{bmatrix} = \begin{bmatrix} R_1 & 0 & 0 \\ 0 & R_1 & 0 \\ 0 & 0 & R_2 \end{bmatrix} \begin{bmatrix} i_{1a} \\ i_{1b} \\ i_2 \end{bmatrix} + \begin{bmatrix} L_1 & 0 & M_0 \cos \theta \\ 0 & L_1 & M_0 \sin \theta \\ M_0 \cos \theta & M_0 \sin \theta & L_2 \end{bmatrix} \begin{bmatrix} \dfrac{di_{1a}}{dt} \\ \dfrac{di_{1b}}{dt} \\ \dfrac{di_2}{dt} \end{bmatrix}$$

$$
+\begin{bmatrix} 0 & 0 & -M_0\sin\theta \\ 0 & 0 & M_0\cos\theta \\ -M_0\sin\theta & M_0\cos\theta & 0 \end{bmatrix}\begin{bmatrix} i_{1a} \\ i_{1b} \\ i_2 \end{bmatrix}\frac{d\theta}{dt} \tag{7.6}
$$

ただし，R_1，R_2 はそれぞれ固定子巻線および回転子巻線の抵抗である。

界磁電流 i_2 が一定のとき，1 行目と 2 行目を取り出して整理すると電機子に関する電圧方程式が以下のように得られる。

$$
\begin{bmatrix} v_{1a} \\ v_{1b} \end{bmatrix} = \begin{bmatrix} R_1 & 0 \\ 0 & R_1 \end{bmatrix}\begin{bmatrix} i_{1a} \\ i_{1b} \end{bmatrix} + \begin{bmatrix} L_1 & 0 \\ 0 & L_1 \end{bmatrix}\begin{bmatrix} \dfrac{di_{1a}}{dt} \\ \dfrac{di_{1b}}{dt} \end{bmatrix} + M_0 i_2 \begin{bmatrix} -\sin\theta \\ \cos\theta \end{bmatrix}\frac{d\theta}{dt} \tag{7.7}
$$

7.2.3　回転子に生じるトルク

この同期機のトルク方程式は式 (5.61) および式 (7.4) より以下のように表される。

$$
\begin{aligned}
\tau &= \frac{1}{2}\begin{bmatrix} i_{1a} & i_{1b} & i_2 \end{bmatrix}\begin{bmatrix} 0 & 0 & -M_0\sin\theta \\ 0 & 0 & M_0\cos\theta \\ -M_0\sin\theta & M_0\cos\theta & 0 \end{bmatrix}\begin{bmatrix} i_{1a} \\ i_{1b} \\ i_2 \end{bmatrix} \\
&= -i_{1a}i_2M_0\sin\theta + i_{1b}i_2M_0\cos\theta \\
&= M_0 i_2 \begin{bmatrix} -\sin\theta & \cos\theta \end{bmatrix}\begin{bmatrix} i_{1a} \\ i_{1b} \end{bmatrix}
\end{aligned} \tag{7.8}
$$

〔**1**〕 **電機子電流に一定の角周波数の二相交流を与えた場合**　　ここで，界磁電流 i_2 を一定とし，電機子電流を一定の角周波数 ω の二相交流で与えたときのトルクを求める。すなわち

$$
i_{1a} = I_1\cos\omega t \tag{7.9}
$$

$$
i_{1b} = I_1\sin\omega t \tag{7.10}
$$

$$
i_2 = I_2 = \mathrm{const.} \tag{7.11}
$$

とする。また，回転子が同じ角周波数で位相が γ〔rad〕だけ遅れて回転しているとき，すなわち

$$\theta = \omega t - \gamma \tag{7.12}$$

のとき，トルク方程式は

$$\tau = M_0 I_2 \begin{bmatrix} -\sin(\omega t - \gamma) & \cos(\omega t - \gamma) \end{bmatrix} \begin{bmatrix} I_1 \cos\omega t \\ I_1 \sin\omega t \end{bmatrix} \tag{7.13}$$

$$= M_0 I_2 I_1 \sin\gamma \tag{7.14}$$

となり，$\sin\gamma$ に比例することがわかる。負荷トルクに応じて γ が変化し，定常状態に収束することが期待できる。定常状態において，回転子の角速度は二相交流の角周波数と同期することになる。しかし，負荷トルクが大きすぎる場合には，同期を維持できなくなる。これを**同期外れ**（loss of synchronization）または**脱調**という。

〔**2**〕 **電機子電流に回転子の回転角度に同期した二相交流を与えた場合** 一方，回転子角度 θ を測定し，その値に基づいて二相電流を

$$i_{1a} = I_1 \cos(\theta + \pi/2) = -I_1 \sin\theta \tag{7.15}$$

$$i_{1b} = I_1 \sin(\theta + \pi/2) = I_1 \cos\theta \tag{7.16}$$

$$i_2 = I_2 = \text{const.} \tag{7.17}$$

として与える場合，トルク方程式は

$$\tau = I_1 I_2 M_0 \sin^2\theta + I_1 I_2 M_0 \cos^2\theta = I_1 I_2 M_0 \tag{7.18}$$

となり，一定となることがわかる。これは図 **7.5** のように界磁巻線（回転子巻線）により生じる磁極に対して，つねに $\pi/2$ の位相差の位置に電機子巻線（固定子巻線）により磁極を発生させることを意味する。過渡状態においても同期が維持されるので，一定の角周波数の二相交流を与える場合とは異なり，同期外れが生じることはない。

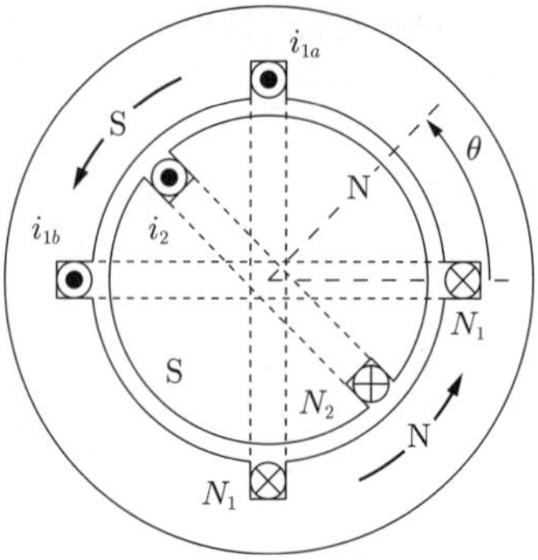

図 7.5　固定子巻線による磁極と回転子巻線による磁極の位置関係

7.3　d-q 軸モデル

7.3.1　突極性のない同期機

二相同期機では，固定子巻線に二相交流を流すことにより回転磁界を発生させている。そこで，固定子巻線が発生させる磁界を回転子に同期した座標系でみたとき，回路方程式やトルク方程式がその座標系上でどのように記述されるか見てみよう。

図 7.6 のように界磁巻線の電流 i_2 が発生させる界磁磁束の向きを d 軸と定義し，d 軸に対して $\pi/2$ 進んだ位置の軸を q 軸と定義する。固定子の電機子電流 i_{1a} が発生させる磁界の向きを a 軸，電機子電流 i_{1b} が発生させる磁界の向きを b 軸とする。

発生させる磁界の向きに対応させて電流もベクトルで考える。**図 7.7** のように固定子電流 i_{1a} の d 軸成分は $i_{1a}\cos\theta$，q 軸成分は $-i_{1a}\sin\theta$ と表すことができる。また，固定子電流 i_{1b} の d 軸成分は $i_{1b}\sin\theta$，q 軸成分は $i_{1b}\cos\theta$ と表すことができる。したがって，固定子電流を d-q 軸上に変換した電流 i_{1d} および i_{1q} は，それらの合成で表すことができる。

$$i_{1d} = i_{1a}\cos\theta + i_{1b}\sin\theta \tag{7.19}$$

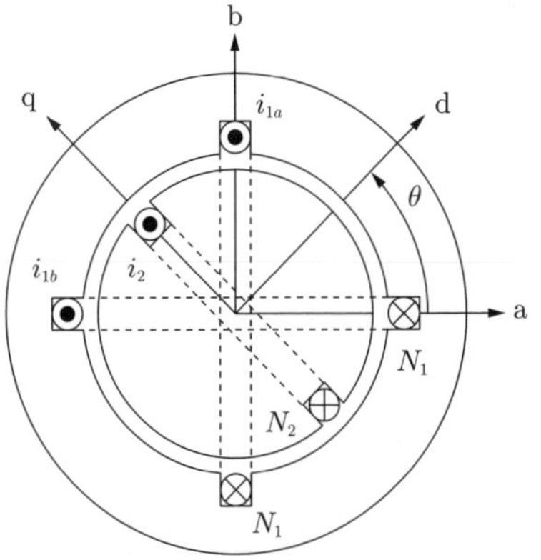

図 **7.6** d-q 軸，a-b 軸の定義

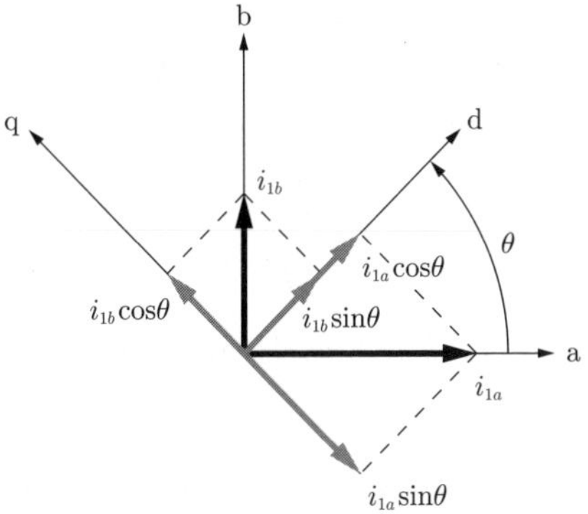

図 **7.7** a-b 軸から d-q 軸への変換

$$i_{1q} = -i_{1a}\sin\theta + i_{1b}\cos\theta \tag{7.20}$$

i_{1d} を d 軸電流，i_{1q} を q 軸電流とよぶ。まとめると

$$\begin{bmatrix} i_{1d} \\ i_{1q} \end{bmatrix} = \begin{bmatrix} \cos\theta & \sin\theta \\ -\sin\theta & \cos\theta \end{bmatrix} \begin{bmatrix} i_{1a} \\ i_{1b} \end{bmatrix} \tag{7.21}$$

と表すことができる。係数行列は回転行列になっていることがわかる。電圧についても同じ座標変換を行い，d 軸電圧 v_{1d}，q 軸電圧 v_{1q} を以下で定義する。

$$\begin{bmatrix} v_{1d} \\ v_{1q} \end{bmatrix} = \begin{bmatrix} \cos\theta & \sin\theta \\ -\sin\theta & \cos\theta \end{bmatrix} \begin{bmatrix} v_{1a} \\ v_{1b} \end{bmatrix} \tag{7.22}$$

以下では，式 (7.21)，(7.22) を用いて電圧方程式 (7.7) を d 軸および q 軸の電圧・電流で表現することを考えよう。

式 (7.21) を i_{1a}，i_{1b} について解くと

$$\begin{bmatrix} i_{1a} \\ i_{1b} \end{bmatrix} = \begin{bmatrix} \cos\theta & -\sin\theta \\ \sin\theta & \cos\theta \end{bmatrix} \begin{bmatrix} i_{1d} \\ i_{1q} \end{bmatrix} \tag{7.23}$$

となる。また

$$\frac{d}{dt}\begin{bmatrix} i_{1a} \\ i_{1b} \end{bmatrix} = \begin{bmatrix} -\sin\theta & -\cos\theta \\ \cos\theta & -\sin\theta \end{bmatrix} \begin{bmatrix} i_{1d} \\ i_{1q} \end{bmatrix} \frac{d\theta}{dt} + \begin{bmatrix} \cos\theta & -\sin\theta \\ \sin\theta & \cos\theta \end{bmatrix} \frac{d}{dt}\begin{bmatrix} i_{1d} \\ i_{1q} \end{bmatrix} \tag{7.24}$$

であることを用いて式 (7.7) を変形すると次式が得られる。

$$\begin{bmatrix} v_{1d} \\ v_{1q} \end{bmatrix} = \begin{bmatrix} R_1 & 0 \\ 0 & R_1 \end{bmatrix} \begin{bmatrix} i_{1d} \\ i_{1q} \end{bmatrix} + \begin{bmatrix} L_1 & 0 \\ 0 & L_1 \end{bmatrix} \frac{d}{dt} \begin{bmatrix} i_{1d} \\ i_{1q} \end{bmatrix} + \begin{bmatrix} 0 & -L_1 \\ L_1 & 0 \end{bmatrix} \begin{bmatrix} i_{1d} \\ i_{1q} \end{bmatrix} \frac{d\theta}{dt} + M_0 i_2 \begin{bmatrix} 0 \\ 1 \end{bmatrix} \frac{d\theta}{dt} \qquad (7.25)$$

これより，速度起電力は q 軸の電圧として現れ，d 軸には発生しないことがわかる。また，θ に関する三角関数が現れないため，角速度 $d\theta/dt$ が大きく変化しないときには，このモデルを線形システムとみなすことができ，過渡解析や線形制御を適用することが可能となる。

また，トルク方程式 (7.8) は次式のように変形できる。

$$\tau = M_0 i_2 \begin{bmatrix} 0 & 1 \end{bmatrix} \begin{bmatrix} i_d \\ i_q \end{bmatrix} = M_0 i_2 i_q \qquad (7.26)$$

トルクは界磁電流と q 軸電流の積で表されることがわかる。

7.3.2　突極性のある同期機

同期機において，回転子鉄心に巻線スロットや永久磁石の磁束が短絡しないように空隙（フラックスバリア）を設けるために，磁気的に空気ギャップが一様にならない場合がある。このような性質のことを**突極性**（saliency）という。**図 7.8** はそのような突極形の同期機の一例である。回転子に同期した d 軸方向と q 軸方向とで磁気抵抗が異なる性質を持つ。

そのため，突極形同期機の巻線の自己インダクタンスや相互インダクタンスを求めるにあたって，巻線を d 軸成分の磁束を作るものと q 軸成分の磁束を作るものに分解することを考える。両者の 2 乗和は，元の巻線の 2 乗に一致させる。

図 7.9 は巻数 N_1 の巻線 1a を巻数 N_{1d} の巻線と巻数 N_{1q} の巻線に分けたものである。巻数 N_{1d} の巻線と巻数 N_{1q} の巻線の磁束を合成したものが巻数 N_1 の巻線の磁束に一致するための巻数は，以下で与えられる。

$$N_{1d} = N_1 \cos\theta \qquad (7.27)$$

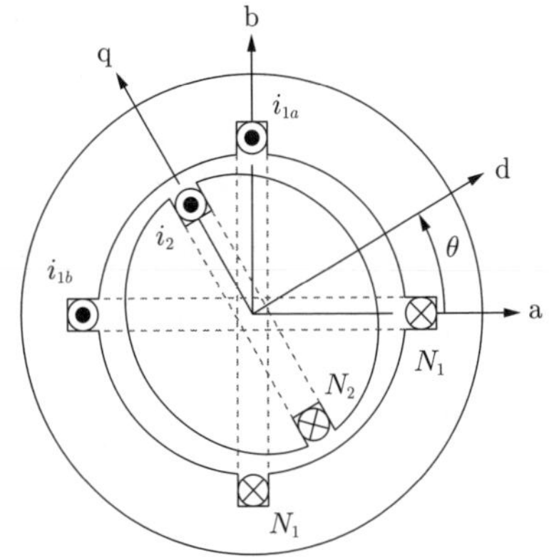

図 **7.8**　突極性のある同期機

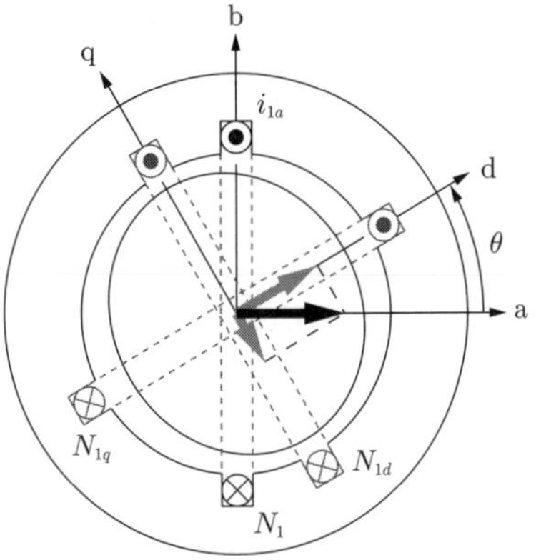

図 **7.9**　突極性のある同期機のインダクタンス

$$N_{1q} = N_1 \sin\theta \tag{7.28}$$

巻数 N_{1d} の巻線から見た磁気回路の磁気抵抗を $\mathcal{R}_{md}$ とすると，そのインダクタンスは $N_{1d}^2/\mathcal{R}_{md}$ と書ける。また，巻数 N_{1q} の巻線から見た磁気回路の磁気抵抗を $\mathcal{R}_{mq}$ とすると，そのインダクタンスは $N_{1q}^2/\mathcal{R}_{mq}$ と書ける。結局，巻線 1a の自己インダクタンスはそれらの和になり

$$\frac{N_{1d}^2}{\mathcal{R}_{md}} + \frac{N_{1q}^2}{\mathcal{R}_{mq}} = N_1^2(P_d \cos^2\theta + P_q \sin^2\theta) \tag{7.29}$$

と表すことができる。ここで，P_d, P_q は磁気抵抗の逆数で**パーミアンス**（permeance）とよばれ，$P_d = 1/\mathcal{R}_{md}$，$P_q = 1/\mathcal{R}_{mq}$ で定義される。自己インダクタンスは，非突極形の場合は一定だが，突極形の場合は回転子角度 θ に応じて変化することがわかる。

相互インダクタンスを考えるときも，巻線を d 軸成分と q 軸成分に分けて，それぞれの相互インダクタンスを求め，和をとることで求められる。具体的には，回転子の d 軸との相対角度が θ_1 の位置にある巻線と θ_2 の位置にある巻線が作る磁気回路のパーミアンス $P(\theta_1, \theta_2)$ は次式で与えられる。

$$P(\theta_1, \theta_2) = P_d \cos\theta_1 \cos\theta_2 + P_q \sin\theta_1 \sin\theta_2 \tag{7.30}$$

パーミアンスに二つの巻線の巻数を掛ければ相互インダクタンスが求められる。

以上から，図 7.8 の同期機のインダクタンス行列は各巻線の相対位置関係からつぎのようにまとめられる。

$$
\boldsymbol{L}=\begin{bmatrix} N_1^2P(p\theta,p\theta) & N_1^2P\left(p\theta,p\theta-\dfrac{\pi}{2}\right) & N_1N_2P(p\theta,0) \\ N_1^2P\left(p\theta-\dfrac{\pi}{2},p\theta\right) & N_1^2P\left(p\theta-\dfrac{\pi}{2},p\theta-\dfrac{\pi}{2}\right) & N_1N_2P\left(p\theta-\dfrac{\pi}{2},0\right) \\ N_1N_2P(0,p\theta) & N_1N_2P\left(0,p\theta-\dfrac{\pi}{2}\right) & N_2^2P(0,0) \end{bmatrix}
$$

$$
=\begin{bmatrix} N_1^2(P_d\cos^2 p\theta+P_q\sin^2 p\theta) & N_1^2(P_d-P_q)\cos p\theta\sin p\theta & N_1N_2P_d\cos p\theta \\ N_1^2(P_d-P_q)\cos p\theta\sin p\theta & N_1^2(P_d\sin^2 p\theta+P_q\cos^2 p\theta) & N_1N_2P_d\sin p\theta \\ N_1N_2P_d\cos p\theta & N_1N_2P_d\sin p\theta & N_2^2P_d \end{bmatrix}
\tag{7.31}
$$

なお，一般化のため，極対数を p とおいている。

この突極形同期機の電圧方程式およびトルク方程式は次式で表される。

$$
\boldsymbol{v}=\boldsymbol{R}\boldsymbol{i}+\boldsymbol{L}\frac{d\boldsymbol{i}}{dt}+\frac{\partial \boldsymbol{L}}{\partial\theta}\boldsymbol{i}\frac{d\theta}{dt} \tag{7.32}
$$

$$
\tau=\frac{1}{2}\boldsymbol{i}^{\mathrm{T}}\frac{\partial \boldsymbol{L}}{\partial\theta}\boldsymbol{i} \tag{7.33}
$$

ただし，電圧ベクトル $\boldsymbol{v}$，電流ベクトル $\boldsymbol{i}$ は次式で定義される。

$$
\boldsymbol{v}=\begin{bmatrix} v_{1a} \\ v_{1b} \\ v_2 \end{bmatrix},\quad \boldsymbol{i}=\begin{bmatrix} i_{1a} \\ i_{1b} \\ i_2 \end{bmatrix} \tag{7.34}
$$

突極形同期機の d-q 軸モデルは，これらの方程式を座標変換することで求めることができる。前節の回転行列を用いた座標変換と同様に，以下の変換行列を考える。

$$
\boldsymbol{C}=\begin{bmatrix} \cos p\theta & \sin p\theta & 0 \\ -\sin p\theta & \cos p\theta & 0 \\ 0 & 0 & 1 \end{bmatrix} \tag{7.35}
$$

また，d-q 軸モデルの電圧，電流を以下で定義する。

$$\boldsymbol{v}_{dq} = \begin{bmatrix} v_{1d} \\ v_{1q} \\ v_2 \end{bmatrix} = \boldsymbol{C}\boldsymbol{v}, \quad \boldsymbol{i}_{dq} = \begin{bmatrix} i_{1d} \\ i_{1q} \\ i_2 \end{bmatrix} = \boldsymbol{C}\boldsymbol{i} \tag{7.36}$$

今回は，界磁に関する電圧方程式も合わせて変換するため，変換行列は 3×3 の行列となっている。変換行列の逆行列 $\boldsymbol{C}^{-1}$ は転置行列 $\boldsymbol{C}^{\mathrm{T}}$ に等しいことに注意されたい。

7.3.1 項と同様に式変形を行うと以下のようになる。

$$\boldsymbol{v}_{dq} = \boldsymbol{C}\boldsymbol{R}\boldsymbol{C}^{\mathrm{T}}\boldsymbol{i}_{dq} + \boldsymbol{C}\left(\boldsymbol{L}\frac{\partial \boldsymbol{C}^{\mathrm{T}}}{\partial \theta} + \frac{\partial \boldsymbol{L}}{\partial \theta}\boldsymbol{C}^{\mathrm{T}}\right)\boldsymbol{i}_{dq}\frac{d\theta}{dt} + \boldsymbol{C}\boldsymbol{L}\boldsymbol{C}^{\mathrm{T}}\frac{d\boldsymbol{i}_{dq}}{dt} \tag{7.37}$$

$$\tau = \frac{1}{2}{\boldsymbol{i}_{dq}}^{\mathrm{T}}\boldsymbol{C}\frac{\partial \boldsymbol{L}}{\partial \theta}\boldsymbol{C}^{\mathrm{T}}\boldsymbol{i}_{dq} \tag{7.38}$$

ただし

$$\boldsymbol{C}\boldsymbol{R}\boldsymbol{C}^{\mathrm{T}} = \begin{bmatrix} R_1 & 0 & 0 \\ 0 & R_1 & 0 \\ 0 & 0 & R_2 \end{bmatrix} \tag{7.39}$$

$$\boldsymbol{C}\boldsymbol{L}\frac{\partial \boldsymbol{C}^{\mathrm{T}}}{\partial \theta} = \begin{bmatrix} 0 & -p{N_1}^2 P_d & 0 \\ p{N_1}^2 P_q & 0 & 0 \\ 0 & -pN_1 N_2 P_d & 0 \end{bmatrix} \tag{7.40}$$

$$\boldsymbol{C}\frac{\partial \boldsymbol{L}}{\partial \theta}\boldsymbol{C}^{\mathrm{T}} = \begin{bmatrix} 0 & p{N_1}^2(P_d - P_q) & 0 \\ p{N_1}^2(P_d - P_q) & 0 & pN_1 N_2 P_d \\ 0 & pN_1 N_2 P_d & 0 \end{bmatrix} \tag{7.41}$$

$$\boldsymbol{C}\boldsymbol{L}\boldsymbol{C}^{\mathrm{T}} = \begin{bmatrix} {N_1}^2 P_d & 0 & N_1 N_2 P_d \\ 0 & {N_1}^2 P_q & 0 \\ N_1 N_2 P_d & 0 & {N_2}^2 P_d \end{bmatrix} \tag{7.42}$$

整理すると，以下のようにまとめられる。

$$\begin{bmatrix} v_{1d} \\ v_{1q} \\ v_2 \end{bmatrix} = \begin{bmatrix} R_1 & 0 & 0 \\ 0 & R_1 & 0 \\ 0 & 0 & R_2 \end{bmatrix} \begin{bmatrix} i_{1d} \\ i_{1q} \\ i_2 \end{bmatrix} + \begin{bmatrix} L_{1d} & 0 & M_0 \\ 0 & L_{1q} & 0 \\ M_0 & 0 & L_{2d} \end{bmatrix} \frac{d}{dt} \begin{bmatrix} i_{1d} \\ i_{1q} \\ i_2 \end{bmatrix}$$
$$+ \begin{bmatrix} 0 & -pL_{1q} & 0 \\ pL_{1d} & 0 & pM_0 \\ 0 & 0 & 0 \end{bmatrix} \begin{bmatrix} i_{1d} \\ i_{1q} \\ i_2 \end{bmatrix} \frac{d\theta}{dt} \tag{7.43}$$

$$\tau = pM_0 i_2 i_{1q} + p(L_{1d} - L_{1q}) i_{1d} i_{1q} \tag{7.44}$$

ただし，$L_{1d} = N_1^2 P_d$ は d 軸インダクタンス，$L_{1q} = N_1^2 P_q$ は q 軸インダクタンス $M_0 = N_1 N_2 P_d$ は界磁巻線と電機子巻線の相互インダクタンスである。

トルク方程式 (7.44) の第 1 項は界磁により発生するトルクで**マグネットトルク**（magnet torque）とよばれ，界磁電流 i_2 と q 軸電機子電流 i_{1q} に比例する。第 2 項は，突極形の場合にのみ発生するトルクで，**リラクタンストルク**（reluctance torque）とよばれ，d 軸インダクタンスと q 軸インダクタンスの差に比例する。

7.4　同期機の特性

7.4.1　等価回路と定常特性

電機子電流が一定の角周波数 ω の二相交流で，また，回転子が同じ同期角速度 ω で回転しているとき，すなわち，$\theta = \omega t$ であるとすると，同期機の電圧方程式 (7.7) は以下のように表すことができる。これらは交流電源の接続された線形回路になっている。

$$v_{1a} = R_1 i_{1a} + L_1 \frac{di_{1a}}{dt} - \omega M_0 i_2 \sin \omega t \tag{7.45}$$

$$v_{1b} = R_1 i_{1b} + L_1 \frac{di_{1b}}{dt} + \omega M_0 i_2 \cos \omega t \tag{7.46}$$

ここで，それぞれの電圧・電流の複素表現を導入する。j を虚数として $v_{1a} = \mathrm{Re}\left[\sqrt{2}\dot{V}_{1a} e^{j(\omega t + \pi/2)}\right]$，$i_{1a} = \mathrm{Re}\left[\sqrt{2}\dot{I}_{1a} e^{j(\omega t + \pi/2)}\right]$，$v_{1b} = \mathrm{Re}\left[\sqrt{2}\dot{V}_{1b} e^{j\omega t}\right]$，

$i_{1b} = \mathrm{Re}\left[\sqrt{2}\dot{I}_{1b}e^{j\omega t}\right]$ とすると，上式は以下のように複素領域に拡張できる。ただし，$\mathrm{Re}[\cdot]$ は複素数の実部を取り出す操作を表す。

$$\begin{aligned}\sqrt{2}\dot{V}_{1a}e^{j(\omega t+\pi/2)} &= R_1\sqrt{2}\dot{I}_{1a}e^{j(\omega t+\pi/2)} + L_1\frac{d}{dt}\left(\sqrt{2}\dot{I}_{1a}e^{j(\omega t+\pi/2)}\right) \\ &\quad +\omega M_0 i_2 e^{j(\omega t+\pi/2)} \end{aligned} \tag{7.47}$$

$$\sqrt{2}\dot{V}_{1b}e^{j\omega t} = R_1\sqrt{2}\dot{I}_{1b}e^{j\omega t} + L_1\frac{d}{dt}\left(\sqrt{2}\dot{I}_{1b}e^{j\omega t}\right) + \omega M_0 i_2 e^{j\omega t} \tag{7.48}$$

ここで，$e^{j(\omega t+\pi/2)} = -\sin\omega t + j\cos\omega t$，$e^{j\omega t} = \cos\omega t + j\sin\omega t$ であるので，式 (7.47)，(7.48) の実部を取ったものが式 (7.45)，(7.46) である。式 (7.47)，(7.48) を整理すると以下が得られる。

$$\dot{V}_{1a} = (R_1 + j\omega L_1)\dot{I}_{1a} + \dot{E}_0 \tag{7.49}$$

$$\dot{V}_{1b} = (R_1 + j\omega L_1)\dot{I}_{1b} + \dot{E}_0 \tag{7.50}$$

回路方程式の複素表示

式 (7.49)，(7.50) より a 相，b 相とも同型の回路となっているので，以下のように，これらをまとめて表現することもできる。同期機の電圧方程式 (7.7) の a 相成分を実部，b 相成分を虚部として複素数を用いて式 (7.7) の電圧方程式を記述すると

$$\begin{aligned} v_{1a} + jv_{1b} &= R_1(i_{1a} + ji_{1b}) + L_1\frac{d(i_{1a} + ji_{1b})}{dt} \\ &\quad + M_0 i_2(-\sin\theta + j\cos\theta)\frac{d\theta}{dt} \end{aligned} \tag{1}$$

となる。電圧と電流の複素表示 $v_{1a} + jv_{1b} = \sqrt{2}\dot{V}_1e^{j(\omega t+\pi/2)}$，$i_{1a} + ji_{1b} = \sqrt{2}\dot{I}_1e^{j(\omega t+\pi/2)}$ を導入すると，上式は以下のように表すことができる。

$$\dot{V}_1 = (R_1 + j\omega L_1)\dot{I}_1 + E_0 \tag{2}$$

通常の線形回路と同様の扱いが可能であるが，二相巻線の各相の 2 回路分をまとめて表現したものになっているので，電力を計算する際には結果を 2 倍する必要がある。

複素表現においては a 相，b 相とも同じ方程式となる。a 相の等価回路を表すと**図 7.10** のように表すことができる。b 相も同じ等価回路となる。ここで $\dot{E}_0$ は**無負荷誘導起電力**（non-load induced electromotive force）とよばれ

$$\dot{E}_0 = E_0 = \frac{M_0 I_2 \omega}{\sqrt{2}} \tag{7.51}$$

で定義される。無負荷誘導起電力は角速度 ω に比例する。また，$X_s = \omega L_1$ は**同期リアクタンス**（synchronous reactance），$\dot{Z}_s = R_1 + jX_s$ は**同期インピーダンス**（synchronous impedance）とよばれる。

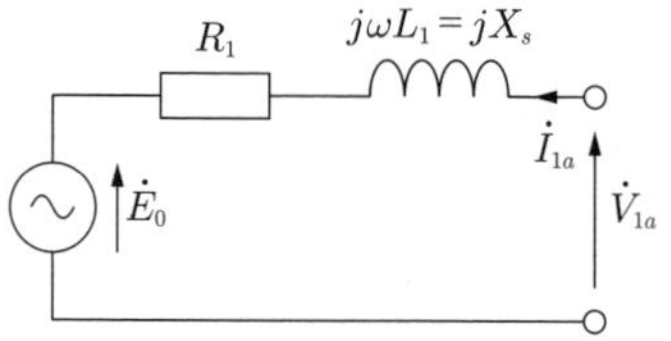

図 7.10　同期電動機の等価回路（一相分）

図 7.10 の回路のベクトル図を描くと**図 7.11** のようになる。ここで，力率を $\cos\varphi$，誘導起電力 $\dot{E}_0$ と端子電圧 $\dot{V}_{1a}$ の位相差を δ で表している。角度は，反時計回りを正としている。いま，電機子抵抗 R_1 を無視すると，ベクトル図は**図 7.12** のようになる。a 相の入力パワー $P_{\rm in}$ は力率が $\cos\varphi$ であるので

$$P_{\rm in} = |\dot{V}_{1a}||\dot{I}_{1a}|\cos\varphi \tag{7.52}$$

と表される。一方，a 相の出力パワー $P_{\rm out}$ は，誘導起電力に逆らって電流を流し込むのに必要な電力に等しいので

$$P_{\rm out} = |\dot{E}_0||\dot{I}_{1a}|\cos(\varphi - \delta) \tag{7.53}$$

で与えられる。同図より

$$|\dot{E}_0|\sin\delta = X_s|\dot{I}_{1a}|\cos\varphi \tag{7.54}$$

$$|\dot{E}_0|\cos\delta = |\dot{V}_{1a}| - X_s|\dot{I}_{1a}|\sin\varphi \tag{7.55}$$

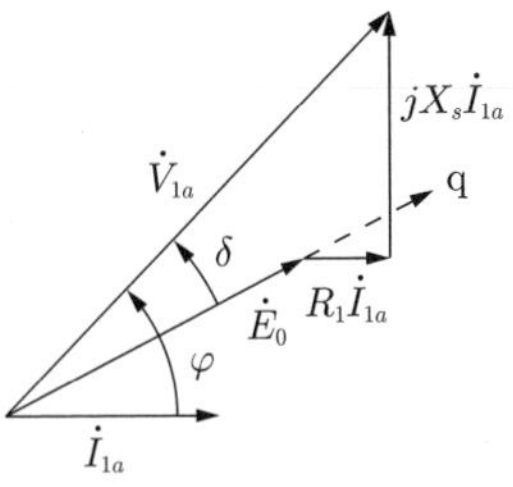

図 7.11　同期電動機のベクトル図

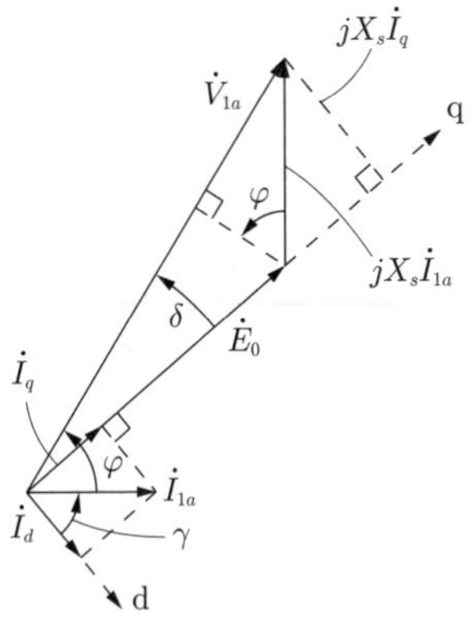

図 7.12　電機子抵抗を無視した同期電動機のベクトル図

が成り立つので，これを用いると

$$P_{\rm in} = \frac{|\dot{V}_{1a}||\dot{E}_0|}{X_s}\sin\delta \tag{7.56}$$

$$P_{\rm out} = |\dot{E}_0||\dot{I}_{1a}|(\cos\varphi\cos\delta + \sin\varphi\sin\delta) = \frac{|\dot{V}_{1a}||\dot{E}_0|}{X_s}\sin\delta \tag{7.57}$$

と表される。巻線抵抗を無視したため，損失がなく，入力パワー $P_{\rm in}$ と出力パワー $P_{\rm out}$ は一致している。また，二相分の出力パワーは，機械出力 $\tau\omega$ に一致するため，$2P_{\rm out} = \tau\omega$ より，トルクは

$$\tau = \frac{2|\dot{V}_{1a}||\dot{E}_0|}{\omega X_s}\sin\delta \tag{7.58}$$

と表される。トルクは $\sin\delta$ に比例することがわかる。δ は**内部相差角** (internal phase angle)，**負荷角** (load angle) などとよばれる。三相同期機の場合のトルクは，三相分の出力パワーが機械出力に一致するので

$$\tau = \frac{3|\dot{V}_{1a}||\dot{E}_0|}{\omega X_s}\sin\delta \tag{7.59}$$

と表される。

なお，式 (7.51) の無負荷誘導起電力 $E_0 = M_0 I_2 \omega/\sqrt{2}$，および $i_q = \sqrt{2}|\dot{I}_q|$，また図 7.12 より $|\dot{V}_{1a}|\sin\delta = X_s|\dot{I}_q|$ なる関係を用い，トルク式 (7.58) に代入すると

$$\tau = M_0 I_2 i_q \tag{7.60}$$

となり，7.3.1 項で求めたトルク式 (7.26) に一致することが確かめられる。

また，回転子の回転角度は電機子電流 $\dot{I}_{1a}$ から γ だけ遅れており，図 7.12 の $\dot{I}_d$ の向きに一致している。したがって，同図より $|\dot{I}_{1a}|\sin\gamma = |\dot{I}_q|$ が成り立つ。電機子電流のピーク値 I_1 は $I_1 = \sqrt{2}|\dot{I}_{1a}|$ であるから，これらを $E_0 = M_0 I_2 \omega/\sqrt{2}$, $|\dot{V}_{1a}|\sin\delta = X_s|\dot{I}_q|$ と併せてトルク式 (7.58) に代入すれば

$$\tau = M_0 I_2 I_1 \sin\gamma \tag{7.61}$$

が得られ，式 (7.14) に一致する。

例題 7.1　定格出力 4.5 kW, 電源電圧が 200 V, 無負荷誘導起電力が 120 V, 内部相差角が 30° の三相同期電動機について，電機子抵抗が無視できるとき，同期リアクタンスを求めよ。

【解答】　式 (7.57) より同期リアクタンスは $X_s = \dfrac{|\dot{V}_a||\dot{E}_0|\sin\delta}{P_{\mathrm{out}}}$ として求められる。P_{out} は一相あたりの出力パワーであることに注意して，$X_s = 200 \times 120 \times 0.5/1\,500 = 8\,\Omega$ となる。　◇

なお，ここまで同期電動機と同期発電機の区別をせずに式を導出している。端子電圧 $\dot{V}$，角速度 ω，界磁電流 I_2 が一定のとき，出力 P_{out} は $\sin\delta$ に比例し，**図 7.13** のように表される。$\delta > 0$ の領域では $P_{\mathrm{out}} > 0$ となり，電動機として働く。一方，$\delta < 0$ の領域では $P_{\mathrm{out}} < 0$ となり，発電機として働く。

図 7.11，図 7.12 のベクトル図は $\delta > 0$ の同期電動機を説明したのもである。δ が負になる同期発電機の場合には，ベクトル図は**図 7.14**，**図 7.15** のように

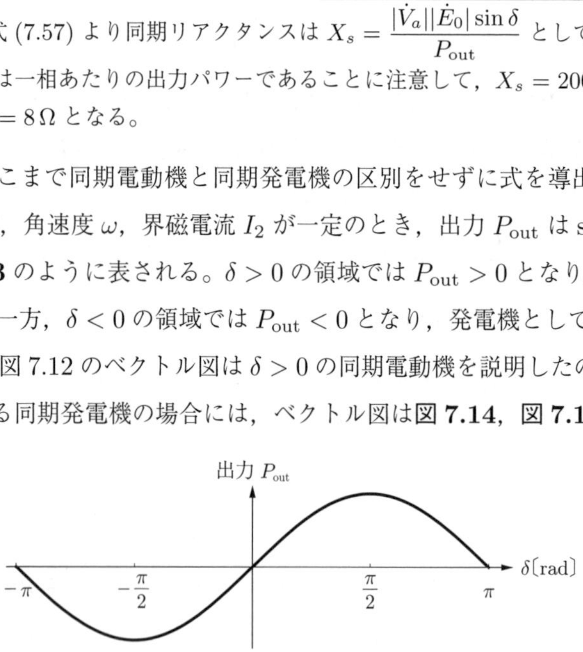

図 7.13　同期機の内部相差角 δ と出力

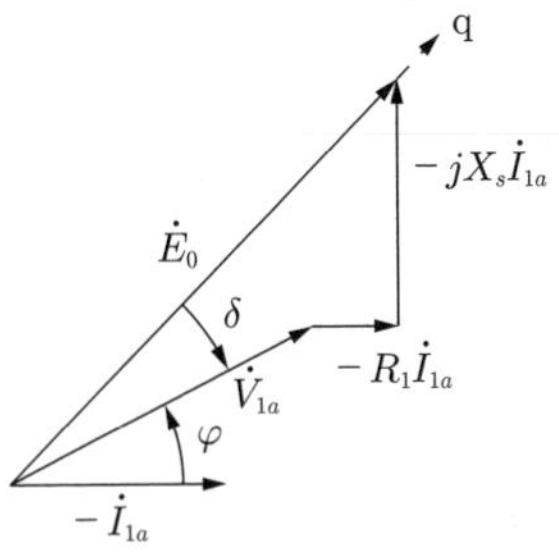

図 7.14　同期発電機のベクトル図

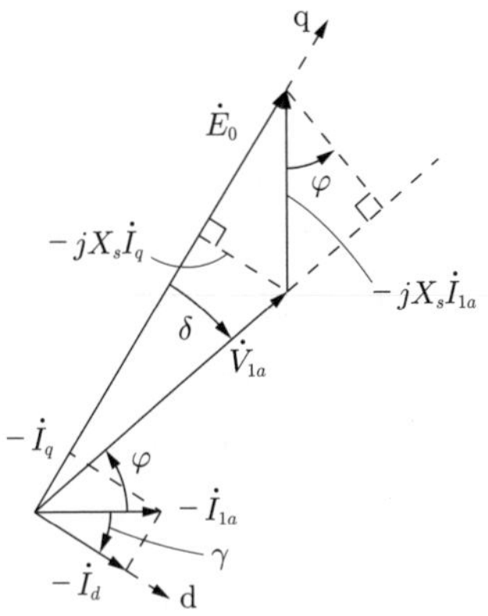

図 7.15　電機子抵抗を無視した同期発電機のベクトル図

なる。ただし，電機子電流は負になるので，図ではマイナスを掛けたベクトルを用いて表現している。

7.4.2　電機子反作用

同期機の場合も直流機の場合と同様に界磁磁束が電機子電流による磁束に影響を受ける**電機子反作用**が生じる。

図 7.16 はその一例である。グラフの中心は d 軸方向に相当し，界磁によるギャップ磁束密度は d 軸を中心に余弦波状に分布している。これに対して，電機子電流のみを $\pi/2$ 進んだ q 軸の向きに流すと図のように正弦波状にギャップ

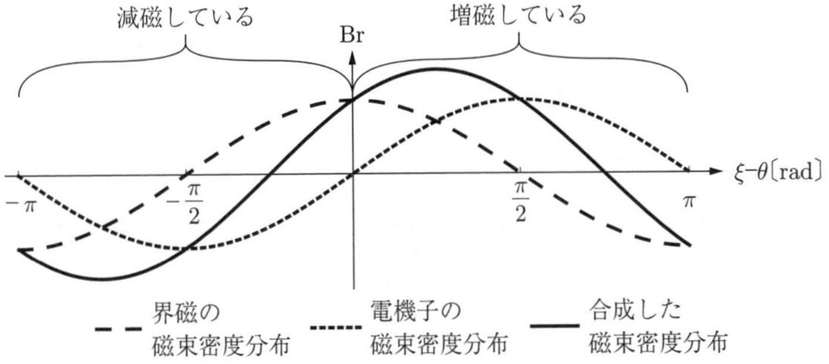

図 7.16　合成したギャップ磁束密度分布

磁束密度が分布する。界磁が存在する状態で電機子電流を流すと図のように両者を合計したギャップ磁束密度分布となり，界磁のみのときと比べ，磁束密度が増加する部分と減少する部分が現れる。このように電機子電流による界磁への影響のことを電機子反作用という。

図 7.16 では，電機子電流として q 軸電流を流していた。このことをベクトル図で表すと，**図 7.17**（a）のようになる。ここで，Φ_a は電機子電流が作る磁束のベクトル，Φ_f は界磁磁束のベクトル，Φ_{all} はそれらを合成した磁束のベクトルを表す。このように界磁と電機子電流が直交する場合を**交差磁化作用**（cross magnetization）という。一方，電機子電流を正の d 軸電流のみとした場合は，ベクトル図は図 7.17（b）のようになる。電機子電流による磁束が界磁磁束と同じ向きになっており，ギャップ磁束を増加させている。これを**増磁作用**（magnetization）という。また，電機子電流を負の d 軸電流のみとした場合は，ベクトル図は図 7.17（c）のようになる。電機子電流による磁束が界磁磁束と逆向きになっており，ギャップ磁束を減少させている。これを**減磁作用**（demagnetization）という。

例えば，永久磁石同期電動機を高い回転速度で駆動する場合，電機子電圧と

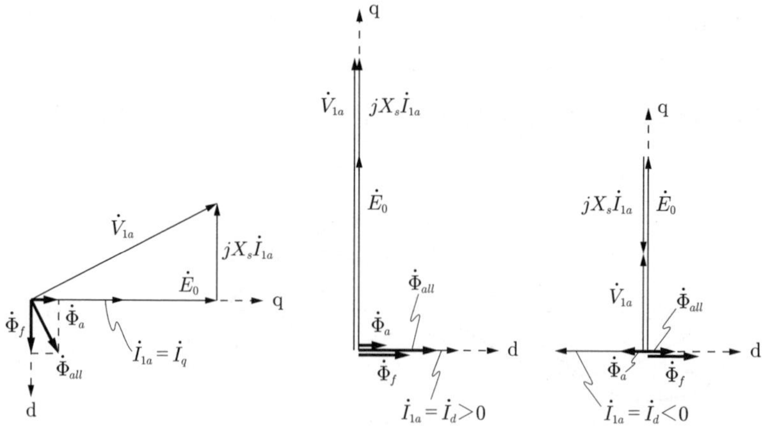

（a） 交差磁化作用　（b） 増磁作用　（c） 減磁作用

図 7.17　電機子反作用

速度起電力がつり合うとそれ以上回転速度を上げることができなくなる。そこで，負のd軸電流を流すことで減磁作用を生じさせると，より高い回転速度で駆動できるようになる。このことは式(7.25)のq軸成分の右辺第3項が負になることからも確認できる。このような制御方式を弱め磁束制御という。

章　末　問　題

【1】 式(7.13)と(7.14)が等しいことを証明せよ。

【2】 式(7.30)を用いて，回転子の回転角度がθのときの図7.8の固定子巻線1aと回転子巻線2の相互インダクタンスを計算せよ。

【3】 定格速度$1\,500\,\mathrm{min}^{-1}$，定格電圧200 V，出力3 kW，定格速度時の無負荷誘導起電力100 V，同期リアクタンスが$10\,\Omega$の三相同期電動機について，電機子巻線の抵抗が無視できるとき，内部相差角，定格トルク，および電機子電流を求めよ。

8 誘　導　機

本章では，図 5.20 のモデルを基礎として**誘導機**（induction machine）の方程式を導出する。そこから，同期機の場合とは異なる座標変換によって簡便な方程式を導出する。また，導いた方程式から誘導機の等価回路を求め，その定常特性について説明する。

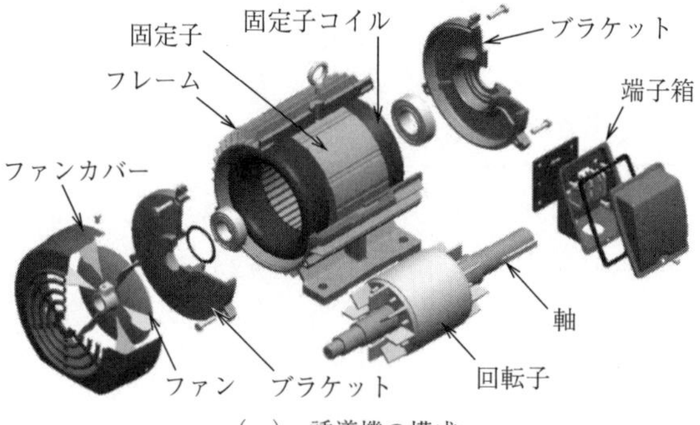

（a） 誘導機の構成

（b） 模式図

（c） 固定子

（d） 回転子（かご形）

図 8.1 誘導電動機の構造〔提供：富士電機株式会社〕

8.1　誘導機の基本構造

誘導機では，固定子巻線の電流に交流を流し，磁束密度の時間変化により，回転子巻線に誘導電流を発生させることで，一定方向のトルクを得る。回転子巻線としてかご形導体を用いるものは**かご形誘導機**（squirrel-cage induction machine），巻線を用いるものは**巻線形誘導機**（wound-rotor induction machine）とよばれる。

誘導電動機（induction motor）は，換気扇や扇風機などのファンモータとして多く利用されているほか，洗濯機にも用いられている。電気鉄道車両の駆動用やエスカレータにも多く用いられている。そのほか，水道用のポンプや工場内の動力源として多く利用されている。**図 8.1** は誘導電動機の例である。

図 8.2 は固定子と回転子にそれぞれ二相の巻線を備えた誘導機のモデルである。誘導機では，回転子巻線はそれぞれ短絡し，閉路を構成する。

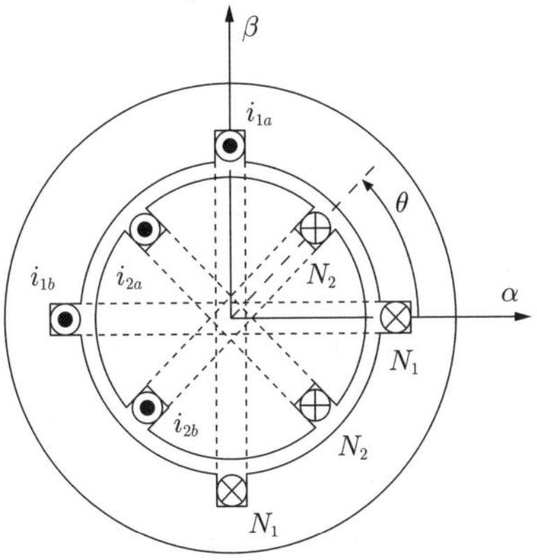

図 **8.2**　二相誘導機

8.2　誘導機の電圧方程式とトルク方程式

8.2.1　回転子巻線の鎖交磁束

固定子巻線 1a と 1b の自己インダクタンスを L_1，回転子巻線 2a と 2b の自己インダクタンスを L_2 とおく。固定子巻線 1a と巻線 1b のなす角は 0 なので，その相互インダクタンスは 0 である。回転子巻線 2a と巻線 2b の相互インダクタンスも同様に 0 となる。固定子巻線 1a と回転子巻線 2a のなす角は θ なので，その相互インダクタンスは $M_0 \cos\theta$ と表される。ただし，M_0 は固定子巻線と回転子巻線の相互インダクタンスの最大値である。固定子巻線 1b と回転子巻線 2b の相互インダクタンスも同様に $M_0 \cos\theta$ となる。固定子巻線 1a と回転子巻線 2b のなす角は $\theta + \pi/2$ なので，その相互インダクタンスは $M_0 \cos(\theta + \pi/2)$ となる。固定子巻線 1b と回転子巻線 2a のなす角は $\theta - \pi/2$ なので，その相互インダクタンスは $M_0 \cos(\theta - \pi/2)$ となる。

以上をまとめると，この回転機のインダクタンス行列は，以下のように求められる。

$$\boldsymbol{\Phi} = \boldsymbol{L}\boldsymbol{i} \tag{8.1}$$

ただし

$$\begin{aligned}\boldsymbol{L} &= \begin{bmatrix} L_1 & 0 & M_0 \cos\theta & M_0 \cos\left(\theta + \dfrac{\pi}{2}\right) \\ 0 & L_1 & M_0 \cos\left(\theta - \dfrac{\pi}{2}\right) & M_0 \cos\theta \\ M_0 \cos\theta & M_0 \cos\left(\theta - \dfrac{\pi}{2}\right) & L_2 & 0 \\ M_0 \cos\left(\theta + \dfrac{\pi}{2}\right) & M_0 \cos\theta & 0 & L_2 \end{bmatrix} \\ &= \begin{bmatrix} L_1 & 0 & M_0 \cos\theta & -M_0 \sin\theta \\ 0 & L_1 & M_0 \sin\theta & M_0 \cos\theta \\ M_0 \cos\theta & M_0 \sin\theta & L_2 & 0 \\ -M_0 \sin\theta & M_0 \cos\theta & 0 & L_2 \end{bmatrix}\end{aligned} \tag{8.2}$$

$$\boldsymbol{\Phi} = \begin{bmatrix} \Phi_{1a} \\ \Phi_{1b} \\ \Phi_{2a} \\ \Phi_{2b} \end{bmatrix}, \quad \boldsymbol{i} = \begin{bmatrix} i_{1a} \\ i_{1b} \\ i_{2a} \\ i_{2b} \end{bmatrix} \tag{8.3}$$

なお，誘導機においては固定子巻線を**一次巻線**（primary winding），回転子巻線を**二次巻線**（secondary winding），固定子巻線の電流を**一次電流**（primary current），回転子巻線の電流を**二次電流**（secondary current）などとよぶ。

8.2.2　巻線に生じる誘導起電力と電圧方程式

巻線 1a と 1b の抵抗を R_1，巻線 2a と 2b の抵抗を R_2 とし

$$\boldsymbol{v} = \begin{bmatrix} v_{1a} \\ v_{1b} \\ v_{2a} \\ v_{2b} \end{bmatrix}, \quad \boldsymbol{R} = \begin{bmatrix} R_1 & 0 & 0 & 0 \\ 0 & R_1 & 0 & 0 \\ 0 & 0 & R_2 & 0 \\ 0 & 0 & 0 & R_2 \end{bmatrix} \tag{8.4}$$

とおくと，電圧方程式は以下のように表すことができる。

$$\boldsymbol{v} = \boldsymbol{R}\boldsymbol{i} + \boldsymbol{L}\frac{d\boldsymbol{i}}{dt} + \frac{\partial \boldsymbol{L}}{\partial \theta}\boldsymbol{i}\frac{d\theta}{dt} \tag{8.5}$$

$$\begin{aligned}
\begin{bmatrix} v_{1a} \\ v_{1b} \\ v_{2a} \\ v_{2b} \end{bmatrix} &= \begin{bmatrix} R_1 & 0 & 0 & 0 \\ 0 & R_1 & 0 & 0 \\ 0 & 0 & R_2 & 0 \\ 0 & 0 & 0 & R_2 \end{bmatrix} \begin{bmatrix} i_{1a} \\ i_{1b} \\ i_{2a} \\ i_{2b} \end{bmatrix} \\
&\quad + \begin{bmatrix} L_1 & 0 & M_0 \cos\theta & -M_0 \sin\theta \\ 0 & L_1 & M_0 \sin\theta & M_0 \cos\theta \\ M_0 \cos\theta & M_0 \sin\theta & L_2 & 0 \\ -M_0 \sin\theta & M_0 \cos\theta & 0 & L_2 \end{bmatrix} \frac{d}{dt} \begin{bmatrix} i_{1a} \\ i_{1b} \\ i_{2a} \\ i_{2b} \end{bmatrix} \\
&\quad + \begin{bmatrix} 0 & 0 & -M_0 \sin\theta & -M_0 \cos\theta \\ 0 & 0 & M_0 \cos\theta & -M_0 \sin\theta \\ -M_0 \sin\theta & M_0 \cos\theta & 0 & 0 \\ -M_0 \cos\theta & -M_0 \sin\theta & 0 & 0 \end{bmatrix} \begin{bmatrix} i_{1a} \\ i_{1b} \\ i_{2a} \\ i_{2b} \end{bmatrix} \frac{d\theta}{dt}
\end{aligned} \tag{8.6}$$

ここで，一次電流 i_{1a} と i_{1b} に二相交流が流れると，上式の 3 行目と 4 行目から二次巻線に誘導起電力が発生することがわかる。ここで二次巻線を短絡，すなわち，$v_{2a} = v_{2b} = 0$ とすることで，誘導起電力によって二次電流が流れる。

8.2.3　回転子に生じるトルク

トルク方程式は以下のように求められる。

$$\tau = \frac{1}{2}\boldsymbol{i}^T \frac{\partial \boldsymbol{L}}{\partial \theta}\boldsymbol{i} = \tag{8.7}$$

$$\frac{1}{2}\begin{bmatrix} i_{1a} & i_{1b} & i_{2a} & i_{2b} \end{bmatrix}\begin{bmatrix} 0 & 0 & -M_0\sin\theta & -M_0\cos\theta \\ 0 & 0 & M_0\cos\theta & -M_0\sin\theta \\ -M_0\sin\theta & M_0\cos\theta & 0 & 0 \\ -M_0\cos\theta & -M_0\sin\theta & 0 & 0 \end{bmatrix}\begin{bmatrix} i_{1a} \\ i_{1b} \\ i_{2a} \\ i_{2b} \end{bmatrix}$$

$$\begin{aligned} &= \begin{bmatrix} i_{1a} & i_{1b} \end{bmatrix}\begin{bmatrix} -M_0\sin\theta & -M_0\cos\theta \\ M_0\cos\theta & -M_0\sin\theta \end{bmatrix}\begin{bmatrix} i_{2a} \\ i_{2b} \end{bmatrix} \\ &= -i_{1a}i_{2a}M_0\sin\theta - i_{1a}i_{2b}M_0\cos\theta + i_{1b}i_{2a}M_0\cos\theta - i_{1b}i_{2b}M_0\sin\theta \end{aligned} \tag{8.8}$$

8.3　α-β 軸モデル

つぎに，誘導機の電圧方程式 (8.6) とトルク方程式 (8.8) を図 8.2 の α-β 軸上のモデルに変換することを考える。誘導機の場合，変換先の α 軸と β 軸は固定子に固定された座標系にとる。つまり，回転子巻線の電圧，電流を固定座標系に変換することになる。そのためには，同期機の場合とは逆に，回転子の反時計回りの回転角度 θ に対して，回転子巻線の電圧・電流を時計回りに θ だけ回転座標変換を行うことになる。

誘導機の場合の変換行列を以下のように考える。

$$\boldsymbol{C} = \begin{bmatrix} 1 & 0 & 0 & 0 \\ 0 & 1 & 0 & 0 \\ 0 & 0 & \cos\theta & -\sin\theta \\ 0 & 0 & \sin\theta & \cos\theta \end{bmatrix} \tag{8.9}$$

また，α-β 軸モデルの電圧，電流を以下で定義する。

$$\boldsymbol{v}_{\alpha\beta} = \begin{bmatrix} v_{1a} \\ v_{1b} \\ v_{2\alpha} \\ v_{2\beta} \end{bmatrix} = \boldsymbol{C}\boldsymbol{v}, \quad \boldsymbol{i}_{\alpha\beta} = \begin{bmatrix} i_{1a} \\ i_{1b} \\ i_{2\alpha} \\ i_{2\beta} \end{bmatrix} = \boldsymbol{C}\boldsymbol{i} \tag{8.10}$$

この変換行列を用いて電圧方程式 (8.6) とトルク方程式 (8.8) を変形すると以下のようになる。

$$\boldsymbol{v}_{\alpha\beta} = \boldsymbol{C}\boldsymbol{R}\boldsymbol{C}^{\mathrm{T}}\boldsymbol{i}_{\alpha\beta} + \boldsymbol{C}\left(\boldsymbol{L}\frac{\partial \boldsymbol{C}^{\mathrm{T}}}{\partial\theta} + \frac{\partial \boldsymbol{L}}{\partial\theta}\boldsymbol{C}^{\mathrm{T}}\right)\boldsymbol{i}_{\alpha\beta}\frac{d\theta}{dt} + \boldsymbol{C}\boldsymbol{L}\boldsymbol{C}^{\mathrm{T}}\frac{d\boldsymbol{i}_{\alpha\beta}}{dt} \tag{8.11}$$

$$\tau = \frac{1}{2}\boldsymbol{i}_{\alpha\beta}^{\mathrm{T}}\boldsymbol{C}\frac{\partial \boldsymbol{L}}{\partial\theta}\boldsymbol{C}^{\mathrm{T}}\boldsymbol{i}_{\alpha\beta} \tag{8.12}$$

ただし

$$\boldsymbol{C}\boldsymbol{R}\boldsymbol{C}^{\mathrm{T}} = \begin{bmatrix} R_1 & 0 & 0 & 0 \\ 0 & R_1 & 0 & 0 \\ 0 & 0 & R_2 & 0 \\ 0 & 0 & 0 & R_2 \end{bmatrix} \tag{8.13}$$

$$\boldsymbol{C}\boldsymbol{L}\frac{\partial \boldsymbol{C}^{\mathrm{T}}}{\partial\theta} = \begin{bmatrix} 0 & 0 & 0 & M_0 \\ 0 & 0 & -M_0 & 0 \\ 0 & 0 & 0 & L_2 \\ 0 & 0 & -L_2 & 0 \end{bmatrix} \tag{8.14}$$

$$C\frac{\partial \boldsymbol{L}}{\partial \theta}\boldsymbol{C}^{\mathrm{T}} = \begin{bmatrix} 0 & 0 & 0 & -M_0 \\ 0 & 0 & M_0 & 0 \\ 0 & M_0 & 0 & 0 \\ -M_0 & 0 & 0 & 0 \end{bmatrix} \tag{8.15}$$

$$\boldsymbol{CLC}^{\mathrm{T}} = \begin{bmatrix} L_1 & 0 & M_0 & 0 \\ 0 & L_1 & 0 & M_0 \\ M_0 & 0 & L_2 & 0 \\ 0 & M_0 & 0 & L_2 \end{bmatrix} \tag{8.16}$$

整理すると

$$\begin{bmatrix} v_{1a} \\ v_{1b} \\ v_{2\alpha} \\ v_{2\beta} \end{bmatrix} = \begin{bmatrix} R_1 & 0 & 0 & 0 \\ 0 & R_1 & 0 & 0 \\ 0 & 0 & R_2 & 0 \\ 0 & 0 & 0 & R_2 \end{bmatrix} \begin{bmatrix} i_{1a} \\ i_{1b} \\ i_{2\alpha} \\ i_{2\beta} \end{bmatrix} + \begin{bmatrix} L_1 & 0 & M_0 & 0 \\ 0 & L_1 & 0 & M_0 \\ M_0 & 0 & L_2 & 0 \\ 0 & M_0 & 0 & L_2 \end{bmatrix} \frac{d}{dt} \begin{bmatrix} i_{1a} \\ i_{1b} \\ i_{2\alpha} \\ i_{2\beta} \end{bmatrix}$$
$$+ \begin{bmatrix} 0 & 0 & 0 & 0 \\ 0 & 0 & 0 & 0 \\ 0 & M_0 & 0 & L_2 \\ -M_0 & 0 & -L_2 & 0 \end{bmatrix} \begin{bmatrix} i_{1a} \\ i_{1b} \\ i_{2\alpha} \\ i_{2\beta} \end{bmatrix} \frac{d\theta}{dt} \tag{8.17}$$

ただし，$v_{2\alpha} = v_{2\beta} = 0$ である。

また，トルク方程式 (8.8) は以下のようになる。

$$\tau = \frac{1}{2} \begin{bmatrix} i_{1a} & i_{1b} & i_{2\alpha} & i_{2\beta} \end{bmatrix} \begin{bmatrix} 0 & 0 & 0 & -M_0 \\ 0 & 0 & M_0 & 0 \\ 0 & M_0 & 0 & 0 \\ -M_0 & 0 & 0 & 0 \end{bmatrix} \begin{bmatrix} i_{1a} \\ i_{1b} \\ i_{2\alpha} \\ i_{2\beta} \end{bmatrix}$$
$$= M_0(i_{1b}i_{2\alpha} - i_{1a}i_{2\beta}) \tag{8.18}$$

以上のように，単純化された方程式が得られる。

極対数が p の誘導機の場合，式 (8.2) のインダクタンス行列は

$$\boldsymbol{L} = \begin{bmatrix} L_1 & 0 & M_0\cos p\theta & -M_0\sin p\theta \\ 0 & L_1 & M_0\sin p\theta & M_0\cos p\theta \\ M_0\cos p\theta & M_0\sin p\theta & L_2 & 0 \\ -M_0\sin p\theta & M_0\cos p\theta & 0 & L_2 \end{bmatrix} \tag{8.19}$$

となる。α-β 軸モデルは，座標変換行列

$$\boldsymbol{C} = \begin{bmatrix} 1 & 0 & 0 & 0 \\ 0 & 1 & 0 & 0 \\ 0 & 0 & \cos p\theta & -\sin p\theta \\ 0 & 0 & \sin p\theta & \cos p\theta \end{bmatrix} \tag{8.20}$$

を用いると

$$\begin{bmatrix} v_{1a} \\ v_{1b} \\ v_{2\alpha} \\ v_{2\beta} \end{bmatrix} = \begin{bmatrix} R_1 & 0 & 0 & 0 \\ 0 & R_1 & 0 & 0 \\ 0 & 0 & R_2 & 0 \\ 0 & 0 & 0 & R_2 \end{bmatrix} \begin{bmatrix} i_{1a} \\ i_{1b} \\ i_{2\alpha} \\ i_{2\beta} \end{bmatrix} + \begin{bmatrix} L_1 & 0 & M_0 & 0 \\ 0 & L_1 & 0 & M_0 \\ M_0 & 0 & L_2 & 0 \\ 0 & M_0 & 0 & L_2 \end{bmatrix} \frac{d}{dt} \begin{bmatrix} i_{1a} \\ i_{1b} \\ i_{2\alpha} \\ i_{2\beta} \end{bmatrix}$$
$$+ \begin{bmatrix} 0 & 0 & 0 & 0 \\ 0 & 0 & 0 & 0 \\ 0 & M_0 & 0 & L_2 \\ -M_0 & 0 & -L_2 & 0 \end{bmatrix} \begin{bmatrix} i_{1a} \\ i_{1b} \\ i_{2\alpha} \\ i_{2\beta} \end{bmatrix} p\frac{d\theta}{dt} \tag{8.21}$$

ただし，$v_{2\alpha} = v_{2\beta} = 0$ である。また，トルク方程式は以下のように求められる。

$$\tau = \frac{p}{2} \begin{bmatrix} i_{1a} & i_{1b} & i_{2\alpha} & i_{2\beta} \end{bmatrix} \begin{bmatrix} 0 & 0 & 0 & -M_0 \\ 0 & 0 & M_0 & 0 \\ 0 & M_0 & 0 & 0 \\ -M_0 & 0 & 0 & 0 \end{bmatrix} \begin{bmatrix} i_{1a} \\ i_{1b} \\ i_{2\alpha} \\ i_{2\beta} \end{bmatrix}$$
$$= pM_0(i_{1b}i_{2\alpha} - i_{1a}i_{2\beta}) \tag{8.22}$$

8.4　誘導機の特性

8.4.1　等価回路と定常特性

誘導機では，v_{1a}，v_{1b} に交流電圧を与えるため，一次巻線，二次巻線ともに交流が流れる。一次巻線に与える二相交流の電圧を複素表示で $v_{1a}+jv_{1b}=\sqrt{2}\dot{V}_1e^{j\omega t}$ としたとき，一次電流および二次電流の複素表示を $i_{1a}+jv_{1b}=\sqrt{2}\dot{I}_1e^{j\omega t}$，$i_{2\alpha}+jv_{2\beta}=\sqrt{2}\dot{I}_2e^{j\omega t}$，二次電圧の複素表示を $v_{2\alpha}+jv_{2\beta}=\sqrt{2}\dot{V}_2e^{j\omega t}$ とする。まず，式 (8.21) は以下のように書き換えられる。

$$v_{1a}+jv_{1b}=R_1(i_{1a}+ji_{1b})+L_1\frac{d(i_{1a}+ji_{1b})}{dt}+M_0\frac{d(i_{2\alpha}+ji_{2\beta})}{dt} \tag{8.23}$$

$$\begin{aligned}v_{2\alpha}+jv_{2\beta}&=R_2(i_{2\alpha}+ji_{2\beta})+M_0\frac{d(i_{1a}+ji_{1b})}{dt}+L_2\frac{d(i_{2\alpha}+ji_{2\beta})}{dt}\\&\quad-jp\omega_mM_0(i_{1a}+ji_{1b})-jp\omega_mL_2(i_{2\alpha}+ji_{2\beta})\end{aligned} \tag{8.24}$$

ただし，二次側は短絡されているので $v_{2\alpha}+jv_{2\beta}=0$ である。また，回転子の角速度を $\omega_m=d\theta/dt$ とおいた。さらに上述の複素表示に置き換えると以下のようになる。

$$\sqrt{2}\dot{V}_1e^{j\omega t}=\sqrt{2}R_1\dot{I}_1e^{j\omega t}+\sqrt{2}j\omega L_1\dot{I}_1e^{j\omega t}+\sqrt{2}j\omega M_0\dot{I}_2e^{j\omega t} \tag{8.25}$$

$$\begin{aligned}\sqrt{2}\dot{V}_2e^{j\omega t}&=\sqrt{2}R_2\dot{I}_2e^{j\omega t}+\sqrt{2}j\omega M_0\dot{I}_1e^{j\omega t}+\sqrt{2}j\omega L_2\dot{I}_2e^{j\omega t}\\&\quad-\sqrt{2}jp\omega_mM_0\dot{I}_1e^{j\omega t}-\sqrt{2}jp\omega_mL_2\dot{I}_2e^{j\omega t}\end{aligned} \tag{8.26}$$

ただし，$\dot{V}_2=0$ である。上式は整理すると以下のようにまとめられる。

$$\begin{bmatrix}\dot{V}_1\\0\end{bmatrix}=\begin{bmatrix}R_1+j\omega L_1 & j\omega M_0\\ j(\omega-p\omega_m)M_0 & R_2+j(\omega-p\omega_m)L_2\end{bmatrix}\begin{bmatrix}\dot{I}_1\\\dot{I}_2\end{bmatrix} \tag{8.27}$$

ここで，式 (8.27) の 2 行目の両辺を

$$s = \frac{\omega - p\omega_m}{\omega} \tag{8.28}$$

で割れば

$$\begin{bmatrix} \dot{V}_1 \\ 0 \end{bmatrix} = \begin{bmatrix} R_1 + j\omega L_1 & j\omega M_0 \\ j\omega M_0 & \dfrac{R_2}{s} + j\omega L_2 \end{bmatrix} \begin{bmatrix} \dot{I}_1 \\ \dot{I}_2 \end{bmatrix} \tag{8.29}$$

が得られる。式 (8.28) は**すべり**（slip）とよばれ，式 (5.34) で定義される同期角速度を用いて表すと

$$s = \frac{\omega - p\omega_m}{\omega} = \frac{\omega/p - \omega_m}{\omega/p} = \frac{\omega_{sy} - \omega_m}{\omega_{sy}} \tag{8.30}$$

とできるので，一次巻線による回転磁界の角周波数（同期角速度）ω_{sy} と回転子の角速度 ω_m の差の割合で表されることがわかる。

また，トルクは式 (8.22) より

$$\tau = 2pM_0 \mathrm{Im}[\dot{I}_1 \bar{\dot{I}}_2] \tag{8.31}$$

と表される†。なお，$\bar{\dot{I}}_2$ は，$\dot{I}_2$ の共役複素数を表し，関数 $\mathrm{Im}[\cdot]$ は複素数の虚部を取り出す操作を表す。

実際の二次巻線の電流の角周波数

ところで，式 (8.27) の電圧方程式は，回転子巻線を固定子に固定された α-β 軸上の等価巻線として観測したときのものである。回転子に固定された a-b 軸上の回転子巻線の電圧・電流は式 (8.10) の逆変換を行うことで求められる。式 (8.9) は a-b 座標系から α-β 座標系への変換で，正方向の回転変換となっている。α-β 座標系から a-b 座標系への変換は，負方向の回転変換を考えればよく，複素表示では $e^{-jp\omega_m t}$ を掛けることに等しい。したがって，a-b 軸上の二次電流は，$i_{2a} + ji_{2b} = (i_{2\alpha} + ji_{2\beta})e^{-jp\omega_m t} = \sqrt{2}\dot{I}_2 e^{j(\omega - p\omega_m)t}$ と求められる。すなわち，実際の二次巻線の電流の角周波数は $\omega - p\omega_m$ であり，一次側の角周波数に対して回転子の角速度 ω_m の極対数倍だけ遅くなっていることがわかる。

---

† $\because \mathrm{Im}[\dot{I}_1 \bar{\dot{I}}_2] = \mathrm{Im}\left[\frac{1}{\sqrt{2}}(i_{1a} + ji_{1b})e^{-j\omega t}\frac{1}{\sqrt{2}}(i_{2\alpha} - ji_{2\beta})e^{j\omega t}\right] = \frac{1}{2}\mathrm{Im}\Big[(i_{1a}i_{2\alpha} - i_{1b}i_{2\beta}) + j(i_{1b}i_{2\alpha} - i_{1a}i_{2\beta})\Big] = \frac{1}{2}(i_{1b}i_{2\alpha} - i_{1a}i_{2\beta})$

式 (8.29) を等価回路で表現すると**図 8.3** のようになる。誘導機は，等価的に二次抵抗がすべりに反比例する変圧器であるとみなせる。ここで，巻数比を $a = N_1/N_2 = \sqrt{L_1/L_2}$ とおき，二次側の電圧・電流を一次側のスケールに変換した電流・電圧を定義する。

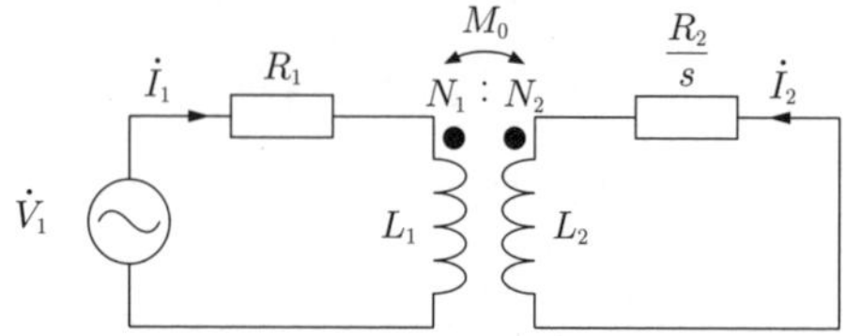

図 8.3 誘導機の等価回路

$$\dot{I}_2'=\dot{I}_2/a, \quad \dot{V}_2' = a\dot{V}_2 = 0 \tag{8.32}$$

これらを用いると，式 (8.29) は次式のようになる。

$$\begin{bmatrix} \dot{V}_1 \\ 0 \end{bmatrix} = \begin{bmatrix} R_1 + j\omega L_1 & j\omega a M_0 \\ j\omega a M_0 & \dfrac{a^2 R_2}{s} + j\omega a^2 L_2 \end{bmatrix} \begin{bmatrix} \dot{I}_1 \\ \dot{I}_2' \end{bmatrix} \tag{8.33}$$

さらに，一次側および二次側の漏れインダクタンスを

$$\ell_1 = L_1 - aM_0, \quad \ell_2' = a^2 L_2 - aM_0 \tag{8.34}$$

また，励磁インダクタンスを

$$M_0' = aM_0 \tag{8.35}$$

と定義すれば，式 (8.33) は以下のように表すことができる。

$$\dot{V}_1 = (R_1 + j\omega\ell_1)\dot{I}_1 + j\omega M_0'(\dot{I}_1 + \dot{I}_2') \tag{8.36}$$

$$0 \;\; = j\omega M_0'(\dot{I}_1 + \dot{I}_2') + (\frac{R_2'}{s} + j\omega\ell_2')\dot{I}_2' \tag{8.37}$$

ただし，$R_2' = a^2 R_2$ とおいた。これを回路図で表したものが**図 8.4** の **T 形等価回路**（T-type equivalent circuit）である。

この回路から，$\dot{I}_2'$ を求めると

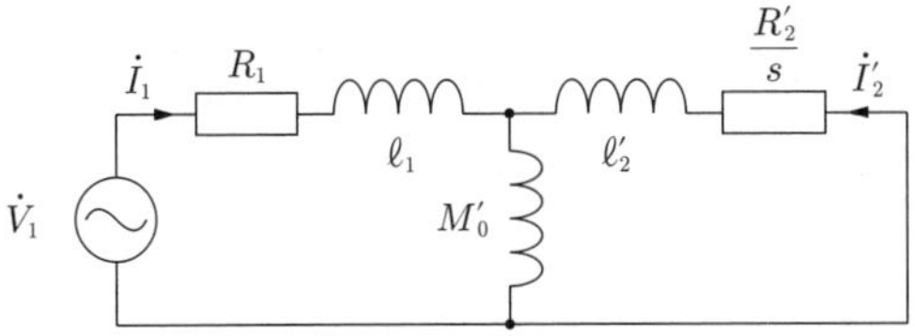

図 **8.4**　誘導機の T 形等価回路

$$\dot{I}_2' = -\frac{j\omega M_0'}{j\omega M_0' + j\omega\ell_2' + R_2'/s}\dot{I}_1 \tag{8.38}$$

となるので，$\dot{I}_1$ を $\dot{I}_2'$ で表すと，以下のように表される。

$$\dot{I}_1 = -\frac{j\omega(M_0' + \ell_2') + R_2'/s}{j\omega M_0'}\dot{I}_2' \tag{8.39}$$

これをトルク式 (8.31) に代入して整理すると以下のようになる。

$$\begin{aligned}\tau &= 2pM_0\mathrm{Im}\left[-\frac{j\omega(M_0' + \ell_2') + R_2'/s}{j\omega M_0'}\dot{I}_2'\bar{\dot{I}}_2\right]\\ &= 2pM_0\mathrm{Im}\left[-\frac{M_0' + \ell_2'}{M_0'} + j\frac{R_2'}{\omega s M_0'}\right]a|\dot{I}_2'|^2 \;=\; 2p\frac{R_2'}{\omega s}|\dot{I}_2'|^2\end{aligned} \tag{8.40}$$

これより，一相あたりの機械出力 $P_m = \tau\omega_m/2$ を計算すると以下のようになる。

$$P_m \;=\; \frac{p\omega_m}{\omega}\frac{R_2'}{s}|\dot{I}_2'|^2 \;=\; \frac{1-s}{s}R_2'|\dot{I}_2'|^2 \tag{8.41}$$

ただし，式 (8.28) より $p\omega_m/\omega = 1 - s$ の関係を用いた。

また，二次抵抗 R_2 で消費される一相分の電力，すなわち二次巻線の一相分の銅損 P_c は

$$P_c = R_2|\dot{I}_2|^2 = R_2'|\dot{I}_2'|^2 \tag{8.42}$$

と表されるので，これと一相分の機械出力 P_m の和 P_s は

$$P_s \;=\; P_c + P_m \;=\; R_2'|\dot{I}_2'|^2 + \frac{1-s}{s}R_2'|\dot{I}_2'|^2 \;=\; \frac{R_2'}{s}|\dot{I}_2'|^2 \tag{8.43}$$

となり，図 8.4 の二次側で消費される一相分の電力に等しいことがわかる。これより，図 8.4 の T 形等価回路の等価二次抵抗を**図 8.5** のように $\dfrac{R_2'}{s} =$

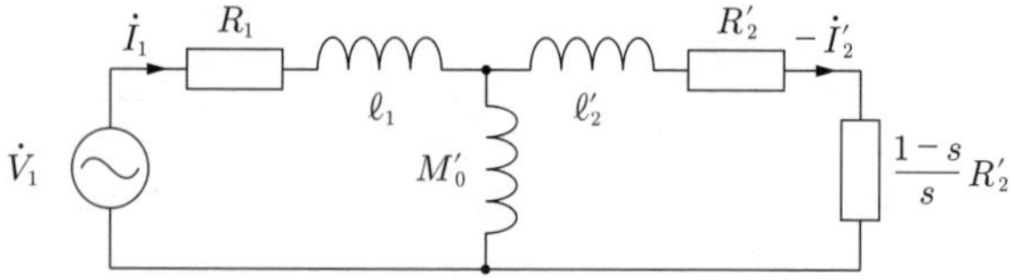

図 **8.5**　誘導機の負荷抵抗を分離した T 形等価回路

$R_2' + \dfrac{1-s}{s}R_2'$ と分離して表現したときに，一相あたり機械出力は負荷抵抗 $\dfrac{1-s}{s}R_2'$ で消費される一相分の電力として表されることがわかる。

図 8.6 は T 形等価回路図 8.4 のベクトル図である。ここで，励磁電流を $\dot{I}_1+\dot{I}_2'$，励磁電流による磁束を $\dot{\Phi}$，励磁電流による誘導起電力を $\dot{E} = j\omega M_0'(\dot{I}_1 + \dot{I}_2')$，一次側と二次側の漏れリアクタンスを $X_1 = \omega\ell_1$，$X_2' = \omega\ell_2'$ とおいている。

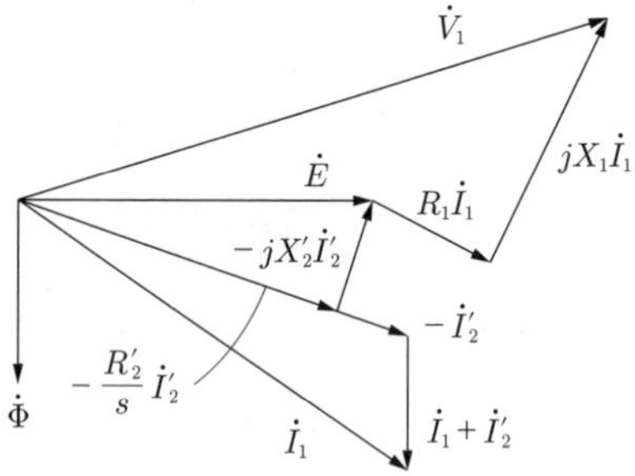

図 **8.6**　誘導機のベクトル図

図 8.4 や図 8.5 の T 形等価回路は，一次側インピーダンスによる電圧降下が十分小さいとすると，**図 8.7** のように励磁インダクタンス M_0' を一次側に移動した**簡易等価回路**（simple equivalent circuit）に近似できる。この回路において一次電流 $\dot{I}_1$ と二次電流 $\dot{I}_2'$ を求めると以下のようになる。

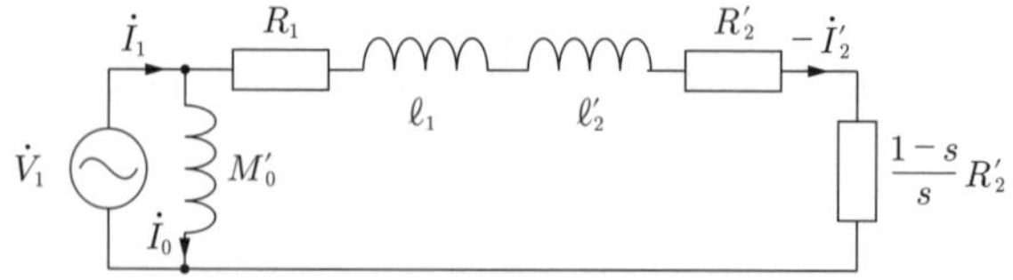

図 **8.7**　誘導機の簡易等価回路

$$\dot{I}_1 = \dot{I}_0 - \dot{I}_2 = \frac{\dot{V}_1}{j\omega M_0'} + \frac{\dot{V}_1}{R_1 + R_2'/s + j\omega(\ell_1 + \ell_2')}$$
$$= \left(\frac{1}{j\omega M_0'} + \frac{1}{R_1 + R_2'/s + j\omega(\ell_1 + \ell_2')}\right)\dot{V}_1 \tag{8.44}$$

$$\dot{I}_2 = -\frac{\dot{V}_1}{R_1 + R_2'/s + j\omega(\ell_1 + \ell_2')} \tag{8.45}$$

式 (8.45) を式 (8.40) に代入するとトルクは以下のように表される。

$$\tau = \frac{2pR_2'}{\omega s} \cdot \frac{|\dot{V}_1|^2}{(R_1 + R_2'/s)^2 + \omega^2(\ell_1 + \ell_2')^2} \tag{8.46}$$

一次電圧 $\dot{V}_1$ および同期角速度 ω が一定の条件下で，すべり s を変化させたときのトルク特性は，式 (8.46) より**図 8.8** のように求められる。同様にして機械出力 P_m と一次入力 $P_1 = \mathrm{Re}[\dot{V}_1\ \bar{\dot{I}}_1]$，一次電流 $|\dot{I}_1|$ も求めると**図 8.9**，**図 8.10** のようになる。これらの図から，すべり s が $0 < s < 1$ の領域では，トル

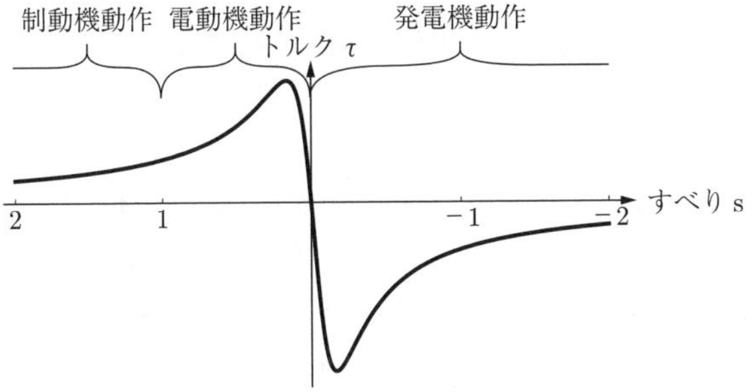

図 8.8　誘導機のトルク特性

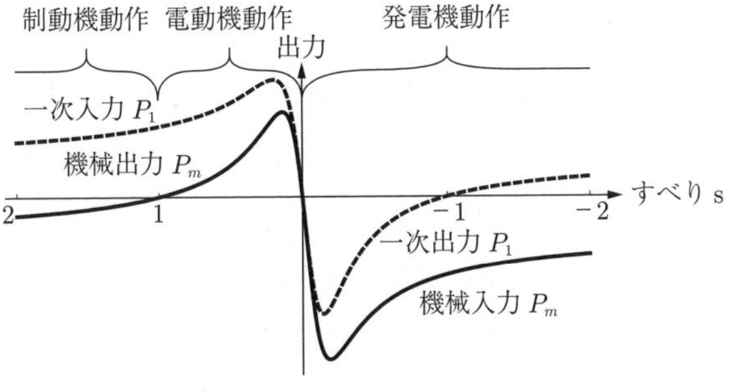

図 8.9　誘導機の出力特性

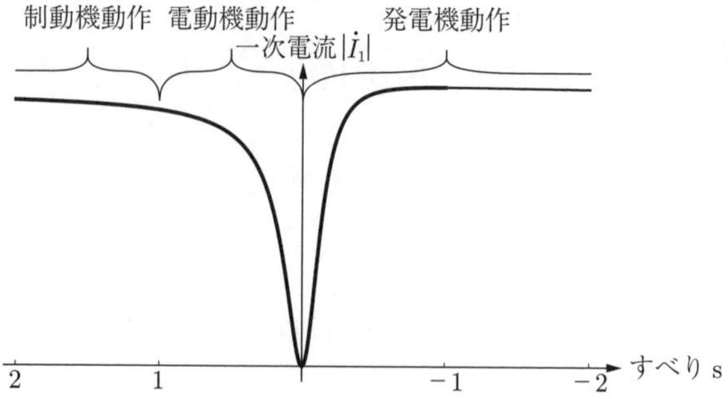

図 **8.10**　誘導機の電流特性

ク，回転子の角速度ともに正で，誘導機は電動機として働き，$s<0$ の領域では，トルクが負，回転子角速度が正で，誘導機は発電機として働き，$s>1$ の領域では，トルクが正，回転子角速度が負で，誘導機は制動機（ブレーキ）として働くことがわかる。

例題 8.1　8 極の誘導機を周波数が 60 Hz の電源に接続して運転したところ，回転子の回転速度は $14.5\,\mathrm{s}^{-1}$ であった。このときのすべりを求めよ。

【解答】　極対数 p は $p=8/2=4$ であるので，同期速度は $60/4=15\,\mathrm{Hz}$ である。同期角速度は $\omega_{sy}=2\pi\times 15\,\mathrm{rad/s}$ である。回転子の角速度は $\omega_m=2\pi\times 14.5\,\mathrm{rad/s}$ である。したがって，すべりは式 (8.30) より以下のように求まる。

$$s=\frac{\omega_{sy}-\omega_m}{\omega_{sy}}=\frac{2\pi\times 15-2\pi\times 14.5}{2\pi\times 15}=\frac{15-14.5}{15}=0.0333$$

◇

8.4.2　誘導機の試験（等価回路定数の測定）

誘導機の等価回路は変圧器と同じであるから 4.3 節で述べた変圧器の等価回路定数の測定法がそのまま適用できる。

〔**1**〕　**無負荷試験**　　誘導機の場合，無負荷試験は無負荷状態での運転に相当する。回転子の角速度は同期角速度とほぼ同じになるためすべり s はほぼゼロとなる。すなわち，等価回路において二次側が開放されている状態とみなせ

る。入力電圧 V_1，無負荷電流を I_0，一相あたりの消費電力 W_0 を測定したとき，励磁アドミタンス $\dot{Y}_0$，励磁コンダクタンス g_0，励磁サセプタンス b_0 は以下で求められる。

$$|\dot{Y}_0| = \frac{I_0}{V_1}, \quad g_0 = \frac{W_0 - W_{m0}}{V_1^2}, \quad b_0 = \sqrt{|\dot{Y}_0|^2 - g_0^2} \tag{8.47}$$

ただし，W_{m0} は一相あたりの機械損（機械損を相数で除したもの）である。g_0 が十分小さければ，$b_0 = |\dot{Y}_0|$ が成り立つ。励磁インピーダンスを $\dot{Z}_0 = r_0 + jx_0 = r_0 + j\omega M_0$ とすると，求めた励磁アドミタンス $\dot{Y}_0 = g_0 + jb_0$ から

$$\dot{Z}_0 = r_0 + jx_0 = \frac{1}{\dot{Y}_0} = \frac{1}{g_0 + jb_0} = \frac{g_0}{g_0^2 + b_0^2} + j\frac{-b_0}{g_0^2 + b_0^2} \tag{8.48}$$

が成り立つので，これより励磁インダクタンスを求めることができる。

〔**2**〕 **拘束試験**　回転子を拘束して回転子の角速度がゼロとなる状態で行う試験を拘束試験という。このとき，すべり s は 1 となる。これは変圧器における短絡試験に相当する。入力電圧 V_1，短絡電流 I_1，一相あたりの消費電力 W_s を測定したとき，等価回路のインピーダンス $\dot{Z}$，一次側と二次側の巻線抵抗の合計 $r = R_1 + R_2'$，一次側と二次側の漏れリアクタンスの合計 $x = X_1 + X_2' = \omega\ell_1 + \omega\ell_2'$ は以下で求められる。

$$|\dot{Z}| = \frac{V_1}{I_1}, \quad r = R_1 + R_2' = \frac{W_s}{I_1^2}, \quad x = X_1 + X_2' = \sqrt{|\dot{Z}|^2 - r^2} \tag{8.49}$$

章　末　問　題

【**1**】 式 (8.13)，(8.14)，(8.15)，(8.16) が成り立つことを証明せよ。

【**2**】 4 極の誘導電動機を周波数が 50 Hz の電源に接続して運転したとき，すべりが 0.04 であった。このときの回転子の回転速度〔s^{-1}〕を求めよ。

【**3**】 $R_1 = R_2' = 1\,\Omega$，$\ell_1 = \ell_2' = 100\,\mathrm{mH}$ の 4 極の誘導電動機を 200 V，50 Hz の電源に接続して運転するとき，トルクが最大となるすべりを求めよ。

9 リラクタンス機

3.2.2 項で紹介したリラクタンストルクのみを用いてトルクを発生させる回転機を**リラクタンス機**（reluctance machine）という。電動機の場合は**リラクタンスモータ**（reluctance motor）という。リラクタンス機は同期機の一種であるが，その特殊性から本章で述べる。

9.1　リラクタンス機の基本構造

リラクタンスモータはおもに

- **同期式リラクタンスモータ**（**シンクロナスリラクタンスモータ**）（synchronous reluctance motor）
- **スイッチトリラクタンスモータ**（switched reluctance motor）

に分類される。リラクタンスモータは永久磁石および界磁巻線を用いず，構造が簡単なことが特徴である。

9.2　シンクロナスリラクタンスモータ

9.2.1　巻線に生じる誘導起電力と電圧方程式

シンクロナスリラクタンスモータでは，回転子の磁束が通りやすい方向を d 軸，通りにくい方向を q 軸と定義する。このとき，その模式図は図 **9.1**（a）のように表される。実際のシンクロナスリラクタンスモータでは，回転子に図（b）のようなスリットを設け，磁気抵抗が小さく磁束が通りやすい方向（d 軸）と

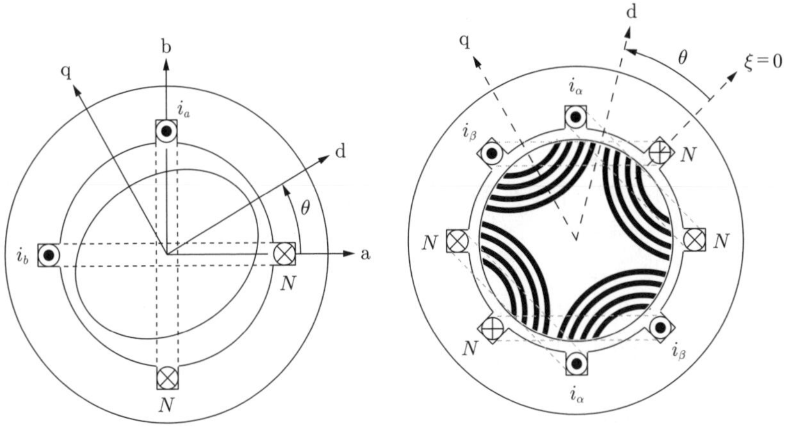

（a）　模式図　　　（b）　スリットによる突極回転子(4 極)

図 9.1　シンクロナスリラクタンスモータ

磁気抵抗が大きく磁束が通りにくい方向（q 軸）を作る。図(b)の例では極対数は 2 である。

これは回転子巻線のない突極形同期機のモデルと同じであるので，式 (7.31), (7.32) と同様にその電圧方程式は次式で表される。

$$
\begin{bmatrix} v_a \\ v_b \end{bmatrix} = \begin{bmatrix} R & 0 \\ 0 & R \end{bmatrix} \begin{bmatrix} i_a \\ i_b \end{bmatrix} + \begin{bmatrix} L_d \cos^2 p\theta + L_q \sin^2 p\theta & \frac{1}{2}(L_d - L_q) \sin 2p\theta \\ \frac{1}{2}(L_d - L_q) \sin 2p\theta & L_d \sin^2 p\theta + L_q \cos^2 p\theta \end{bmatrix} \frac{d}{dt} \begin{bmatrix} i_a \\ i_b \end{bmatrix} \tag{9.1}
$$

これを d–q 軸上の電圧方程式に変換すると，次式のようになる。

$$
\begin{bmatrix} v_d \\ v_q \end{bmatrix} = \begin{bmatrix} R & 0 \\ 0 & R \end{bmatrix} \begin{bmatrix} i_d \\ i_q \end{bmatrix} + \begin{bmatrix} L_d & 0 \\ 0 & L_q \end{bmatrix} \frac{d}{dt} \begin{bmatrix} i_d \\ i_q \end{bmatrix} + \begin{bmatrix} 0 & -pL_q \\ pL_d & 0 \end{bmatrix} \begin{bmatrix} i_d \\ i_q \end{bmatrix} \frac{d\theta}{dt} \tag{9.2}
$$

ただし，L_d, L_q は，それぞれ，d 軸，q 軸インダクタンス，R は巻線抵抗，p は極対数である。

9.2.2　回転子に生じるトルク

また，このモータのトルク方程式は式 (7.31)，(7.33) と同様にして以下のように表される。

$$
\begin{aligned}
\tau &= \frac{1}{2}\begin{bmatrix} i_a & i_b \end{bmatrix} \frac{\partial}{\partial\theta} \begin{bmatrix} L_d\cos^2 p\theta + L_q\sin^2 p\theta & \dfrac{1}{2}(L_d - L_q)\sin 2p\theta \\ \dfrac{1}{2}(L_d - L_q)\sin 2p\theta & L_d\sin^2 p\theta + L_q\cos^2 p\theta \end{bmatrix} \begin{bmatrix} i_a \\ i_b \end{bmatrix} \\
&= \frac{p}{2}(L_d - L_q)(2i_a i_b\cos 2p\theta + ({i_b}^2 - {i_a}^2)\sin 2p\theta) \qquad (9.3)
\end{aligned}
$$

d 軸，q 軸電流を用いてトルクを表すと式 (7.44) よりつぎのようになる。

$$
\tau = p(L_d - L_q)i_d i_q \qquad (9.4)
$$

9.3　スイッチトリラクタンスモータ

9.3.1　巻線に生じる誘導起電力と電圧方程式

スイッチトリラクタンスモータは，**図 9.2** に示すように固定子・回転子の両者に突極性を有している。また，回転磁界を用いず，パルス状の通電を各相ご

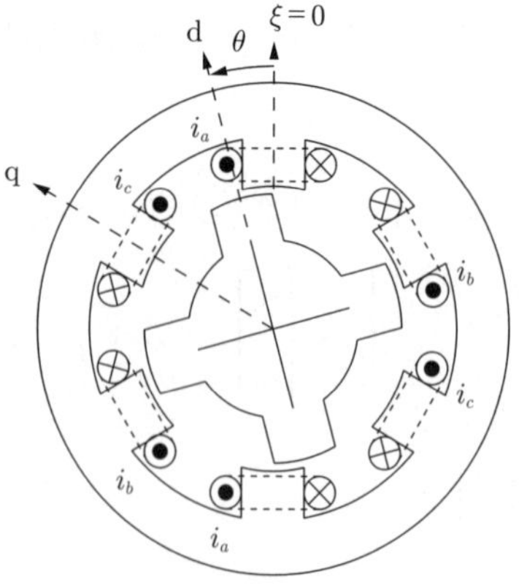

図 9.2　スイッチトリラクタンスモータ

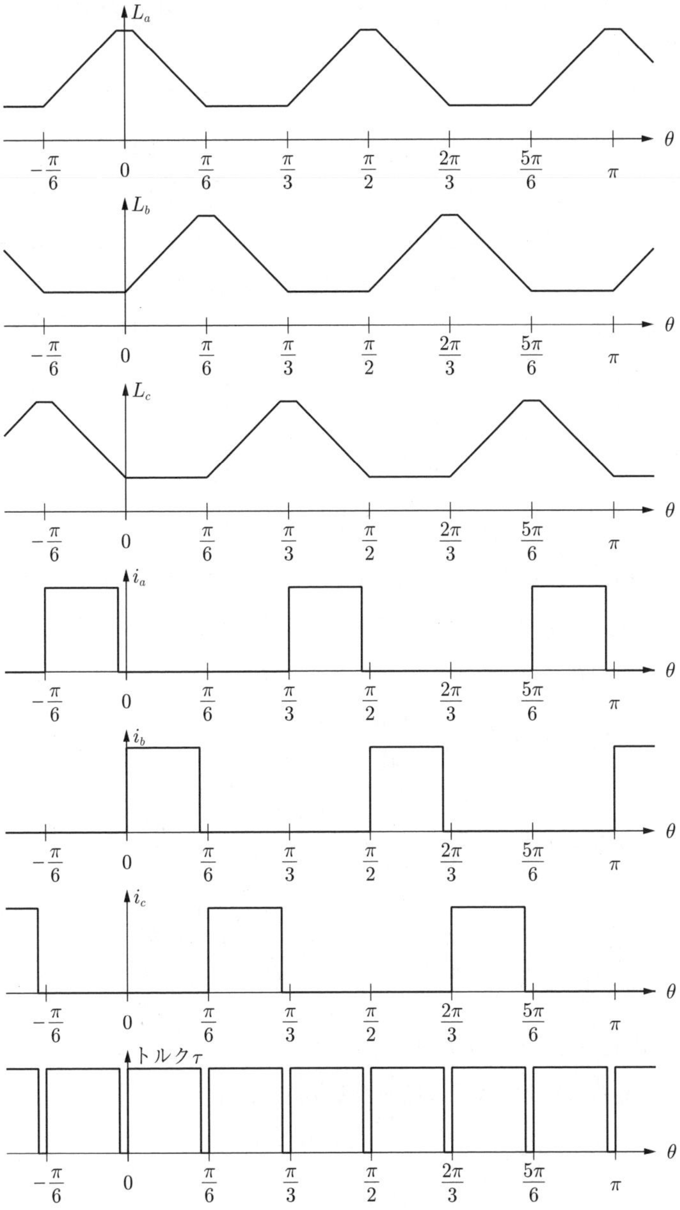

図 9.3　スイッチトリラクタンスモータの
インダクタンスと通電パターン

とに独立して行うユニポーラ方式により制御される。同図は回転子 4 極・固定子 6 極の構成の例である。

まず，a 相のインダクタンスを求める。固定子 a 相の鉄心と，回転子鉄心のギャップ面積は重なり合う範囲では回転子の角度 θ と線形関係にある。磁気抵抗 R_m は $R_m = l_g/\mu S$ としてギャップ面積 S に反比例する。インダクタンスは $L_a = N^2/R_m$ と磁気抵抗に反比例するので，ギャップ面積 S に比例し，θ と線形関係になる。これを図示すると，**図 9.3** のようになる。

スイッチトリラクタンスモータのインダクタンス行列は以下のようになる。

$$\boldsymbol{L} = \begin{bmatrix} L(\theta) & 0 & 0 \\ 0 & L\left(\theta - \dfrac{2\pi}{3}\right) & \\ 0 & 0 & L\left(\theta - \dfrac{4\pi}{3}\right) \end{bmatrix} \tag{9.5}$$

ただし，$L(\theta) = L_a(\theta)$ であり，図 9.3 で示される $L_a(\theta)$ である。また，相互インダクタンスは無視できる。したがって，スイッチトリラクタンスモータの電圧方程式は各相独立で，以下のように表される。

$$v_a = Ri_a + L(\theta)\frac{di_a}{dt} + \frac{\partial L(\theta)}{\partial \theta} i_a \frac{d\theta}{dt} \tag{9.6}$$

$$v_b = Ri_b + L\left(\theta - \frac{2\pi}{3}\right)\frac{di_b}{dt} + \frac{\partial L\left(\theta - \dfrac{2\pi}{3}\right)}{\partial \theta} i_b \frac{d\theta}{dt} \tag{9.7}$$

$$v_c = Ri_c + L\left(\theta - \frac{4\pi}{3}\right)\frac{di_c}{dt} + \frac{\partial L\left(\theta - \dfrac{4\pi}{3}\right)}{\partial \theta} i_c \frac{d\theta}{dt} \tag{9.8}$$

9.3.2　回転子に生じるトルク

このモータのトルク方程式は以下のように表される。

$$
\tau = \frac{1}{2}\begin{bmatrix} i_a & i_b & i_c \end{bmatrix}
\begin{bmatrix}
\dfrac{\partial L(\theta)}{\partial \theta} & 0 & 0 \\
0 & \dfrac{\partial L\left(\theta - \dfrac{2\pi}{3}\right)}{\partial \theta} & 0 \\
0 & 0 & \dfrac{\partial L\left(\theta - \dfrac{4\pi}{3}\right)}{\partial \theta}
\end{bmatrix}
\begin{bmatrix} i_a \\ i_b \\ i_c \end{bmatrix}
$$

$$
= \frac{1}{2}\left(\frac{\partial L(\theta)}{\partial \theta} i_a^2 + \frac{\partial L\left(\theta - \dfrac{2\pi}{3}\right)}{\partial \theta} i_b^2 + \frac{\partial L\left(\theta - \dfrac{4\pi}{3}\right)}{\partial \theta} i_c^2 \right)
$$

$$
= \frac{1}{2}\left(f(\theta) i_a^2 + f\left(\theta - \frac{2\pi}{3}\right) i_b^2 + f\left(\theta - \frac{4\pi}{3}\right) i_c^2 \right) \tag{9.9}
$$

ただし，$f(\theta) = \partial L_a(\theta)/\partial\theta$ は，**図 9.4** に示すような関数となる。インダクタンスの傾きが正の領域では正のトルクを，傾きが負の領域では負のトルクを発生することができる。例えば，正の一定トルクを発生させるためには図 9.3 のような通電を行えばよい。

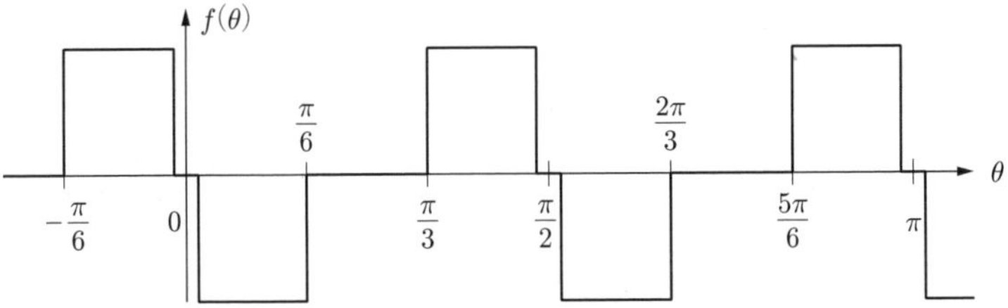

図 9.4 インダクタンスの変化量

付　　　録

A.1　ローレンツ変換について

ローレンツ変換は図 **A.1** に示すように二つの慣性系の時間・空間座標を結びつける線形変換を表す。

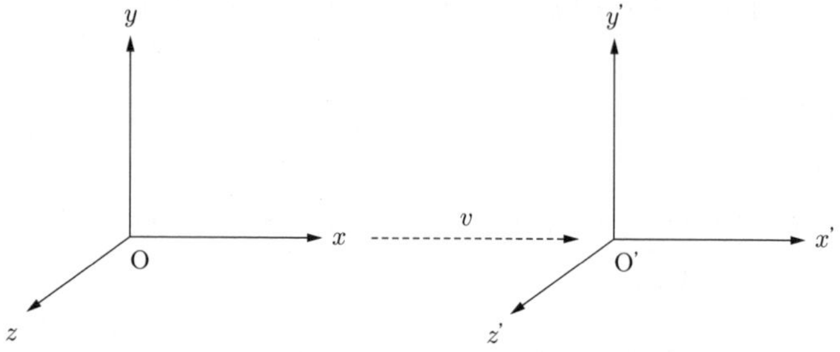

（a）　静止系$(x,\ y,\ z)$　　　（b）　慣性系$(x',\ y',\ z')$

図 **A.1**　速度 v で移動する座標系

いま，静止系座標 (t, x, y, z) から慣性系座標 (t', x', y', z') への変換行列を考えよう。

$$\begin{bmatrix} t' \\ x' \\ y' \\ z' \end{bmatrix} = \begin{bmatrix} a_1 & a_2 & a_3 & a_4 \\ a_5 & a_6 & a_7 & a_8 \\ a_9 & a_{10} & a_{11} & a_{12} \\ a_{13} & a_{14} & a_{15} & a_{16} \end{bmatrix} \begin{bmatrix} t \\ x \\ y \\ z \end{bmatrix} \tag{A.1}$$

x' 軸は速度 v で移動するので

$$x' = A(x - vt)$$

と表すことができる $(a_5 = -vA, a_6 = A)$。また y', z' に t の項が含まれる場合原点 O' が x 軸から離れることになるので $a_9 = a_{13} = 0$ が成立し，y' 軸および z' 軸がそれぞれほかの軸の影響を受けると軸が傾いてしまうので $a_{10} = a_{12} = a_{14} = a_{15} = 0$

も成立する。さらに軸の大きさは保存されないといけないので $a_{11} = a_{16} = 1$ が成立し $a_3 = a_4 = 0$ も成立する。

したがって式 (A.1) は

$$\begin{bmatrix} t' \\ x' \\ y' \\ z' \end{bmatrix} = \begin{bmatrix} a_1 & a_2 & 0 & 0 \\ -vA & A & 0 & 0 \\ 0 & 0 & 1 & 0 \\ 0 & 0 & 0 & 1 \end{bmatrix} \begin{bmatrix} t \\ x \\ y \\ z \end{bmatrix} \tag{A.2}$$

と簡単になる。

ここで両座標系において

$$\begin{aligned} &x^2 + y^2 + z^2 = (ct)^2 \\ &x'^2 + y'^2 + z'^2 = (ct')^2 \end{aligned} \tag{A.3}$$

が成立するとして，式 (A.2) を式 (A.3) に代入して式 (A.3) の係数比較から a_1, a_2, A について解けば

$$\begin{aligned} &A = \gamma \\ &a_1 = \gamma \\ &a_2 = -\frac{v}{c^2}\gamma \end{aligned} \tag{A.4}$$

となる。ここで

$$\gamma = \frac{1}{\sqrt{1 - \dfrac{v^2}{c^2}}}$$

であり γ をローレンツ因子とよぶ。

以上から式 (A.1) は

$$\begin{bmatrix} t' \\ x' \\ y' \\ z' \end{bmatrix} = \begin{bmatrix} \gamma & -\gamma\dfrac{v}{c^2} & 0 & 0 \\ -\gamma v & \gamma & 0 & 0 \\ 0 & 0 & 1 & 0 \\ 0 & 0 & 0 & 1 \end{bmatrix} \begin{bmatrix} t \\ x \\ y \\ z \end{bmatrix} \tag{A.5}$$

と表せる。式 (A.5) を用いると時間微分，空間微分も式 (A.6) のように表されることに注意されたい。

$$\begin{aligned} &\frac{\partial}{\partial t} = \gamma\left(\frac{\partial}{\partial t'} - v\frac{\partial}{\partial x'}\right) \\ &\frac{\partial}{\partial x} = \gamma\left(\frac{\partial}{\partial x'} - \frac{v}{c^2}\frac{\partial}{\partial t'}\right), \quad \frac{\partial}{\partial y} = \frac{\partial}{\partial y'}, \quad \frac{\partial}{\partial z} = \frac{\partial}{\partial z'} \end{aligned} \tag{A.6}$$

これらの関係を用いて慣性座標系でのマクスウェルの方程式を求めよう。

マクスウェルの四つの方程式

$$\mathrm{div}\,\boldsymbol{E} = \frac{\rho}{\varepsilon_0}, \quad \mathrm{rot}\,\boldsymbol{E} = -\frac{\partial \boldsymbol{B}}{\partial t}, \quad \mathrm{div}\,\boldsymbol{B} = 0, \quad \mathrm{rot}\,\boldsymbol{B} = \mu_0 \left(\boldsymbol{J} + \varepsilon_0 \frac{\partial \boldsymbol{E}}{\partial t} \right)$$

を式 (A.5) の x, y, z をそれぞれ $\boldsymbol{E}$, $\boldsymbol{B}$ の成分（E_x, E_y, E_z），（B_x, B_y, B_z）として式 (A.6) に基づいてマクスウェル方程式を展開していく。式 (A.5) より y, z 成分はそのまま保存されるので x 成分だけを考えればよい。

$\mathrm{rot}\,\boldsymbol{E} = -\dfrac{\partial \boldsymbol{B}}{\partial t}$ を展開して $\boldsymbol{B}$ の x 成分について着目すると $\dfrac{\partial E_z}{\partial y} - \dfrac{\partial E_y}{\partial z} = -\dfrac{\partial B_x}{\partial t}$ に式 (A.6) の時間微分式を代入すれば

$$\frac{\partial E_z}{\partial y'} - \frac{\partial E_y}{\partial z'} = -\gamma \left(\frac{\partial B_x}{\partial t'} - v \frac{\partial B_x}{\partial x'} \right) \tag{A.7}$$

$\mathrm{div}\,\boldsymbol{B} = 0$ を展開して $\boldsymbol{B}$ の x 成分について着目すると $\dfrac{\partial B_x}{\partial x} + \dfrac{\partial B_y}{\partial y} + \dfrac{\partial B_z}{\partial z} = 0$ に式 (A.6) の空間微分式を代入すれば

$$\gamma \left(\frac{\partial B_x}{\partial x'} - \frac{v}{c^2} \frac{\partial B_x}{\partial t'} \right) + \frac{\partial B_y}{\partial y'} + \frac{\partial B_z}{\partial z'} = 0 \tag{A.8}$$

式 (A.7) + 式 (A.8) $\cdot\, v$ より

$$\begin{aligned} &v \frac{\partial B_z}{\partial z'} - \frac{\partial E_y}{\partial z'} + \frac{\partial E_z}{\partial y'} + v \frac{\partial B_y}{\partial y'} \\ &\quad = -\gamma \left(\frac{\partial B_x}{\partial t'} - v \frac{\partial B_x}{\partial x'} \right) - \gamma \left(v \frac{\partial B_x}{\partial x'} - \frac{v^2}{c^2} \frac{\partial B_x}{\partial t'} \right) \end{aligned}$$

整理すると

$$\frac{\partial}{\partial y'} (E_z + vB_y) - \frac{\partial}{\partial z'} (E_y - vB_z) = -\frac{1}{\gamma} \frac{\partial B_x}{\partial t'} \tag{A.9}$$

ここで $\dfrac{v^2}{c^2} = 1 - \dfrac{1}{\gamma^2}$ に注意されたい。

つぎに $\mathrm{rot}\,\boldsymbol{B} = \mu_0 \left(\boldsymbol{J} + \varepsilon_0 \dfrac{\partial \boldsymbol{E}}{\partial t} \right)$ の x 成分に着目して展開すると

$$\frac{\partial B_z}{\partial y} - \frac{\partial B_y}{\partial z} = \mu_0 J_x + \mu_0 \varepsilon_0 \frac{\partial E_x}{\partial t}$$

より

$$\frac{\partial B_z}{\partial y'} - \frac{\partial B_y}{\partial z'} = \mu_0 J_x + \mu_0 \varepsilon_0 \gamma \left(\frac{\partial E_x}{\partial t'} - v \frac{\partial E_x}{\partial x'} \right) \tag{A.10}$$

$\mathrm{div}\,\boldsymbol{E} = \dfrac{\rho}{\varepsilon_0}$ を展開すると

$$\frac{\partial E_x}{\partial x} + \frac{\partial E_y}{\partial y} + \frac{\partial E_z}{\partial z} = \frac{\rho}{\varepsilon_0}$$

より

$$\gamma\left(\frac{\partial E_x}{\partial x'} - \frac{v}{c^2}\frac{\partial E_x}{\partial t'}\right) + \frac{\partial E_y}{\partial y'} + \frac{\partial E_z}{\partial z'} = \frac{\rho}{\varepsilon_0} \tag{A.11}$$

式 (A.10) − 式 (A.11) $\cdot \dfrac{v}{c^2}$ より

$$\begin{aligned}
&\frac{\partial}{\partial y'}\left(B_z - \frac{v}{c^2}E_y\right) - \frac{\partial}{\partial z'}\left(B_y + \frac{v}{c^2}E_z\right) \\
&\quad = \mu_0 J_x + \mu_0\varepsilon_0\gamma\left(\frac{\partial E_x}{\partial t'} - v\frac{\partial E_x}{\partial x'}\right) - \frac{v}{c^2}\frac{\rho}{\varepsilon_0} + \gamma\left(\frac{v}{c^2}\frac{\partial E_x}{\partial x'} - \frac{v^2}{c^4}\frac{\partial E_x}{\partial t'}\right) \\
&\quad = \mu_0\left((J_x - \rho v) + \varepsilon_0\frac{1}{\gamma}\frac{\partial E_x}{\partial t'}\right) \qquad \text{(A.12)}
\end{aligned}$$

ただし $c^2 = \dfrac{1}{\varepsilon_0\mu_0}$ に注意されたい。以上より

$$\begin{aligned}
&\frac{\partial}{\partial y'}(E_z + vB_y) - \frac{\partial}{\partial z'}(E_y - vB_z) = -\frac{1}{\gamma}\frac{\partial B_x}{\partial t'} \\
&\frac{\partial}{\partial y'}\left(B_z - \frac{v}{c^2}E_y\right) - \frac{\partial}{\partial z'}\left(B_y + \frac{v}{c^2}E_z\right) = \mu_0\left((J_x - \rho v) + \varepsilon_0\frac{1}{\gamma}\left(\frac{\partial E_x}{\partial t'}\right)\right)
\end{aligned}$$

と

$$\begin{aligned}
&\left(\frac{\partial E'_z}{\partial y'} - \frac{\partial E'_y}{\partial z'}\right) = -\frac{\partial B'_x}{\partial t'} \\
&\left(\frac{\partial B'_z}{\partial y'} - \frac{\partial B'_y}{\partial z'}\right) = \mu_0\left(J'_x + \varepsilon_0\frac{\partial E'_x}{\partial t'}\right)
\end{aligned}$$

を比較すれば $\dfrac{1}{\gamma} \approx 1$ として

$$E'_z = E_z + vB_y, E'_y = E_y - vB_z, E'_x = \frac{1}{\gamma}E_x \approx E_x$$

$$B'_z = B_z - \frac{v}{c^2}E_y, B'_y = B_y + \frac{v}{c^2}E_z, B'_x = \frac{1}{\gamma}B_x \approx B_x$$

が成立する。ベクトルで表すと

$$\begin{aligned}
&\boldsymbol{E}' = \boldsymbol{E} + \boldsymbol{v} \times \boldsymbol{B} \\
&\boldsymbol{B}' = \boldsymbol{B} - \frac{1}{c^2}\boldsymbol{v} \times \boldsymbol{E}
\end{aligned}$$

となる。

A.2　分布巻の巻線インダクタンス

ここでは，5.2.2 項で述べた分布巻の回転機の自己インダクタンス，相互インダクタンスの導出を行う。

まず，固定子巻線の自己インダクタンスについて考える。簡単のため漏れ磁束は十分小さいとし，これを無視する。図 **A.2** のようにトータル N_1 回巻の巻線を分割した小コイルを考える。m を自然数として，それぞれの小コイルの間隔を $\Delta\xi = \pi/2m$ とする。小コイル $(1,k)$ $(-m < k < m)$ のコイル中心からの角度を $\xi = k\Delta\xi = k\pi/2m$ として，その巻数 $N_{1,k}$ が $\cos\xi$ に比例するようにする。すなわち

$$N_{1,k} \propto \cos\frac{k\pi}{2m} \tag{A.13}$$

トータルの巻数は N_1 であるので

$$N_1 = \sum_{k=-m+1}^{m-1} N_{1,k} \tag{A.14}$$

これより，式 (A.13) はつぎのように表される。

$$N_{1,k} = \frac{N_1}{\displaystyle\sum_{l=-m+1}^{m-1} \cos\frac{l\pi}{2m}} \cos\frac{k\pi}{2m} \tag{A.15}$$

巻線 1 に電流 i_1 が流れたとき，小コイル $(1,k)$ による磁束 $\phi_{1,k}$ は，式 (5.35) より

$$\phi_{1,k} = \frac{N_{1,k}\ i_1}{\mathcal{R}_m} \tag{A.16}$$

である。この磁束が小コイル $(1,l)(-m < l < m)$ と鎖交する量は，両コイルのなす角が $(k-l)\Delta\xi$ であるので

$$\begin{aligned} &N_{1,l}\ \phi_{1,k}\ \mathrm{tri}((k-l)\Delta\xi) \\ &= \frac{N_{1,l}N_{1,k}}{\mathcal{R}_m}\mathrm{tri}((k-l)\Delta\xi)i_1 \end{aligned} \tag{A.17}$$

これより，全鎖交磁束は，式 (A.15), (A.17) より

$$\Phi_{11}$$
$$= \sum_{k=-m+1}^{m-1}\sum_{l=-m+1}^{m-1} \frac{N_{1,l}N_{1,k}}{\mathcal{R}_m}\mathrm{tri}((k-l)\Delta\xi)i_1$$

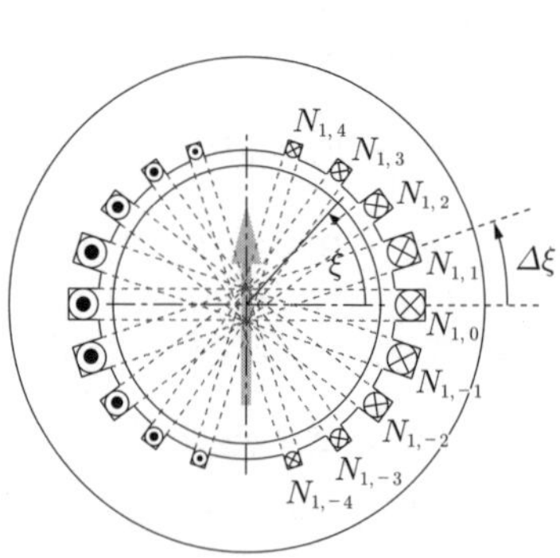

図 **A.2**　分布巻の巻線

$$= \frac{N_1^2 i_1}{\mathcal{R}_m} \frac{1}{\left(\sum_{l=-m+1}^{m-1} \cos\frac{l\pi}{2m}\right)^2} \sum_{k=-m+1}^{m-1} \sum_{l=-m+1}^{m-1} \cos\frac{k\pi}{2m} \cos\frac{l\pi}{2m} \mathrm{tri}\left(\frac{(k-l)\pi}{2m}\right) \tag{A.18}$$

と求まる。分割数 m が十分大きければ，式 (A.18) において $m \to \infty$ として計算することができ

$$\Phi_{11} = \frac{N_1^2 i_1}{\mathcal{R}_m} \frac{1}{(\int_{-\pi/2}^{\pi/2} \cos\xi d\xi)^2} \int_{-\pi/2}^{\pi/2} \int_{-\pi/2}^{\pi/2} \cos\xi_1 \cos\xi_2 \mathrm{tri}(\xi_1 - \xi_2) d\xi_1 d\xi_2 \tag{A.19}$$

ここで，$\xi_1 = u_1, \xi_2 - \xi_1 = u_2$ とおくと，$\xi_2 = u_1 + u_2$ より

$$\begin{aligned} d\xi_1 d\xi_2 &= \det \begin{bmatrix} \dfrac{\partial\xi_1}{\partial u_1} & \dfrac{\partial\xi_1}{\partial u_2} \\ \dfrac{\partial\xi_2}{\partial u_1} & \dfrac{\partial\xi_2}{\partial u_2} \end{bmatrix} du_1 du_2 = \det \begin{bmatrix} 1 & 0 \\ 1 & 1 \end{bmatrix} du_1 du_2 \\ &= du_1 du_2 \end{aligned} \tag{A.20}$$

を用いると

$$\begin{aligned} &\int_{-\pi/2}^{\pi/2} \int_{-\pi/2}^{\pi/2} \cos\xi_1 \cos\xi_2 \mathrm{tri}(\xi_1 - \xi_2) d\xi_1 d\xi_2 \\ &= \int_{-\pi/2}^{\pi/2} \int_{-\pi/2-u_1}^{\pi/2-u_1} \cos u_1 \cos(u_1 + u_2) \mathrm{tri}(-u_2) du_2 du_1 \\ &= \int_{-\pi/2}^{\pi/2} \int_{-\pi/2-u_1}^{0} \cos u_1 \cos(u_1 + u_2) \left(1 + \frac{2u_2}{\pi}\right) du_2 du_1 \\ &\quad + \int_{-\pi/2}^{\pi/2} \int_{0}^{\pi/2-u_1} \cos u_1 \cos(u_1 + u_2) \left(1 - \frac{2u_2}{\pi}\right) du_2 du_1 \\ &= \int_{-\pi/2}^{\pi/2} \cos u_1 \left(\frac{-2u_1 + 2\cos u_1}{\pi} + \sin u_1\right) du_1 \\ &\quad + \int_{-\pi/2}^{\pi/2} \cos u_1 \left(\frac{2u_1 + 2\cos u_1}{\pi} - \sin u_1\right) du_1 \\ &= \int_{-\pi/2}^{\pi/2} \frac{4\cos^2 u_1}{\pi} du_1 \\ &= 2 \end{aligned} \tag{A.21}$$

と計算できる。また，$\displaystyle\int_{-\pi/2}^{\pi/2} \cos\xi d\xi = 2$ であるので，結局

$$\Phi_{11} = \frac{N_1^2 i_1}{2\mathcal{R}_m} \tag{A.22}$$

と求まる。よって，巻線 1 の自己インダクタンスは $N_1^2/2\mathcal{R}_m$ となり，集中巻の場合と比較して半分となる。

図 5.17（b）の分布巻の回転子巻線の自己インダクタンスについても同様に計算することができ，回転子巻線に電流 i_2 を流したときの磁束が自身に鎖交する量，すなわち鎖交磁束 Φ_{22} は

$$\Phi_{22} = \frac{N_2^2}{2\mathcal{R}_m} i_2 \tag{A.23}$$

となる。よって回転子巻線の自己インダクタンスは $N_2^2/2\mathcal{R}_m$ となる。

つぎに，図 5.17（a）の場合の巻線 1 と巻線 2 の相互インダクタンスを求める。式 (A.16) で求めた小コイル $(1,k)$ による磁束 $\phi_{1,k}$ が巻線 2 に鎖交する量を求めればよい。これは，小コイル $(1,k)$ と巻線 2 のなす角は $\theta - k\Delta\xi$ であるので，つぎのように求まる。

$$N_2 \phi_{1,k} \mathrm{tri}(\theta - k\Delta\xi) = \frac{N_{1,k} N_2}{\mathcal{R}_m} \mathrm{tri}(\theta - k\Delta\xi) i_1 \tag{A.24}$$

これより巻線 2 に鎖交する全磁束は

$$\begin{aligned}\Phi_{21} &= \sum_{k=-m+1}^{m-1} \frac{N_{1,k} N_2}{\mathcal{R}_m} \mathrm{tri}(\theta - k\Delta\xi) i_1 \\ &= \frac{N_1 N_2 i_1}{\mathcal{R}_m} \frac{1}{\displaystyle\sum_{k=-m+1}^{m-1} \cos\frac{k\pi}{2m}} \sum_{k=-m+1}^{m-1} \cos\frac{k\pi}{2m} \mathrm{tri}\left(\theta - \frac{k\pi}{2m}\right)\end{aligned} \tag{A.25}$$

分割数 m が十分大きければ，式 (A.25) において $m \to \infty$ として計算することができ

$$\begin{aligned}\Phi_{21} &= \frac{N_1 N_2 i_1}{\mathcal{R}_m} \frac{1}{\int_{-\pi/2}^{\pi/2} \cos\xi d\xi} \int_{-\pi/2}^{\pi/2} \cos\xi \ \mathrm{tri}(\theta - \xi) d\xi \\ &= \frac{N_1 N_2 i_1}{\mathcal{R}_m} \frac{2}{\pi} \cos\theta\end{aligned} \tag{A.26}$$

となる。よって，相互インダクタンスは

$$\frac{N_1 N_2}{\mathcal{R}_m} \frac{2}{\pi} \cos\theta$$

である。同様の結果は，5.1.1 項〔1〕中のコラム「分布巻の磁束密度分布」式 (7) から巻線 1 により生じる磁束密度分布 $B_1(\xi)$ が

$$B_1(\xi) = \frac{N_1 i_1}{S\mathcal{R}_m} \sin\xi \tag{A.27}$$

と表せることを用いても導出できる。B_1 が巻線 2 に鎖交する量 Φ_{21} は

$$\begin{aligned}\Phi_{21} &= N_2\int_{\theta}^{\theta+\pi} B_1(\xi)brd\xi = \frac{N_1N_2bri_1}{S\mathcal{R}_m}\int_{\theta}^{\theta+\pi}\sin\xi d\xi \\ &= \frac{N_1N_2bri_1}{S\mathcal{R}_m}2\cos\theta = \frac{N_1N_2i_1}{\mathcal{R}_m}\frac{2}{\pi}\cos\theta \end{aligned} \tag{A.28}$$

となり，式 (A.26) に一致する。ただし，r は回転子の回転中心からギャップまでの平均距離（ギャップ半径），b は固定子や回転子の軸方向の長さであり，これらを用いてギャップ面積 S が $S = b\times r\pi$ と表されることを利用した。

図 5.17（b）の場合の巻線 1 と巻線 2 の相互インダクタンスは以下のようにして求めることができる。巻線 2 も巻線 1 と同様に分割した小コイルを考え，これを小コイル $(2,l)(-m<l<m)$ とよぶこととする。式 (A.16) で求めた巻線 1 の小コイル $(1,k)$ による磁束 $\phi_{1,k}$ が巻線 2 の小コイル $(2,l)$ に鎖交する量を求めればよい。両コイルのなす角は $\theta-(k-l)\Delta\xi$ であるので，これはつぎのように求まる。

$$N_{2,l}\phi_{1,k}\mathrm{tri}(\theta-(k-l)\Delta\xi) = \frac{N_{1,k}N_{2,l}}{\mathcal{R}_m}\mathrm{tri}(\theta-(k-l)\Delta\xi)i_1 \tag{A.29}$$

これより，全鎖交磁束は

$$\begin{aligned}\Phi_{21} &= \sum_{k=-m+1}^{m-1}\sum_{l=-m+1}^{m-1}\frac{N_{1,k}N_{2,l}}{\mathcal{R}_m}\mathrm{tri}(\theta-(k-l)\Delta\xi)i_1 \\ &= \frac{N_1N_2i_1}{\mathcal{R}_m}\frac{1}{\left(\sum\limits_{k=-m+1}^{m-1}\cos\dfrac{k\pi}{2m}\right)^2} \\ &\quad\cdot\sum_{k=-m+1}^{m-1}\sum_{l=-m+1}^{m-1}\cos\frac{k\pi}{2m}\cos\frac{l\pi}{2m}\mathrm{tri}\left(\theta-\frac{(k-l)\pi}{2m}\right)\end{aligned} \tag{A.30}$$

分割数 m が十分大きければ，式 (A.30) において $m\to\infty$ として計算することができる。

$$\begin{aligned}\Phi_{21} &= \frac{N_1N_2i_1}{\mathcal{R}_m}\frac{1}{\left(\int_{-\pi/2}^{\pi/2}\cos\xi d\xi\right)^2} \\ &\quad\cdot\int_{-\pi/2}^{\pi/2}\int_{-\pi/2}^{\pi/2}\cos\xi_1\cos\xi_2\mathrm{tri}(\theta-\xi_1+\xi_2)d\xi_1d\xi_2 \\ &= \frac{N_1N_2i_1}{2\mathcal{R}_m}\cos\theta\end{aligned} \tag{A.31}$$

したがって，図 5.17（b）の場合の固定子巻線と回転子巻線の相互インダクタンスは，$N_1N_2/2\mathcal{R}_m\cos\theta$ となる。

引用・参考文献

1) M. Faraday：“Description of an Electro-Magnetical Apparatus for the Exhibition of Rotatory Motion”, *Quarterly Journal of Science, Literature, and The Arts*, **12**, pp. 283–285, plate 7, fig. 1 (1822)

2) P. Barlow：“A curious electro-magnetic experiment”, *Philosophical Magazine*, **59**, pp. 241–242, fig. 4 (1822)

3) W. Sturgeon：“Improved electro magnetic apparatus”, *Transactions of Royal Society of Arts, Manufactures, and Commerce*, **43**, plate 3 (1824)

4) “Professor Henry's Big Magnet”, *Scientific American*, p. 370, December 11 (1880)

5) Creative Commons Attribution-Share Alike 3.0 Unported
https://commons.wikimedia.org/wiki/File:Jedlik_motor.jpg

6) W. Sturgeon：“Description of electro-magnetic engine for turning machinery”, *Annals of Electricity, Magnetism, & Chemistry：and Gurdian of Experimental Science*, **1**, pp. 75–78 (1836)

7) W. Ritchie：“Experimental researches in electro-magnetism and magneto-electricity”, *Philosophical Transactions of the Royal Society of London*, **123**, pp. 313-321 (1833)

8) M. H. Jacobi：“On the application of electro-magnetism to the moving of mechines”, *Annals of Electricity, Magnetism, & Chemistry：and Gurdian of Experimental Science*, **1**, pp. 408–415, 419–444 (1835)

9) T. Davenport：*Improvement in propelling machinery by magnetism and electro-magnetism, US Patent*, US132A (1837)

10) J. Henry：“On a reciprocating motion produced by magnetic attraction and repulsion”, *American Journal of Science and Arts*, **20**, pp. 340–343, July (1831)

11) C. G. Page：“Magneto-electric and electro-magnetic apparatus and experiments”, *American Journal of Science and Art*, **35**, pp. 252–268 (1839)

12) R. Kennedy：*Electrical installations of electric light, power, traction and*

industrial electrical machinery, **5**, London (1903)

13) T. C. Martin and J. Wetzler：*The electric motor and its applications*, The W. J. Johnston Company (1892)

14) Creative Commons Attribution-Share Alike 3.0 Unported
Nikola Tesla Museum, Belgrade, Serbia
https://commons.wikimedia.org/wiki/File:Tesla%27s_induction_motor.jpg

15) E. Alglave and J. Boulard：*The Electric Light：Its History, Production, and Applications*, translated by T. O'Conor Sloan, D. Appleton & Co., New York, p. 224, fig.142 (1884)

16) H. Fontaine：Electric Lighting：A Practical Treatise, translated from French by Paget Higgs, E. & F. N. Spon, London, UK, p. 57, fig.12 (1878)

17) Creative Commons Attribution-Share Alike 4.0 International license
https://commons.wikimedia.org/wiki/File:Dinamomasina.jpg

18) S. P. Thompson：Dynamo-electric machinery, a manual for students of electrotechnics, E. & F. N. Spon (1896)

19) M. Sagawa, S. Fujimura, N. Togawa, H. Yamamoto, and Y. Matsuura："New material for permanent magnets on a base of Nd and Fe", *Journal of Applied Physics*, **55**, p.2083 (1984)

章末問題略解

2章

【1】 式 (2.8)〜(2.12) を用いてそれぞれ計算すれば解図 **2.1** のようになる。

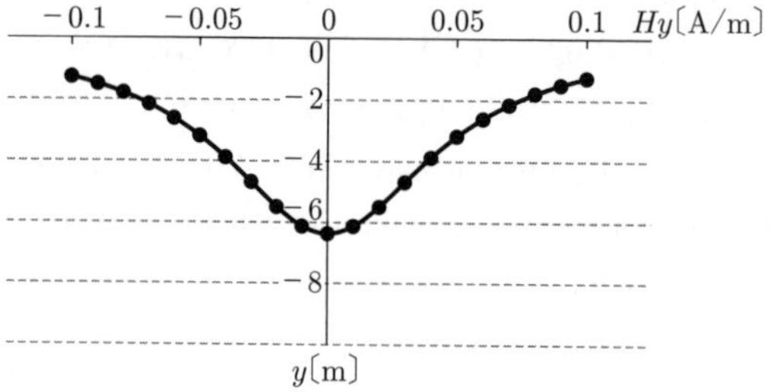

解図 **2.1**　$x=0.05$ のときの y 方向の磁界

【2】 $\oint_C H\cdot dl = NI$

$2\pi rH = NI$

$H = \dfrac{NI}{2\pi r}$

【3】 $\boldsymbol{F} = 2Bil\sin\theta$　向きは図 2.28 に示した向き。

【4】（1） 200 V

（2） 200 V

（3） $v = \dfrac{d}{dt}\Phi = \dfrac{d}{dt}N\Phi\cos\theta = \dfrac{d\theta}{dt}\dfrac{d}{d\theta}N\Phi\cos\theta = -\omega N\Phi\sin\theta$

より鎖交磁束数ピークは

$$\Phi = \frac{v}{\omega N} = \frac{100}{\dfrac{1\,000}{60}\times 2\pi N}$$

【5】 $B=\mu H$ より

磁性体中：$B = \mu\dfrac{I}{2\pi r}$，$H = \dfrac{I}{2\pi r}$

真空中：$B = \mu_0\dfrac{I}{2\pi r}$，$H = \dfrac{I}{2\pi r}$

【6】 表皮深さ $\sqrt{\dfrac{2}{\omega\sigma\mu}}$ より**解表 2.1** のようになる。

解表 2.1　表皮効果

f〔Hz〕	表皮深さ〔mm〕	
	銅	アルミ
100	6.60	8.45
1 000	2.09	2.67
10 000	6.60×10^{-1}	8.45×10^{-1}
100 000	2.09×10^{-1}	2.67×10^{-1}
1 000 000	6.60×10^{-2}	8.45×10^{-2}

【7】 **解図 2.2** のように近接している側を電流が流れようとする。

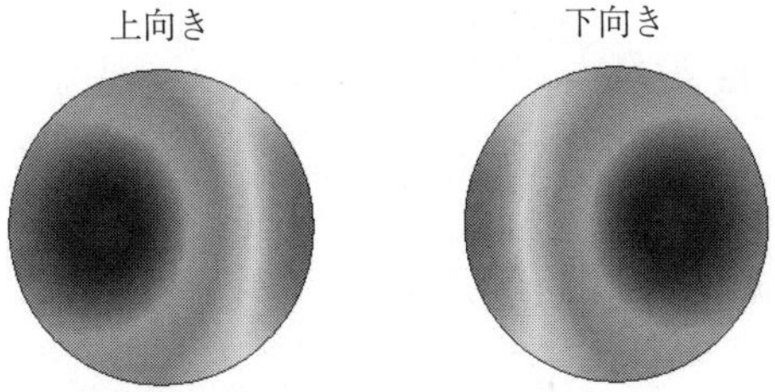

解図 2.2　近接効果（電流が逆向きに流れている場合）〔口絵 7〕

3 章

【1】 鉄心の磁気抵抗：$\mathcal{R}_{mi} = \dfrac{(l - l_g)}{\mu_0 \mu_r S}$

空隙の磁気抵抗：$\mathcal{R}_{mg} = \dfrac{l_g}{\mu_0 S}$

合成磁気抵抗：$\mathcal{R} = \mathcal{R}_{mi} + \mathcal{R}_{mg} = \dfrac{l + (\mu_r - 1) l_g}{\mu_r \mu_0 S}$

鎖交磁束：$\Phi = N\phi = N\dfrac{\mathcal{F}}{\mathcal{R}} = N\dfrac{NI}{\dfrac{l + (\mu_r - 1) l_g}{\mu_r \mu_0 S}} = \dfrac{\mu_r \mu_0 S}{l + (\mu_r - 1) l_g} N^2 I$

【2】 磁石の磁束密度を B，磁界を H とすると磁気回路中で H は共通であり，また外部からの起磁力は 0 であるから

$$0 = \frac{\Phi}{\mathcal{R}_g + \mathcal{R}_i} + H l_m$$

が成立する。

$$\mathcal{R}_g = \frac{l_g}{\mu_0 S},\ \mathcal{R}_i = \frac{l_i}{\mu_0\mu_r S}$$

とすれば

$$\mathcal{R} = \mathcal{R}_g + \mathcal{R}_i = \frac{\mu_r l_g + l_i}{\mu_0\mu_r S}$$

$$H = -\frac{BS}{l_m\mathcal{R}} = -\frac{BS}{l_m\dfrac{\mu_r l_g + l_i}{\mu_0\mu_r S}} = -\frac{\mu_0\mu_r BS^2}{l_m(\mu_r l_g + l_i)}$$

これがパーミアンス線となる。$B = \mu_0 M + \mu_{\rm rec} H$ に代入して

$$B = \mu_0 M - \mu_{\rm rec}\frac{\mu_0\mu_r BS^2}{l_m(\mu_r l_g + l_i)}$$

$$B\left(1 + \mu_{\rm rec}\frac{\mu_0\mu_r S^2}{l_m(\mu_r l_g + l_i)}\right) = \mu_0 M$$

$$\Phi = BS = \frac{\mu_0 MS}{1 + \mu_{\rm rec}\dfrac{\mu_0\mu_r S^2}{l_m(\mu_r l_g + l_i)}}$$

となる。

【3】 磁気抵抗は $\mathcal{R} = \dfrac{l}{\mu_r\mu_0 S}$ であるから

$$L_1 = \frac{\mu_r\mu_0 S}{l}N_1^2,\ L_2 = \frac{\mu_r\mu_0 S}{l}N_2^2,\ M = \frac{\mu_r\mu_0 S}{l}N_1 N_2$$

【4】 $W_m = \displaystyle\int_0^{\Phi} I d\Phi = \int_0^{\Phi}(\Phi^2 + 2\Phi x)d\Phi = \frac{\Phi^3}{3} + \Phi^2 x$

$$W_m' = \int_0^I \Phi dI = \int_0^I \left[(I + x^2)^{1/2} - x\right] dI = \frac{2}{3}(I + x^2)^{3/2} - xI - \frac{2}{3}x^3$$

$$F = -\frac{\partial W_m}{\partial x} = -\Phi^2$$

$$F' = \frac{\partial W_m'}{\partial x} = (I + x^2)^{1/2}2x - I - 2x^2 = -\Phi^2$$

【5】 （1） $\Phi_1 = L_1 I_1 + MI_2,\ \Phi_2 = L_2 I_2 + MI_1$

（2） $E_1 = R_1 I_1 + \dfrac{d}{dt}\Phi_1,\ E_2 = R_2 I_2 + \dfrac{d}{dt}\Phi_2$

（3） $E_1 = R_1 I_1 + \dfrac{d}{dt}(L_1 I_1 + MI_2) = R_1 I_1 + L_1\dfrac{d}{dt}I_1 + M\dfrac{d}{dt}I_2$

$$+ \omega I_1\frac{d}{d\theta}L_1 + \omega I_2\frac{d}{d\theta}M$$

$$E_2 = R_2 I_2 + \frac{d}{dt}(L_2 I_2 + MI_1) = R_2 I_2 + L_2\frac{d}{dt}I_2 + M\frac{d}{dt}I_1$$

$$+ \omega I_2\frac{d}{d\theta}L_2 + \omega I_1\frac{d}{d\theta}M$$

（4）$[Z] = \begin{bmatrix} R_1 + L_1 P & MP \\ MP & R_2 + L_2 P \end{bmatrix}$，$[G] = \begin{bmatrix} \dfrac{dL_1}{d\theta} & \dfrac{dM}{d\theta} \\ \dfrac{dM}{d\theta} & \dfrac{dL_2}{d\theta} \end{bmatrix}$

（5）$[I]^{\mathrm{T}}[E] = [I]^{\mathrm{T}}[R][I] + [I]^{\mathrm{T}}[LP][I] + [I]^{\mathrm{T}}[G][I]\omega$

（6）$\dfrac{1}{2}\omega[I]^{\mathrm{T}}[G][I]$

（7）$P_e = \boldsymbol{I}^{\mathrm{T}}\boldsymbol{R}\boldsymbol{I} + \dfrac{d}{dt}\left(\dfrac{1}{2}\boldsymbol{I}^{\mathrm{T}}\boldsymbol{L}\boldsymbol{I}\right) + \dfrac{d}{dt}\left(\dfrac{1}{2}J\omega^2\right) + D_r\omega^2 - \omega\tau_{\mathrm{mech}}$

式 (3.143) より銅損と磁気エネルギーの時間変化，運動エネルギーの時間変化，および機械損失に使われる。

（8）$W_m = \dfrac{1}{2}[I]^{\mathrm{T}}[L][I]$

（9）$\tau = -\dfrac{\partial}{\partial\theta}W_m(I, \theta) = \dfrac{1}{2}[I]^{\mathrm{T}}[G][I]$

4 章

【1】（1）図 4.6 参照

（2）一次側電圧を $1/a$ 倍して電流を a 倍する

（3）図 4.7 参照

【2】$Y_0 = \dfrac{I_0}{V_1}$，$g_0 = \dfrac{W_0}{V_1^2}$，$b_0 = \sqrt{Y_0^2 - g_0^2}$ より

$g_0 = 0.5\,\mathrm{m}$〔$1/\Omega$〕，$b_0 = \sqrt{6}\,\mathrm{m}$〔$1/\Omega$〕

$Z = \dfrac{V_1}{I_1}$，$r = r_1 + r_2' = \dfrac{W_{\mathrm{s}}}{I_1^2}$，$x = x_1 + x_2' = \sqrt{Z^2 - r^2}$ より

$r = 0.6$〔Ω〕，$x = \sqrt{0.13}$〔Ω〕

【3】$\varepsilon = q_r \cos\theta + q_x \sin\theta$ より 3.3%

【4】省略

【5】省略

5 章

【1】12.5 Hz

【2】（1）集中巻

（2）分布巻

【3】$B(\xi) = \sqrt{2}B_0 \sin(\xi - \pi/4)$ ただし，$B_0 = N/SR_m$

ギャップ磁束密度分布を**解図 5.1** に示す。

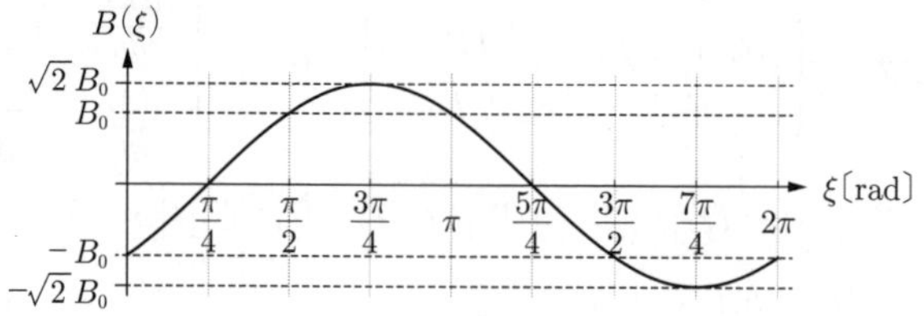

解図 5.1

【4】 省略（$\boldsymbol{C}\boldsymbol{C}^{\mathrm{T}} = \boldsymbol{C}^{\mathrm{T}}\boldsymbol{C} = \boldsymbol{I}$ を示せばよい）。

【5】 $2M_0/\pi$

6 章

【1】 最大値：$\sqrt{2}I_1I_2M_0$

最小値：$I_1I_2M_0$

平均値：$(4/\pi)I_1I_2M_0$

【2】 省略

【3】 トルク定数：0.019 N·m/A

誘起電圧定数：0.019 V·s/rad

7 章

【1】 省略

【2】 $\theta_1 = -\theta$，$\theta_2 = 0$ より $N_1N_2P_d\cos\theta$

【3】 内部相差角：30°

定格トルク：19.1 N·m

電機子電流：12.4 A

8 章

【1】 省略

【2】 $24\,\mathrm{s}^{-1}$

【3】 簡易等価回路から導かれたトルク式 (8.46) より最大（極大）となるすべりを求めると，$s = 0.0159$ となる。

索　　引

―― 著 者 略 歴 ――

藤本　康孝（ふじもと　やすたか）

1993年　横浜国立大学工学部電子情報工学科卒業
1998年　横浜国立大学大学院工学研究科博士課程修了（電子情報工学専攻）
　　　　博士（工学）
1998年　慶應義塾大学嘱託助手
1999年　横浜国立大学助手
2000年　横浜国立大学講師
2002年　横浜国立大学助教授
2007年　横浜国立大学准教授
2013年　横浜国立大学教授
　　　　現在に至る

赤津　観（あかつ　かん）

1995年　横浜国立大学工学部電子情報工学科卒業
2000年　横浜国立大学大学院工学研究科博士課程修了（電子情報工学専攻）
　　　　博士（工学）
2000年　日産自動車株式会社総合研究所勤務
2004年　東京農工大学助手
2009年　芝浦工業大学准教授
2015年　芝浦工業大学教授
2019年　横浜国立大学教授
　　　　現在に至る

電気機器学の基礎理論

Basic Theory of Electrical Machinery

2020 年 8 月 17 日　初版第 1 刷発行　★

検印省略

著　者　藤　本　康　孝
　　　　赤　津　　　観
発行者　株式会社　コ ロ ナ 社
　　　　代 表 者　牛 来 真 也
印刷所　三 美 印 刷 株 式 会 社
製本所　有限会社　愛 千 製 本 所

112–0011　東京都文京区千石 4–46–10
発 行 所　株式会社　コ　ロ　ナ　社
CORONA PUBLISHING CO., LTD.
Tokyo Japan
振替 00140–8–14844・電話(03)3941–3131(代)
ホームページ　https://www.coronasha.co.jp

ISBN 978–4–339–00936–1　C3054　Printed in Japan　（松岡）

電気・電子系教科書シリーズ

(各巻A5判)

■編集委員長　高橋　寛
■幹　　　事　湯田幸八
■編 集 委 員　江間　敏・竹下鉄夫・多田泰芳
　　　　　　　中澤達夫・西山明彦

配本順		書名	著者	頁	本体
1.	(16回)	電気基礎	柴田尚志・皆藤新一 共著	252	3000円
2.	(14回)	電磁気学	多田泰芳・柴田尚志 共著	304	3600円
3.	(21回)	電気回路Ⅰ	柴田尚志 著	248	3000円
4.	(3回)	電気回路Ⅱ	遠藤　勲・鈴木　靖 共著	208	2600円
5.	(29回)	電気・電子計測工学(改訂版) —新SI対応—	吉澤昌純 編著 降矢典雄・福田恵子・吉村拓巳・髙﨑和之・西山明彦 共著	222	2800円
6.	(8回)	制御工学	下西二郎・奥平鎮正 共著	216	2600円
7.	(18回)	ディジタル制御	青木　立・西堀俊幸 共著	202	2500円
8.	(25回)	ロボット工学	白水俊次 著	240	3000円
9.	(1回)	電子工学基礎	中澤達夫・藤原勝幸 共著	174	2200円
10.	(6回)	半導体工学	渡辺英夫 著	160	2000円
11.	(15回)	電気・電子材料	中澤・藤原・押田・服部・森山 共著	208	2500円
12.	(13回)	電子回路	須田健二・土田英一 共著	238	2800円
13.	(2回)	ディジタル回路	伊原充博・若海弘夫・吉澤昌純 共著	240	2800円
14.	(11回)	情報リテラシー入門	室賀進也・山下　巖 共著	176	2200円
15.	(19回)	C++プログラミング入門	湯田幸八 著	256	2800円
16.	(22回)	マイクロコンピュータ制御プログラミング入門	柚賀正光・千代谷慶 共著	244	3000円
17.	(17回)	計算機システム(改訂版)	春日　健・舘泉雄治 共著	240	2800円
18.	(10回)	アルゴリズムとデータ構造	湯田幸八・伊原充博 共著	252	3000円
19.	(7回)	電気機器工学	前田　勉・新谷邦弘 共著	222	2700円
20.	(9回)	パワーエレクトロニクス	江間　敏・高橋　勲 共著	202	2500円
21.	(28回)	電力工学(改訂版)	江間　敏・甲斐隆章 共著	296	3000円
22.	(5回)	情報理論	三木成彦・吉川英機 共著	216	2600円
23.	(26回)	通信工学	竹下鉄夫・吉川英機 共著	198	2500円
24.	(24回)	電波工学	松田豊稔・宮田克正・南部幸久 共著	238	2800円
25.	(23回)	情報通信システム(改訂版)	岡田　正・桑原裕史 共著	206	2500円
26.	(20回)	高電圧工学	植月唯夫・松原孝史・箕田充志 共著	216	2800円

定価は本体価格+税です。
定価は変更されることがありますのでご了承下さい。

図書目録進呈◆